한국수학올림피아드의
부흥을 함께 이끈
이승훈 교수의

[실용 수학]

이승훈 교수의

실용수학

지은이 이승훈
펴낸이 조경희
펴낸곳 경문사
펴낸날 2018년 2월 20일 1판 1쇄
2022년 2월 28일 1판 3쇄
등 록 1979년 11월 9일 제 313-1979-23호
주 소 04057, 서울특별시 마포구 와우산로 174
전 화 (02)332-2004 팩스 (02)336-5193
이메일 kyungmoon@kyungmoon.com

값 16,000원

ISBN 979-11-6073-077-7

★ 경문사의 다양한 도서와 콘텐츠를 만나보세요!

홈페이지	www.kyungmoon.com	페이스북	facebook.com/kyungmoonsa
포스트	post.naver.com/kyungmoonbooks	블로그	blog.naver.com/kyungmoonbooks
북이오	buk.io/@pa9309	유튜브	https://www.youtube.com/channel/UCIDC8x4xvA8eZIrVaD7QGoQ

경문사 출간 도서 중 수정판에 대한 **정오표**는 **홈페이지 자료실**에 있습니다.

한국수학올림피아드의
부흥을 함께 이끈

이승훈 교수의

실용 수학

KM 경문사

추천의 글

이승훈 교수의 《실용수학》을 처음 건네받고 "드디어 수학의 실용성을 소개하는 제대로 된 책이 나왔구나!" 하고 탄성을 질렀습니다. 그간 수학의 실용성을 소개하는 책들이 없지는 않았지만 실용성의 이면에 숨겨진 수학의 작동원리가 잘 연결되지 않아 단편적이고 맥락 없는 나열에 그치는 경우가 대부분이었습니다. 그런데 이승훈 교수의 책은 닮음, 이진수(bit), 게임, 확률, 한붓그리기, 암호 등 중요한 수학의 주제 12가지를 택하여 각 주제별로 주제와 관련된 응용을 세 가지씩 소개하면서 각각의 주제와 응용이 수학적으로 어떻게 연결되는지를 깊이가 있으면서도 흥미롭고 간결하게 설명하고 있다는 점에서 비슷한 종류의 다른 책들과 격이 다릅니다. 수학을 좋아하는 중·고등학생들이나 수학과 관련 없는 전공을 택한 대학생들이 스스로 공부할 수도 있고, 초·중·고등학교 교사들이 읽고 학생들에게 가르치기에도 적절한 유익한 내용들을 다양하게 담고 있습니다. 전문가들은 수포자가 늘어나는 가장 큰 원인으로 학생들이 재미없고 어려운 수학을 공부해야 하는 이유를 모른 채 수학공부에 매달리고 있다는 사실을 꼽습니다. 이 책이 학생들의 수학에 대한 흥미를 유발함으로써 수포자 예방에도 매우 효과적인 백신이 될 수 있을 것으로 기대합니다.

김명환 | 서울대학교 수리과학부 교수

이 책은 우리가 일상생활에서 자주 마주치지만 수학과 관계가 없을 것 같은 여러 보기들에 관하여 수학적으로 설명하고 있다. 먼저 바코드, 주민등록번호, 국제표준도서번호(ISBN), 신용카드 등에 숨어 있는 숫자들을 이해하기 쉽게 다루고 있다.

저자인 이승훈 교수는 오랫동안 대한수학회에서 한국수학올림피아드를 담당하여 많은 영재 학생들을 배출하는데 큰 역할을 하였는데 이번에는 더 많은 학생들이 수학에 관심을 갖도록 실생활에서의 수학의 유용성을 보여주는 많은 예를 찾아 재미있게 설명하고 있다.

4차 산업혁명으로 수학의 역할이 점점 커지고 있는 오늘날 바코드부터 우리가 타고 다니는 버스 노선의 비밀, 그리고 최상의 배우자를 선택하는 방법, 가위바위보 잘하는 방법, A4, B5 등 종이의 규격 등 수학과 상관없을 것 같은 일상생활의 궁금증에서부터 수학적 사고를 이끌어내며 궁금증을 해결해주는 재미있고 신기한 책이다.

김도한 | 서울대학교 명예교수

오늘날처럼 패스트푸드가 널리 퍼져 있는 사회에서 음식이란 냉동실에서 꺼내서 데워먹는 것처럼 보인다. 학교나 교과서를 통하여 급하게 배우는 수학은 마치 공장에서 만들어 내놓은 음식처럼 그 향기와 참 맛이 많이 사라진 것들이다. 원래 수학은 우리 주변의 구체적이고 자연스럽고 경이로운 현상들의 관찰에서 출발하였는데, 새로운 원리를 발견할 때마다 인류의 지성을 한 층위씩 높여, 오늘날 최고로 발전된 문화유산이 되었다.

이승훈 교수의 《실용수학》은 마치 공기나 물처럼, 공간이나 시간처럼 수학이 우리와 늘 함께 있다는 것을 보여주는 재미있는 책이다.

김홍종 | 서울대학교 수리과학부 교수

입시 위주의 교육 환경에서 많은 아이들이 반복적인 수학 문제 풀이에 지쳐 한다. 자신의 미래와 연결성을 찾지 못해서 수학을 포기하는 수포자가 되기도 한다. 그런데도 세계 주요 나라의 학교 교육에서 수학을 중요 과목으로 간주하는 이유는 뭘까?

주어진 조건들로부터 합리적 사유의 과정을 거쳐 결론을 끄집어내는 능력을 가리켜서 논리적 사고라고 한다면, 수학 교육은 이런 문제 해결 능력을 키우는 가장 강력하고 검증된 방식이기 때문이다. 수학교육은 수학자를 길러냄도 천재를 위함도 아니다. 생각의 재료를 주고 이를 버무리는 사고의 훈련 과정이다. 정보가 폭증하는 이 시대의 아이들이 학교를 마치고 직업을 갖고 살아가면서 겪는 문제들은 복잡다단할 뿐 아니라 학교에서 배운 특정 과목 지식의 범주에 국한되지 않는다. 합리적 사고에 기반을 둔 문제해결 능력은 이제 분야를 불문하고 미래 세대 생존의 열쇠가 되었다.

수학에는 철학적이고 미적인 측면과 함께 인류에게 닥친 문제를 해결해내는 도구의 측면도 있다. 선사시대의 인류는 생존의 필요 때문에 사냥감의 수를 세면서 셈과 수의 개념을 만들어냈다. 17세기 뉴턴은 천체의 운동을 이해하기 위해 미적분을 만들었다. 21세기 인류는 방대한 규모의 빅데이터를 길들이기 위해 수학적 최적화 이론을 사용한다.

이 책은 수학이 세상에서 어떤 일을 해내는지를 보여준다. 어쩔 수 없이 배워야 했던 입시의 필요악이 아니라 자신의 미래를 위해 든든히 기댈 수 있는 무기임을 보여준다. 학교에서 배운 수학적 개념을 가지고 해결해낼 수 있는 세상의 문제를 보여주며 독자에게 새로운 지적 충격을 준다. 수학 공부 왜 하는지 모르겠고 해도 딱히 얻는 게 없으니 재미없다는 독자라면, 이 책은 수학 공부가 우리의 삶을 향상시킬 것이라는 믿음을 전해줄 것이다. 조금 더 부지런히 관련 자료와 문제를 찾아나가는 독자라면, 뻔한 생각의 틀을 넘어가서 모색과 해결의 통쾌함을 경험할 수도 있을 것이다.

박형주 | 아주대학교 총장

'수학을 왜 공부해야 하는가?' 누구나 한번쯤은 생각해본 의문일 것이다. 좋은 대학을 가기 위해 재미도 없고 어려운 수학을 어쩔 수 없이 공부해야 한다고 생각하는 사람들이 많다. 어느 수학자가 대학 시절 자연과학을 공부하는 친구에게 "너는 좋겠다. 수학을 왜 공부해야 하는지를 알고 공부를 하니까. 나는 수학을 왜 배우는지도 모르고 그저 문제만 풀고 있어."라고 말했다는 일화는 많은 생각을 하게 한다. 그러나 수학은 세상 도처에 있다!

이승훈 교수의 《실용수학》은 '수학을 왜 배워야 하는지'에 대한 답을 제시하고 있다. 4차 산업혁명 시대에 수학은 더욱 중요해지고 있다. 이세돌과 세기의 대결을 벌인 알파고와 같은 인공지능 분야는 물론, 컴퓨터 그래픽, 빅데이터 등 다양한 분야의 문제를 해결하는데 수학이 결정적인 역할을 한다. 수학은 우리가 살아가는 세상 모든 곳에서 활용되고 있다. 단지 우리가 수학의 유용성을 잘 인식하지 못할 뿐이다. 저자는 수년간 대학에서 실용수학을 강의하면서 모은 자료들을 누구나 읽기 쉽게 정리하였다. 지하철과 버스, 게임의 전략에 숨겨진 수학 이야기는 물론, 데이트 주도권, 최고의 배우자 찾기, 안정적 커플 만들기를 다룬 사랑의 수학, 다수결과 다수결의 대안, 선거의 역설을 다룬 대통령을 위한 수학 등 재미있는 실용수학 이야기가 담겨 있다.

수학은 세상을 만들고 발전하게 하는 원동력이다. 수학이 세상과 어떻게 연결되어 있는지를 보여주는 이 책은 수학을 공부하는 학생과 수학을 가르치는 수학교사는 물론 모든 사람이 읽어볼 만한 책이다. 특히 '수학을 왜 공부해야 하는가?'에 대한 답을 찾고 싶은 독자들에게 이 책을 권한다.

조완영 | 대한수학교육학회 회장

책을 출간하며

책 쓰는 게 이렇게 힘든 줄 몰랐습니다. 이렇게 힘든 줄 알았으면 책을 쓰지 않았을 겁니다. 그런데 다 쓰고 나니 쓰길 참 잘 했다 싶습니다.

이 책을 쓰기로 마음먹은 게 언제였나 하고 찾아보니 놀랍게도 2003년이었습니다. 2003년 1학기부터 제가 우리 학교에서 '생활 속의 수학'이라는 강좌를 개설하고 강의를 시작했으니까요. 그때 강의를 시작하면서 이 강의를 몇 년 정도 한 후에 강의록을 모아서 책으로 내면 좋겠다 하고 생각했거든요. 그런데 거의 15년이 다 되어서야 책으로 나왔으니 세월이 빠르다고 해야 되는 건지 게으름에 도끼자루 썩는 줄 모른다고 해야 되는 건지 모르겠습니다.

15년 동안 계속해서 책을 쓴 건 아니고, 쓰다가 힘들면 안 쓰고 다른 일 하고, 다른 일 하다가 책 쓰고 싶은 생각이 들면 다시 책 쓰고, 그러다 힘들면 또 안 쓰고, 또 생각나면 다시 쓰고… 그런 식으로 해왔습니다. 그러다가 본격적으로 쓰게 된 것은 한 2년 정도 된 것 같습니다.

돌이켜보면 이 책을 쓰는데 어려웠던 점이 여러 가지 있었는데, 크게 어려웠던 점은 '왜 이 책을 쓰려고 하느냐' 하는 것과 '왜 독자들이 이 책을 읽어야 하느냐' 하는 것이었습니다.

우선, 이 책을 왜 쓰려고 했느냐에 대한 것부터 말씀드리겠습니다. 제가 보니까 실생활 속에 수학이 활용되는 것이 많은데, 그것을 사람들이 잘 모르고 있었습니다. 그리고 수학이 활용되는 것에 대한 책들 중에 제 마음에 드는 책이 없었습니다. 그래서 제 강의는 정해진 교재가 없습니다. 제가 수업자료를 만들어서 나눠주고 그것으로 강의를 해오고 있습니다. 물론 지금은 수학이 실생활에 활용되는 것에 대한 좋은 책들이 있기는 합니다. 그렇지만 제가 생각하고 있는 것과는 조금 거리가 있었습니다. 그래서 목마른 사람이 우물 파는 심정으로 책을 쓰게 되었습니다. 그런데 처음부터 작심하고 쓴 것은 아니고 쓰다 보니 조금씩 조금씩 더 심각해지게 되었습니다. 지금 제 책을 보면 아직도 부족한 면이 많기는 하지만 그래도 마음에 듭니다. 제가 생각했던 대로 어느 정도 되었으니까요. 쉬워야 되고, 재미있어야 되고, 수학적 맥락이 있어야 된다고 생각했거든요. 중학교 때부터 수학을 무척이나 어려워했던 제 친한 친구가 이 책을 읽고 "어렵게 쓴 책은 아니네~" 하고 말했으니까요. 그 말을 듣고 어찌나 안심이 되던지요. 참으로 뿌듯합니다.

두 번째로, 왜 이 책을 읽어야 하느냐입니다. 사실 이 질문이 저를 가장 힘들게 했습니다. 저에게는 재미있는 내용이고, 심지어 제가 설명하면 잘 이해하고 재미있어 하던 사람들도, 얘기를 다 듣고 나서는 "그런데 그걸 알아서 어쩌라고~" 하고 말하더라고요. 그때 저는 바로 그들을 만족시키는 대답을 하지 못하는 경우가 많았습니다. 수학을 열심히 하다보면 사고력이 길러지고, 논리적으로 되고 사고가 유연해져서 좋다는 말은 수학을 전공하지 않은 대다수의 사람들에게는 공감을 주지 못했으니까요. 수학이 아름답다는 말도, 새로운 것을 알게 되는 지적 희열도 그들에게는 안드로메다 별나라 얘기였거든요. 그래서 제가 선택한 것이 '실용성'과 '유용성'이었습니다. 이걸 알면 우리가 매일매일 살아가면서 접하는 세상을 조금 더 잘 이해하게 되고, 이걸 알면 일상생활이 조금 더 편리해지기 때문이라고요. 이 책의 12가지 주제들은 그렇게 실생활과 직접적으로 관련되는 주제들입니다. 각각의 주제들은 3개의 절로 이루어져 있는데, 각각의 절의 맨 앞쪽에 '궁금해요!'가 있습니다. 이 '궁금해요!'가 그 절을 쓴 이유입니다. 책을 읽으실 때, '궁금해요!'를 먼저 보시면 그 절의 내용을 읽으시기가 조금은 나아질 것입니다.

이 책을 쓰는 동안 저는 참으로 많은 분들의 도움을 받았습니다. 그분들의 도움이 없었더라도 결국은 출판했겠지만 책이 세상에 나온 그날부터 저는 함량 미달의 책을 출판했다는 자책감에 평생 후회하고 부끄러워하고 뉘우치며 살아갔을 겁니다. 그렇다고 지금 이 책이 그런 부족함이 전혀 없다는 것은 아닙니다만, 많은 분들의 도움으로 평생 후회할 일을 상당 부분 피하게 되었고, 그래서 그런 도우심에 감사의 마음이 우러나게 됩니다.

우선, 선거에 대한 내용을 자문해주신 제 선생님이신 서울대학교 김홍종 교수님, 확률과 통계를 자문해주신 서울대학교 강혜정 교수님, 그래프 이론을 자문해주신 강원대학교의 서승현 교수님과 카이스트의 엄상일 교수님, 삼각측량에 대하여 자문해주신 유원대학교의 김선훈 교수님과 김환식 교수님께 깊이 감사드립니다. 이분들의 예리한 지적과 깊이 있는 조언으로 이 책의 많은 오류를 수정하고 내용도 정확해지고 더 수준 높게 되었습니다. 깊이 감사드립니다. 혹시라도 이 책의 잘못된 부분이나 오류가 있다면 그것은 전적으로 제 탓임을 분명히 말씀드리고, 지적해주시면 기회가 있을 때마다 바로잡도록 하겠습니다.

그리고 제가 어떤 내용을 써야 할지 막혀서 헤매고 있을 때, 탁월한 아이디어로 길을 열어준 한신대학교의 박기현 교수에게 감사를 전하고 싶습니다. 대학 때부터 마음을 함께하는 친구인데 같은 길을 걸으며 많은 것을 배우고 도움을 받습니다. 이런 친구가 있다는 것은 더없는 행운인 것 같습니다. 그리고 이 책의 제목을 정해준 의정부 관우회 선후배님들께 감사드립니다. 책 제목으로 고민하고 있을 때 마침 해파랑길이 시작되는 오륙도 해맞이공원 앞에 사는 친한 형의 집에 모였고, 관우회 선후배들이 모두 자기 일처럼 머리를 맞대어 아이디어를 내서 절묘한 제목을 정해주었습니다. 그리고 표지에 제 사진을 넣으라고 하더라고요. 제 얼굴이 재미있게 생겼다나요. 20대 초에 쌓은 우정이 30년이 지나서 만났는데도 하나도 변한 게 없는 것을 보면, 세월의 간극이란 게 별거 아니란 생각이 듭니다.

바쁘심에도 불구하고 흔쾌히 추천의 글을 써주신 많은 분들께 감사드립니다. 대한수학회 회장을 역임하시고 서울대학교 명예교수이신 김도한 교수님, 대한수학회 회장을 역임하신 서울대학교 김명환 교수님, 그리고 저의 선생님이신 서울대학교 김홍종 교수님, 국가수리과학연구소 소장을 역임하시고 지금은 아주대학교 총장이신 박형주 교수님, 현재 대한수학교육학회 회장이시고 저의 선생님이신 충북대학교 조완영 교수님께 머리 숙여 깊은 감사를 드립니다. 저의 책에 대하여 부족한 면보다는 좋은 면을 더 크게 보시고 멋지게 추천사를 써주셔서 이 책의 무게가 더 나가게 해주셨습니다. 추천의 글에 부족하지 않도록 앞으로 더욱 좋은 글을 쓰도록 힘쓰겠습니다.

그리고 제가 수학올림피아드 일을 20년 이상 하고 있으며, 제가 올림피아드 일을 시작했을 때보다 우리나라의 수준이 높아져서 2012년과 2017년에 우리나라가 국제수학올림피아드(IMO)에서 세계 1위를 하는 등 우리나라 수학올림피아드가 세계 최고 수준으로 도약한 것은 맞습니다. 그러나 그렇게 부흥하게 된 것은 저 혼자 한 것이 절대로 아니라는 점을 분명히 밝혀둡니다.

제가 하기 전부터 애쓰고 노력하신 서울대학교 김명환 교수님과 인하대학교 송용진 교수님의 노력이 결정적이었고, 저는 옆에서 힘을 더했던 것입니다. 그리고 함께 올림피아드 일을 해왔던 여러 교수님들과 조교들의 노력이 한데 모아져서 우리나라가 세계 1위를 거듭 달성하게 된 것임은 모두가 아는 사실입니다. 이 자리를 빌려 함께 일하는 많은 교수님들과 조교들에게 깊은 감사를 드립니다.

책을 쓰면서 지치고 힘들 때, 함께 책에 대하여 상의도 하고 응원도 해주신 아동문학 작가이자 우리 학교의 조교이신 이승진 선생님께 감사드립니다. 표지디자인을 아무 멋지게 해주신 디자이너에게도 깊이 감사드립니다. 표지 디자인의 신기원을 연 것이 아닌가 싶을 정도로 멋집니다. 원고를 꼼꼼하게 읽고 단락별로 제목을 달면서 글의 생명을 불어넣어주신 경문사 편집부, 이 책을 선뜻 출판해주신 경문사 사장님께도 감사드립니다.

책을 쓰면서 제가 배운 게 많습니다만, 크게 배운 것 중에 첫째로는, 2%의 차이가 명품을 만든다고 하는데, 양적으로는 2%에 불과하지만, 그 2%를 채우기 위해서는 50% 이상의 노력과 시간이 필요하다는 것입니다. 저는 지금까지 살아오면서 마지막 2%를 채우기 위해 50%의 노력을 기울인 적이 한 번도 없었던 것 같습니다. 그래서 무척 부끄럽습니다. 지난 수년 동안 계속해서 연초마다 한 해의 모토로 '성의를 다해 살자'고 다짐했지만, 이제야 성의를 다하며 산다는 게 어떻게 하는 건지 조금 알게 된 것 같아 기쁩니다. 앞으로는 그렇게 해야겠다고 다짐하게 됩니다.

크게 배운 둘째로는, 수학도 철학이 있어야 된다는 것입니다. 저는 수학은 철학이라는 말에 동의하지 않았습니다. 수학은 자연과학이고, 객관적 사실과 현상을 이해하고 설명하는 것이라서 가치판단이 개입될 여지가 없다고 생각하고 있었습니다. 그런데 그게 그렇지 않다는 것을 배웠습니다. 적어도 수학은 철학이 아닐 수는 있지만, 수학을 하는 사람은 철학이 있어야 된다는 것입니다. 저의 선생님이신 김홍종 교수님께 선거에 대한 자문을 받으면서 배운 가르침입니다. "나는 선생님께 평생 배우는구나…" 하고 부끄러움에 혼잣말을 하면서, 훌륭하신 선생님께 배우는 것이 자랑스럽게 느껴졌습니다. 스승의 은혜는 끝이 없다더니 정말로 그러했습니다.

서문을 쓰면서 그간의 소회와 감사의 인사를 쓰다 보니 생각보다 무척 길어졌습니다. 제가 본 책 중에 가장 긴 서문이 아닌가 싶습니다. 길어진 이유는 그만큼 제가 주위 분들께 많은 빚을 지면서 살기 때문이 아닌가 싶습니다. 살아가면서 빚을 지지 않고 살 수는 없는 것 같습니다. 그러나 빚지면서 살지만 빚 갚으려고 열심히 노력하면서 살아야지 하고 다짐합니다.

늘 바쁘다는 핑계로 함께하지 못하는 데도 이해해주고, 멀리서 가까이서 늘 응원해주는 가족들에게 이 자리를 빌려 진심으로 감사의 마음과 사랑을 전합니다. 그리고 무엇보다도 제가 예측할 수도 상상할 수도 없는 방식으로 섭리하시고 저를 감동시키시는 그분의 한없는 은혜와 따뜻한 사랑에 온 마음으로 감사드리며, 긴 서문을 마치려 합니다. 아무쪼록 이 책이 독자 여러분에게 조금이나마 도움이 되기를 기원합니다. 감사합니다.

차례

0과 1

닮음

게임이론

대통령을 위한 수학

딜레마

사랑의 수학

복권과 기댓값

확률과 조건부 확률

암호

디지트 세상

한붓그리기

마방진

0과 1

하나!

바코드

궁금해요!!

편의점 계산대에서 물건값을 계산할 때, 점원이 작은 기계장치(바코드 스캐너)를 이용해서 물건의 바코드를 읽어요. 그러면 물건에 대한 정보가 컴퓨터에 입력되고, 물건 목록과 가격이 있는 영수증이 출력돼요. 너무 편리한 것 같아요. 그런데 바코드는 어떻게 읽는 건가요? 바코드를 읽는 원리가 궁금해요. 그리고 바코드를 잘못 읽을 수도 있는 것 같은데, 정확하게 읽었는지 어떻게 알죠?

검은 막대, 흰 막대

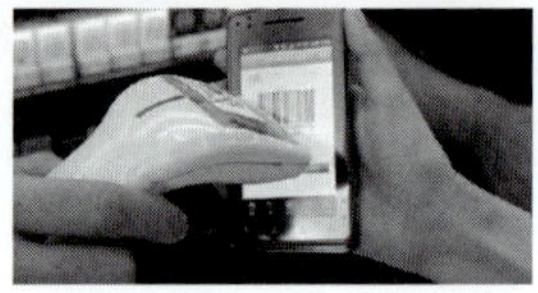

편의점이나 슈퍼마켓에 진열되어 있는 상품에 가늘고 굵은 검은 막대들이 그려진 그래프 같은 것이 있고 그 아래 부분에 숫자가 쓰여 있는 것을 볼 수 있는데 이것을 바코드(barcode)라고 한다. 바코드는 검은색 막대(bar)와 흰색 막대(space, 공백)를 적절히 조합하여 문자와 숫자 및 기호 등을 표현한 것이다. 바코드 스캐너로 바코드를 읽으면 바코드 아래 부분에 적혀 있는 숫자가 컴퓨터에 입력된다. 바코드 아래에 적힌 숫자를 표준상품식별코드라고 한다.[1]

언제 만들어졌을까

바코드는 1948년 미국 필라델피아 드렉셀 공과대학의 대학원생인 버나드 실버(Bernard Silver)가 발명하였으며, 1952년 '분류 장치와 방법'이란 특허를 냈다. 바코드를 최초로 사용한 나라는 미국이며, 1973년 미국음식연쇄조합이 세계상품코드(Universal Product Code, UPC)를 도입하여 사용했다. 유럽에서도 1978년, 영국, 프랑스, 독일 등과 일본이 연합하여 유럽상품번호(European Article Number, EAN)를 도입하였다. 우리나라는 1988년 대한 상공회의소가 우리나라를 대표하여 GS1(구 EAN)[2] 회원으로 가입하여 GS1 Korea를 맡고 있으며,[3] 국가번호 코드 '880'을 부여받아서 사용하고 있다.[4] 북한은 1999년에 GS1 회원기관으로 가입하였으며, 현재 100여 개 나라가 GS1의 회원기관으로 가입하였다. UPC 체계는 미국과 캐나다에서 사용되고 있다.

흑과 백색 막대의 원리

바코드는 적색의 레이저 광선을 사용한 광학적 원리를 이용한다. 바코드의 정보를 읽는 스캐너에는 레이저 빛을 쏘는 부분과 바코드에 반사되어 돌아오는 빛을 검출하는 부분이 있다. 바코드를 인식하는 원리는 다음과 같다.

i) 스캐너에서 바코드에 빛을 쏘면
ii) 바코드의 검은 막대 부분에서 반사되어 돌아오는 빛은 약하게 돌아오고, 흰 막대 부분에서 반사되어 돌아오는 빛은 강하게 돌아온다.
iii) 바코드에 반사되어 돌아오는 빛을 검출하여, 약한 것과 강한 것을 각각 0과 1로 바꾼다.
iv) 이진수로 이루어진 수들을 10진수의 숫자로 변환한다.

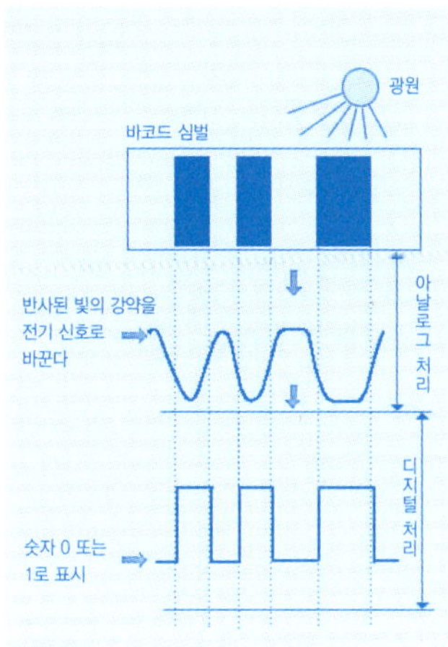

바코드 인식 원리

바코드에 반사되어 돌아오는 빛의 강약을 이용하여 바코드를 읽기 때문에 바코드의 막대와 바탕색은 밝고 어두움의 차이가 클수록 효과적이다. 그래서 밝은 색과 어두운 색의 조합으로, 흰색 바탕에 검은색 막대로 이루어진 바코드가 가장 많이 사용된다.

흑백 바코드뿐만 아니라 컬러 바코드도 사용할 수 있다. 컬러 바코드를 사용할 때에는 적색의 레이저광선을 사용하여 바코드를 판독하기 때문에 적색 계통의 색상은 모두 백색으로 감지한다는 점에 주의해야 된다. 이런 이유로 흰색 또는 노란색 바탕에 적색 계통의 색상으로 바를 인쇄하면 스캐너로 판독할 수 없게 된다. 인식이 불가능한 색상 조합으로는 백색 바탕에 적색, 노란색, 오렌지색 막대, 녹색 바탕에 갈색, 흑색, 군청색 막대, 청색 바탕에 흑색, 녹색, 갈색 막대 등이 있다.[5]

상품마다 고유번호가 있다

번호	국가
880	한국
690~699	중국
000~139	미국
450~459 490~499	일본

우리나라에서 사용하는 상품 식별코드(Global Trade Item Number, GTIN)는 13자리의 숫자로 이루어진 표준형(GTIN-13)과 8자리의 숫자로 이루어진 단축형(GTIN-8)이 있다.

표준형 상품식별코드(GTIN-13) 13자리 중에서 왼쪽부터 3자리는 국가코드[6], 그 다음 6자리는 업체코드[7], 그 다음 3자리는 상품코드, 그리고 마지막 1자리는 체크디지트이다.

단축형 상품식별코드(GTIN-8) 8자리 중에서 왼쪽부터 3자리는 국가코드, 그 다음 3자리는 업체코드, 그 다음 1자리는 상품코드, 그리고 마지막 1자리는 체크디지트이다.

표준형과 단축형 상품식별코드에는 공통적으로 다음 정보가 포함되어 있다. 그러나 그 정보를 나타내기 위한 자리수가 다르다는 것이 차이점이다.

- 어느 나라에서 만들었는지 : 국가코드
- 그 나라의 어느 회사에서 만들었는지 : 업체코드
- 그 회사의 어떤 제품인지 : 상품코드
- 오류 확인용 : 체크디지트

표준형보다 자리수가 적은 단축형은 껌과 같은 소형 상품에 부여한다.

❶ 국가코드(한국은 880)
❷ 업체코드
❸ 상품코드
❹ 체크디지트

Q 어떻게 틀린 것을 알아낼까

상품식별코드 숫자 중 맨 오른쪽 마지막 한 자리 숫자인 체크디지트는 스캐너로 바코드를 읽었을 때 정확하게 읽었는지 검증하기 위한 숫자이다. 체크디지트는 앞자리 숫자들이 정해지면 특정의 규칙에 따라 자동적으로 결정된다. 그 규칙이 GTIN−13과 GTIN−8이 약간 다르다.

❶ GTIN−13

GTIN−13의 체크디지트는 다음과 같은 방법으로 정한다.

GTIN−13의 체크디지트 결정법

GTIN−13의 체크디지트의 숫자는 왼쪽에서부터

(홀수 번째 숫자의 합) + (짝수 번째 숫자의 합) × 3

이 10의 배수가 되도록 한다.

예를 들어, 880123456789x인 경우에 체크디지트 x를 구해보자.

8	8	0	1	2	3	4	5	6	7	8	9	x
×	×	×	×	×	×	×	×	×	×	×	×	
1	3	1	3	1	3	1	3	1	3	1	3	
‖	‖	‖	‖	‖	‖	‖	‖	‖	‖	‖	‖	합계
8	24	0	3	2	9	4	15	6	21	8	27	127

$$(\text{홀수 번째 숫자의 합})+(\text{짝수 번째 숫자의 합})\times 3+x$$

$$=(8+0+2+4+6+8)+(8+1+3+5+7+9)\times 3+x=127+x$$

이때 $127+x$가 10의 배수가 되도록 하는 x의 값은 3이다. 그러므로 체크 디지트는 3이다.

❷ GTIN-8

GTIN-8의 체크디지트는 다음과 같은 방법으로 정한다.

GTIN-8의 체크디지트 결정법

GTIN-8의 체크디지트의 숫자는 왼쪽에서부터

(짝수 번째 숫자의 합)+(홀수 번째 숫자의 합)×3

이 10의 배수가 되도록 한다.

예를 들어, 8801234x인 경우에 체크디지트 x를 구해보자.

8	8	0	1	2	3	4	x
×	×	×	×	×	×	×	
3	1	3	1	3	1	3	
‖	‖	‖	‖	‖	‖	‖	합계
24	8	0	1	6	3	12	54

(짝수 번째 숫자의 합)+(홀수 번째 숫자의 합)×3+ x

$= (8+1+3)+(8+0+2+4)\times 3+x = 54+x$

이때 $54+x$가 10의 배수가 되도록 하는 x의 값은 6이다. 그러므로 체크 디지트는 6이다.

체크디지트 활용하기

체크디지트의 가장 큰 장점은 바코드 읽기 오류를 확인할 수 있다는 점이다. 스캐너로 바코드의 13자리 또는 8자리의 숫자를 모두 읽었을 때, 원래 숫자를 다른 숫자로 잘못 읽게 되면 그 숫자들이 체크디지트 결정식을 만족하지 않게 된다. 이것을 통해서 바코드를 정확하게 읽었는지 확인할 수 있다.

그러나 여러 개의 숫자를 잘못 읽었는데 우연히 체크디지트 결정식을 만족하는 경우에는 오류를 찾아낼 수 없게 된다. 예를 들어 인접한 두 수를 바꿔서 읽었을 경우에는 두 수의 차이가 5만큼 차이 나게 되면 검증식을 만족하게 되어 오류로 판정되지 않는다. 차이가 5만큼 나는 경우는 전체의 10%이므로[8], 두 수를 바꾸어 잘못 읽었는데도 오류를 찾지 못할 확률은 10% 정도이다. 그러므로 일상생활 중에 물건을 산 후, 이런 오류의 가능성을 감안하여 영수증을 확인하는 습관을 들이는 것이 필요하다.

체크디지트의 또 다른 장점은 바코드의 여러 개 숫자 중에서 어느 한 숫자가 지워져서 읽을 수 없게 된 경우에도 그 수를 알아낼 수 있다는 점이다. 예를 들어, 다음과 같이 바코드의 숫자 중 어느 한 숫자가 훼손되어 읽을 수 없게 된 경우를 생각해 보자.

8 8 0 1 2 ? 4 5 6 7 8 9 3

이때, 훼손된 수를 x라 하면 다음 식을 만족해야 된다.

$$(8+0+2+4+6+8+3)+(8+1+x+5+7+9)\times 3=31+90+3x=121+3x$$

따라서 $121+3x$가 10의 배수가 되려면 x는 3임을 알 수 있다.

이와 같이 간단한 수학적 원리를 활용하여 만드는 체크디지트는 바코드의 판독 오류를 확인할 뿐만 아니라 오류를 복원하는 데에도 활용되는 간편하면서도 유용한 방법이다.

0과 1

둘!

주민등록번호

궁금해요!!

주민등록번호의 앞자리는 생년월일이고, 그 다음 자리는
남녀를 나타내는데요, 그 다음 숫자들은 무슨 의미가 있나요?
그리고 주민등록번호의 구조는 어떻게 되나요?
왜 형제나 자매들 간에 주민등록번호 생년월일 이후의
뒷자리의 숫자도 비슷한가요?

사람에게 번호를 부여하다

우리나라에서 신분 확인용으로 널리 사용되고 있는 주민등록번호가 사용되기 시작한 것은 1968년 11월 21일부터이다. 1968년 1월 21일 북한 무장 게릴라 31명이 청와대를 습격하기 위해 서울에 침투한 일명 '김신조 사건' 이후, 간첩 식별 등의 목적으로 주민등록증이 발급되면서부터 개인별로 주민등록번호가 부여되기 시작하였다.[1]

주민등록번호(Resident Registration Number)는 주민등록법에 의해 부여되고 있으며, 주민등록증에 적혀 있는 국민식별번호이다. 주민등록번호는 처음에는 12자리의 수로 이루어졌으나, 1975년에 현재와 같은 13자리의 수로 변경되었다.

숫자로 언제 어디서 태어났는지 안다

13자리의 수로 이루어진 주민등록번호는 생년월일, 성별, 출생지(출생신고한 지역) 등의 정보를 담고 있다. 구체적인 구조는 다음과 같다.

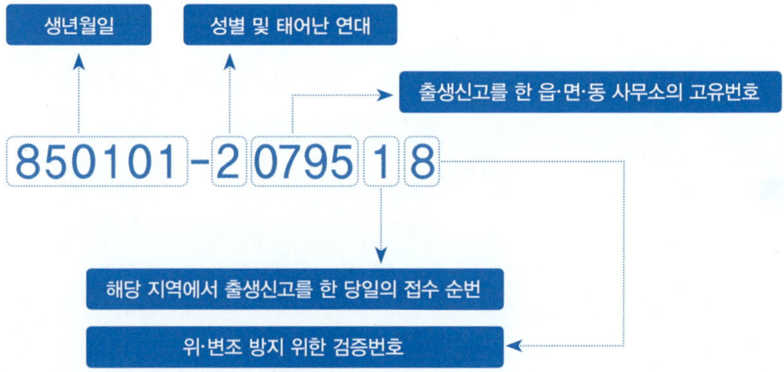

8	Y	생년월일을 나타낸다. 일곱 번째 자리의 수 'a'와 함께 보아야 정확한 생년을 알 수 있다. 예를 들어, 980728-1이면 1998년 7월 28일에 태어났음을 의미한다.
5	Y	
0	M	
1	M	
0	D	
1	D	
	~	
2	a	기본적으로 성별을 나타낸다. 1, 2, 3, 4, ..., 9, 0까지 모두 가능하다.
0	b	출생 등록지: 출생 등록한 지방자치단체의 고유번호
7	c	
9	d	출생 등록지: 출생 등록한 읍·면·동 주민센터의 고유번호
5	e	
1	f	출생 등록한 당일의 출생 신고한 순서[2]
8	g	검증번호

❶ 남자/여자를 구분하다

위의 표에서 a, 즉 주민등록번호 일곱 번째 자리의 수는 기본적으로 성별을 나타내고, 보통은 1, 2 또는 3, 4이지만 5, 6, 7, 8, 9, 0도 있다. 구체적으로는 다음과 같다.

숫자	의미	숫자	의미
1	1900년대에 태어난 한국인 남자	2	1900년대에 태어난 한국인 여자
3	2000년대에 태어난 한국인 남자	4	2000년대에 태어난 한국인 여자
5	1900년대에 태어난 외국인 남자[3]	6	1900년대에 태어난 외국인 여자
7	2000년대에 태어난 외국인 남자	8	2000년대에 태어난 외국인 여자
9	1800년대에 태어난 남자	0	1800년대에 태어난 여자

❷ 지역번호 4자리

출생등록지 4자리 'bcde' 중에서 앞의 2자리 bc는 지방자치단체의 고유번호로서, 구체적으로 다음과 같다.[4]

지방자치단체	고유번호	지방자치단체	고유번호
서울특별시	00~08	전라북도	48~54
부산광역시	09~12	전라남도	55~64
인천광역시	13~15	광주광역시	65, 66
경기도	16~25	대구광역시	67~70
강원도	26~34	경상북도	71~80
충청북도	35~39	경상남도	81~84, 87~90
대전광역시	40	울산광역시	85
충청남도	41~43, 45~47	경남 창원시	86
세종특별자치시	44, 96	제주특별자치도	91~95

뒤의 2자리 'de'는 출생등록한 읍·면·동 주민센터마다 지정된 고유번호 이다. 예를 들어, 어떤 사람의 주민등록번호가 다음과 같다고 하자.

890315-211XXXX

이 번호를 통해 이 사람이 1989년 3월 15일생, 여자, 고향은 부산임을 알 수 있다.(정확하게는 부산에서 출생신고를 했다.)

형제, 자매들 간에 주민등록번호의 뒷자리가 비슷한 경우가 많다. 그 이유는 주민등록번호의 구조로부터 알 수 있다. 부모가 같은 지역에 살면서 두 자녀를 낳은 경우에는 같은 동 주민센터에서 출생신고를 하게 된다. 그래서 형제, 자매의 주민등록번호 성별 다음 네 자리의 수가 같게 된다. 그리고 출생신고한 순서가 대부분 1이기 때문에 그 다음 자리의 수까지 같게 된다. 따라서 이사 가지 않은 경우 자녀들 간에 주민등록번호의 뒷부분이 거의 같게 된다. 그런데 첫째 자녀를 낳은 후에 다른 곳으로 이사를 가서 둘째를 낳은 경우에는 주민등록번호 성별 다음 네 자리의 수가 다르게 된다. 따라서 형제, 자매들 간의 주민등록번호를 통해 자신들이 태어나기 전후에 부모님께서 이사를 가셨는지를 알 수 있다.

세종시는 원래 고유번호가 44이었다. 그런데 세종시에서 2000년대에 태어난 여자의 경우 주민등록번호 뒷부분의 숫자가 444XXXX로 4가 연속해서 나타난다. 이에 발음이 '죽을 사(死)'자를 연상시킨다는 이유로 기피하는 숫자(4)가 중복됐다며, 일부 신생아의 부모가 민원을 냈고, 이것이 받아들여져서 행정안전부는 세종시 지역번호를 '96'으로 변경했다. 이후 2012년 9월 26일 출생신고분부터 적용하기 시작했다.[5]

❸ 주민등록번호 오류를 체크하다

주민등록번호 맨 오른쪽 끝자리의 수는 오류를 검증하는 체크디지트인데, 그 앞의 12자리의 수가 정해지면 체크디지트의 수는 자동적으로 결정된다. 주민등록번호의 체크디지트가 결정되는 규칙은 다음과 같다.

주민등록번호 체크디지트 결정법

주민등록번호 왼쪽에서부터 12자리의 숫자에, 왼쪽에서부터 각각 2, 3, 4, 5, 6, 7, 8, 9, 2, 3, 4, 5를 곱해서 모두 더한 값과 검증번호의 수 x를 더한 값이 11의 배수가 되도록 정한다. 단, 계산한 결과 11의 배수가 되기 위해서 검증번호 x가 10이 되어야 하는 경우에는, x가 1자리의 수이어야 하므로 검증번호 x는 0으로 한다. x가 11이 되어야 하는 경우에는 검증번호 x는 1로 한다.

예를 들어 주민등록번호가 640713－201841x의 경우에 검증번호 x를 구해 보자.

6	4	0	7	1	3	-	2	0	1	8	4	1	x
×	×	×	×	×	×		×	×	×	×	×	×	
2	3	4	5	6	7		8	9	2	3	4	5	
‖	‖	‖	‖	‖	‖		‖	‖	‖	‖	‖	‖	합계
12	12	0	35	6	21		16	0	2	24	16	5	149

주민등록번호의 맨 왼쪽에서부터 차례로 2, 3, 4, 5, 6, 7, 8, 9, 2, 3, 4, 5를 곱해서 더하고 검증번호 x를 더하면 다음과 같이 된다.

$$(6\times 2)+(4\times 3)+(0\times 4)+(7\times 5)+(1\times 6)+(3\times 7)+(2\times 8)$$
$$+(0\times 9)+(1\times 2)+(8\times 3)+(4\times 4)+(1\times 5)+x$$
$$=149+x$$
$$=11\times 13+6+x$$

이때, $149+x$가 11의 배수가 되기 위한 x의 값은 $x=5$이다. 따라서 주민등록번호 마지막 자리 검증번호는 5가 된다.

❹ 둘리, 로봇 태권브이, 하니의 주민등록번호

보통 주민등록번호는 사람에게만 부여하지만 예외적으로 만화 주인공인 둘리와 로봇 태권브이, 그리고 하니에게는 주민등록증과 함께 주민등록번호를 부여하였다.

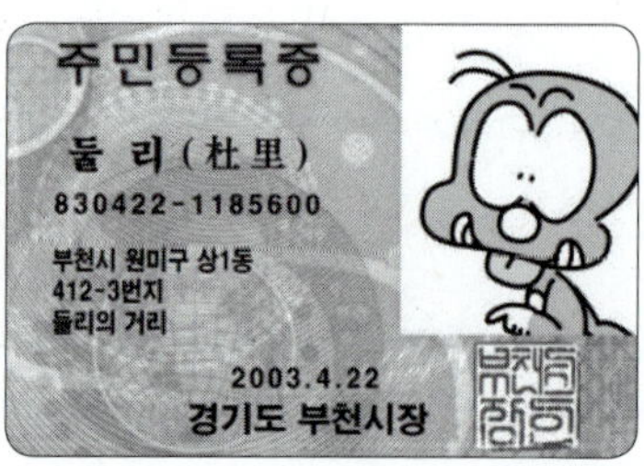

로봇 태권브이의 주민등록번호(로봇번호)는 '760724-R060724'이다. 로봇번호에서 R은 로봇(Robot)의 앞글자이고, 생일인 1976년 7월 24일은 김청기 감독의 로봇 태권브이 1탄이 극장에서 개봉한 날이다.

하니의 주민등록번호는 850101-2079518이다. 하니의 생일로 설정된 1985년 1월 1일은 하니가 월간《보물섬》에 처음 연재되던 날이다.[6] 그리고 둘리의 주민등록번호는 830422-1185600이고, 생일로 설정된 1983년 4월 22일은 둘리가 월간《보물섬》에 연재되기 시작한 날이다. 아기공룡 둘리는 우리나라의 대표적인 국민 캐릭터 중의 하나인데, 성별에 대해 많은 논란이 있었다. 그런데 둘리의 주민등록번호를 통해 '남자'임이 밝혀지면서 성별 논란은 마무리되었다.[6]

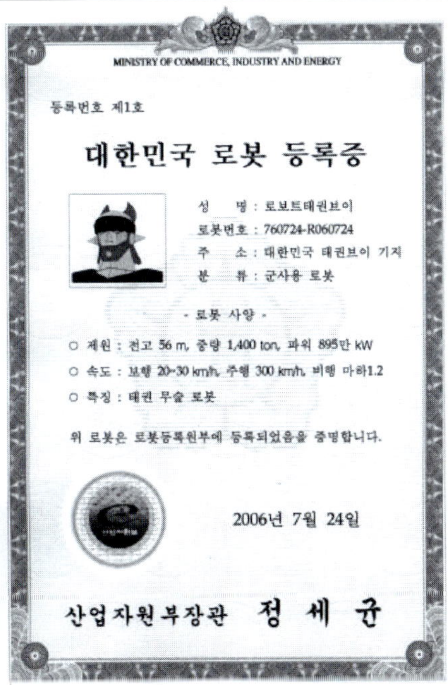

MINISTRY OF COMMERCE, INDUSTRY AND ENERGY

등록번호 제1호

대한민국 로봇 등록증

성 명 : 로보트태권브이
로봇번호 : 760724-R060724
주 소 : 대한민국 태권브이 기지
분 류 : 군사용 로봇

- 로봇 사양 -

○ 제원 : 전고 56 m, 중량 1,400 ton, 파워 895만 kW
○ 속도 : 보행 20~30 km/h, 주행 300 km/h, 비행 마하1.2
○ 특징 : 태권 무술 로봇

위 로봇은 로봇등록원부에 등록되었음을 증명합니다.

2006년 7월 24일

산업자원부장관 정 세 균

사진=산업자원부

0과 1

셋!

책과 신용카드

궁금해요!!

9 791160 730494
93410
ISBN 979-1-16073-049-4

책 뒤표지를 보면 위 그림과 같은 바코드가 있고,

그 아래 숫자들이 있어요. 이 숫자들은 무슨 의미가 있나요?

세계 모든 책에는 고유번호가 있다

국제표준도서번호(International Standard Book Number, ISBN)는 국제적으로 표준화된 방법에 의해 전 세계에서 생산되는 각종 도서에 부여하는 고유한 식별번호이다.

1967년 영국에서 9자리 숫자로 이루어진 표준도서번호(Standard Book Numbering, SBN)가 만들어졌으며, 국제표준화기구(International Organization for Standardization, ISO)에 의해 10자리 숫자로 된 ISBN 형식이 개발되었고, 1970년 국제표준 ISO 2108로 채택되었다. 이후 2007년 1월 1일부터 현재 사용하고 있는 것과 같은 13자리로 바뀌었다. 한국도서번호는 국제표준도서번호(ISBN)에 5자리로 이루어진 부가기호가 덧붙여진 것이다. 국제표준도서번호와 비슷한 종류의 식별자로 국제표준일련번호(International Standard Serial Number, ISSN)가 있는데, ISSN은 주기적으로 출판되는 정기 간행물에 사용된다.

■ ISBN의 구조

ISBN은 13자리의 수로 이루어져 있으며, 왼쪽에서 3자리는 접두부로 978 또는 979이고, 그 다음 2자리는 국가번호(우리나라의 국가번호는 89)이고, 그 다음 7자리는 발행자번호와 서명식별번호이고, 마지막 1자리는 체크디지트이다. 체크디지트의 숫자는 그 앞의 12자리의 수가 정해지면 특정의 규칙에 따라 자동으로 결정된다.

ISBN의 번호 구조에서 국별번호, 발행자번호, 서명식별번호 각각의 자리의 수는 바뀔 수 있다. 그러나 세 번호의 각 자리수의 합은 9자리로 같다. 예를 들어, 우리나라의 국별번호는 89로 2자리 수이지만, 영어권 국가는 0 또는 1로 1자리 수이고, 부탄은 99936으로 5자리 수이다. 국별번호의 자리수가 많아지면 당연히 발행자번호와 서명식별번호의 자리수는 적어진다.[1]

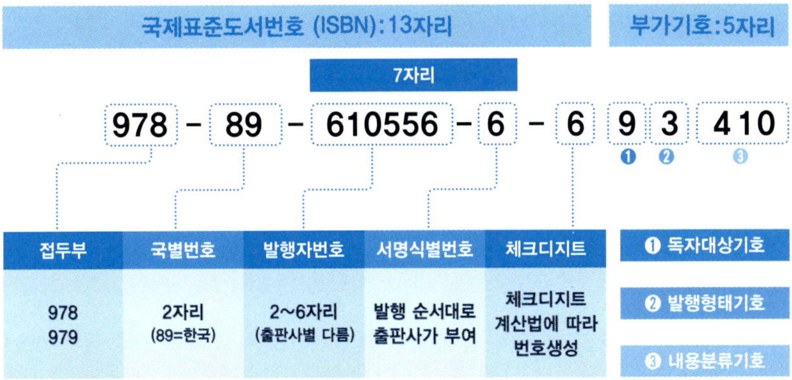

ISBN의 체크디지트

ISBN의 체크디지트를 정하는 규칙은 GTIN-13의 규칙과 같다.

13자리 ISBN의 체크디지트 결정법

13자리 ISBN의 체크디지트의 숫자는 왼쪽에서부터

(홀수 번째 숫자의 합) + (짝수 번째 숫자의 합) × 3

이 10의 배수가 되도록 한다.

예를 들어 다음 ISBN에서 체크디지트 x의 값을 구해보자.

978−89−954411−1−x

다음과 같이 계산하면

9	7	8	-	8	9	-	9	5	4	4	1	1	-	1	-	x
×	×	×		×	×		×	×	×	×	×	×		×		
1	3	1		3	1		3	1	3	1	3	1		3		

$$(9+8+9+5+4+1)+(7+8+9+4+1+1)\times 3+x$$
$$=36+90+x=126+x$$

이렇게 계산한 수가 10의 배수가 되어야 하므로, $x=4$이다.

10자리 ISBN과 13자리 ISBN의 관계

ISBN의 자리수가 현재와 같이 13자리가 된 것은 2007년 1월 1일부터이다. 그 전까지는 ISBN이 10자리이었다. 1970년대에 ISBN 시스템이 도입된 이후에 출판량이 급증하여 10자리의 ISBN에서 사용할 수 있는 도서번호가 한계에 도달하여 자리수를 늘려서 사용하게 된 것이다.

10자리 ISBN 구조는 현재 사용되고 있는 13자리 ISBN에서 앞의 접두부 978을 제외한 것과 같다. 그런데 10자리 ISBN의 마지막 체크디지트를 정하는 규칙이 13자리 ISBN을 정하는 규칙과 크게 다르다. 10자리 ISBN의 오른쪽 끝자리 체크디지트의 수를 정하는 규칙은 다음과 같다.

10자리 ISBN의 체크디지트 결정법

10자리 ISBN의 체크디지트 숫자는 왼쪽에서부터 10, 9, 8, 7, 6, 5, 4, 3, 2를 차례로 곱하여 더한 값이 11의 배수가 되도록 한다.

예를 들어, ISBN 10이 다음과 같을 때, 체크디지트 a의 값을 구해보자.

89-903221-1-a

위의 규칙에 따라 계산하면 다음과 같다.

8	9	-	9	0	3	2	2	1	-	1	-	a
×	×		×	×	×	×	×	×		×		
10	9		8	7	6	5	4	3		2		

$$8\times10+9\times9+9\times8+0\times7+3\times6+2\times5+2\times4+1\times3+1\times2+a$$
$$=80+81+72+0+18+10+8+3+2+a$$
$$=274+a=11\times24+10+a$$

이렇게 계산한 수가 11의 배수가 되어야 하므로, $a=1$이다.

참고로 위의 규칙에 따라 계산한 식이, 예를 들어 $11\times30+1+a$와 같이 체크 디지트 a가 10이 되어야 하는 경우에는, 한 자리에 10을 적을 수 없기 때문에 영어 알파벳 x를 쓴다.

우리가 사는 물건에는 대부분 바코드가 있는데, 보통 신용카드를 이용하여 구입한다. 신용카드의 번호에는 또 어떤 의미가 담겨 있는지 살펴보자.

신용카드의 개념

신용카드에 대한 개념은 1887년에 미국 소설가 에드워드 벨러미(Edward Bellamy, 1850~1898)가 발표한 소설 《돌이켜보면-2000년에서 1887년을(Looking Backward, from 2000 to 1887)》에 처음으로 등장한다. 이 소설은 19세기 후반에 살던 인물이 2000년에 잠을 깬 후, 이미 유토피아를 이룬 미국 사회에 대해 알아가면서 20세기 사회제도와 19세기 후반의 사회를 비교하며 19세기 사회를 비판하고 있다.

이 작품은 엄청난 인기를 끌면서 백만 부가 넘게 팔려나갔으며, 전 세계적으로도 20개 이상의 언어로 번역되어 팔렸고, 수많은 작가들에게 유토피아 소설이라는 장르로 영향을 미치게 되었다. 에드워드 벨러미는 19세기 작가이면서도 놀라운 상상력을 발휘해서 당시에 발명되지도 않았던 라디오나 텔레비전, 영화필름, 신용카드와 같이 현대인의 필수품을 작품에 그려내면서 근대에 크게 주목받았다. 특히 20세기 후반에 등장한 신용카드를 예측하면서 문학 분야에서뿐만 아니라 경제학, 사회학 분야에서도 크게 주목받았다.

세계 최초의 신용카드는 1950년 미국 뉴욕에서 프랭크 맥나마라 등이 설립한 '다이너스 클럽'의 신용카드이며, 우리나라 최초의 신용카드는 1969년 7월 1일 신세계 백화점이 발급한 신세계 백화점 카드이다.[2]

신용카드번호의 구성

신용카드번호는 전체 자리수가 14~16자리로 구성되어 있으며, 비자카드, 마스터카드는 16자리이다.[3] 신용카드번호의 구성은 은행고유번호, 카드사에서 정한 번호, 그리고 마지막 체크디지트로 이루어져 있다. 구체적으로는 왼쪽에서 1~6번째까지는 은행고유번호(Bank Identification Number, BIN)이고, 7~15번째까지는 각 카드사가 임의의 규칙에 따라 정해서 사용하는 번호이고, 마지막 16번째 자리는 체크디지트이다.

특히 신용카드 왼쪽 맨 앞부분의 자리는 카드사 고유번호인데, 비자카드는 4, 마스터카드는 51~55, 국내전용카드는 9이다. 그리고 맨 앞자리 은행고유번호(BIN)를 통해 개인용, 법인용, 일반, 골드 등의 정보를 알 수 있다. 그리고 카드 뒷면의 서명란에 기울임체로 인쇄된 3자리 또는 4자리 숫자가 있는데, 이 숫자를 비자카드는 CVV(Card Verification Value), 마스터 카드는 CVC(Card

Validation Code)라고 부른다. 부르는 이름은 여러 가지이지만, 이 숫자는 모두 카드번호가 정확한 것인지 확인하기 위한 번호이다.

신용카드 체크디지트의 원리

신용카드번호 16자리의 오른쪽 맨 끝의 한 자리의 숫자는 체크디지트로서 신용카드번호가 정확한지 확인하기 위한 번호이다. 체크디지트의 숫자는 그 앞의 15자리의 숫자가 정해지면 특정의 규칙에 따라 자동적으로 결정된다. 체크디지트의 숫자를 결정하는 규칙은 다음과 같다.

신용카드번호의 체크디지트 결정법

신용카드의 체크디지트 숫자는 왼쪽에서부터 짝수 번째 수는 그대로 더하고, 홀수 번째 수는 2를 곱한 값을 더하여 그 총합이 10의 배수가 되도록 한다.

단, 위의 계산에서 홀수 번째 수에 2를 곱한 값이 10 이상일 경우에는 각 자리의 수를 더한다. 예를 들어, 2를 곱해 14가 된 경우에는 1+4로 계산한다.

예를 들어 다음 신용카드번호의 체크디지트 x의 값을 구해보자.

$$4417-1234-5678-911x$$

이 신용카드는 왼쪽 첫 번째 숫자가 4이므로 비자카드임을 알 수 있는데, 위 방법에 따라 계산해보면 다음과 같이 된다.

4	4	1	7	1	2	3	4	5	6	7	8	9	1	1	x
×	×	×	×	×	×	×	×	×	×	×	×	×	×	×	×
2	1	2	1	2	1	2	1	2	1	2	1	2	1	2	1
‖	‖	‖	‖	‖	‖	‖	‖	‖	‖	‖	‖	‖	‖	‖	‖
8	4	2	7	2	2	6	4	10	6	14	8	18	1	2	x

$$4\times2+4\times1+1\times2+7\times1+1\times2+2\times1+3\times2+4\times1+5\times2+6\times1+7\times2+8\times1$$
$$+9\times2+1\times1+1\times2+x$$
$$=8+4+2+7+2+2+6+4+(10)+6+(14)+8+(18)+1+2+x$$
$$=8+4+2+7+2+2+6+4+(1+0)+6+(1+4)+8+(1+8)+1+2+x$$
$$=8+4+2+7+2+2+6+4+1+6+5+8+9+1+2+x$$
$$=67+x$$

이 수가 10의 배수가 되어야 하므로 $x=3$이다. 따라서 체크디지트는 3이다.

체크디지트 결정 규칙에 대하여

위에서 GTIN, 주민등록번호, ISBN, 신용카드번호 등등의 마지막 자리의 수가 체크디지트인데, 각각 체크디지트가 결정되는 공식이 여러 가지임을 보았다. 그런데 그 공식과 관련한 의문 중의 하나는 숫자들을 그대로 더하지 않고 홀수 번째와 짝수 번째의 숫자에 다른 수를 곱하여 더하는 이유가 무엇이냐는 것이다. 그 이유는 홀수 번째와 짝수 번째의 숫자에 다른 수를 곱하여 더하게 되면 바코드를 읽을 때 인접한 두 수를 바꿔서 읽었을 경우에도 오류를 확인할 수 있다는 장점 때문이다.

그리고 GTIN-13은 왜 짝수 번째 자리수에 3을 곱하고, GTIN-8은 왜 홀수 번째 자리수에 3을 곱하느냐이다. 똑같이 홀수 번째 또는 짝수 번째 자리수에 3을 곱해서 더하면 외우기도 편리할 텐데 무슨 이유로 굳이 다르게 했을까? 그 이유는 '체크디지트에 3이 곱해지지 않게 하겠다'는 것으로 해석할 수 있다. GTIN-13에서 체크디지트가 13번째, 즉 홀수 번째 자리수이기 때문에 짝수 번째 자리수에 3을 곱한 것이고, GTIN-8에서 체크디지트가 8번째, 즉, 짝수 번째 자리수이기 때문에 홀수 번째 자리수에 3을 곱한 것이다.[4] 이 원칙은 주민등록번호와 신용카드번호에도 동일하게 적용되어, 체크디지트의 숫자는 그대로 더한다.

닮음

하나!

A4, B5, …
복사용지의 비밀

궁금해요!!

복사용지 종류에 A4, A3, B4, B5 같은 것들이 있는데,

알파벳 A, B는 무슨 의미가 있고,

숫자 3, 4, 5는 무슨 의미가 있나요?

복사용지의 크기는 누가 정했나

현재 우리가 사용하고 있는 복사용지의 크기는 1900년대 초에 규격[1]이 정해졌다. 1909년 독일 물리학자 프레데릭 오스트발트(Friedrich Ostwald, 1853~1932)가 종이 크기의 규격을 제안하였으며, 1922년 독일공업규격 위원회에서 제정하였다.[2] 이 규격은 여러 나라에 빠르게 전파되어 갔으며, 1975년 국제규격 ISO 216으로 채택되었고, 미국, 캐나다를 제외한 거의 모든 나라에서 A4 용지를 표준 편지 규격(standard letter format)으로 채택하고 있다.[3] 미국과 캐나다는 미국 레터(Letter) 또는 리갈(Legal) 규격의 종이를 주로 사용한다.

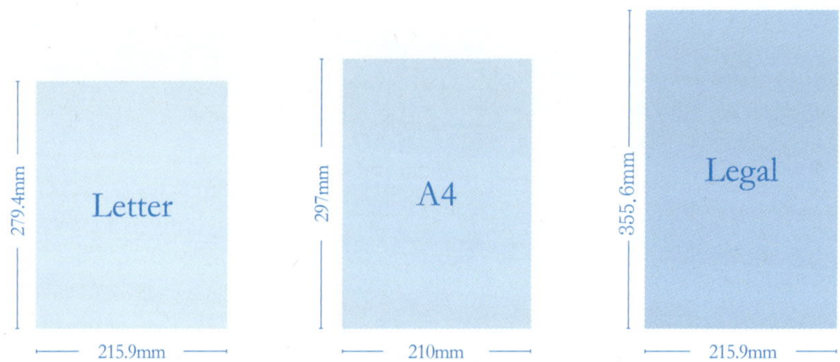

A4와 레터, 리갈 크기 비교

종이가 닮았다

일상생활에서 사용하는 종이의 크기는 매우 다양하다. 책 또는 공책 크기의 종이도 있고, 메모지와 같이 작은 크기의 종이도 있으며, 전지라고 하는 큰 종이도 있다. 그러면 이렇게 다양한 종이 크기의 규격을 모두 어떻게 정했을까? 무슨 특별한 방법이 있을까 싶은데, 뜻밖에도 종이 크기의 규격을 정할 때에 수학적 개념과 원리가 많이 활용되었다. 종이 크기의 규격을 정할 때 적용된 두 가지 중요한 원칙이 있는데, 첫 번째 원칙은 큰 규격 종이를 반으로 자른 것도 규격 종이가 된다는 것이고, 두 번째 원칙은 모든 규격 종이들이 서로 '닮음'이라는 것이다.

닮음이란?

한 도형을 축소하거나 확대한 것이 다른 도형과 완전히 똑같게(합동) 될 때, 두 도형은 **서로 닮음**이라고 한다.

첫 번째 원칙인 큰 규격 종이를 반으로 자른 것도 규격 종이가 된다는 것은 여러 가지 좋은 점이 있다. 예를 들어 종이를 만드는 공장에서 각각의 규격 종이를 모두 미리 가지고 있을 필요가 없다. 가장 큰 크기의 규격 종이만 보관하고 있다가 작은 크기의 규격 종이가 필요하면 그때 큰 규격 종이를 필요 크기에 따라 몇 번 잘라서 만들면 되기 때문이다. 또한 그렇게 작은 크기의 규격 종이를 만드는 과정에서 자투리 종이가 생기지 않아서 경제적이기도 하다.

두 번째 원칙인 모든 규격 종이들이 서로 닮음이라는 것 때문에 좋은 점은 한 규격 종이의 내용을 다른 크기의 규격 종이로 축소 또는 확대 복사할 때 크기가 딱 맞는다는 점이다. 규격 종이 크기가 아닌 책을 축소 또는 확대 복사할 때, 검게 된 부분이 생기는 일이 종종 있는데, 이것은 책과 종이의 크기가 서로 닮음이 아니기 때문에 생기는 일이다. A시리즈와 B시리즈 복사용지는 모두 닮음이기 때문에, 이들 크기의 복사용지를 축소 또는 확대 복사할 때 검게 된 부분이 생기지 않아 매우 편리하다.

무리수 $\sqrt{2}$와 복사용지

가장 많이 사용되는 A4 용지의 가로, 세로 길이는 각각 210mm, 297mm이다. 200mm, 300mm와 같이 간단한 길이의 비가 아니어서 좀 이상하다. 그 이유는 규격 종이의 크기에 적용된 두 가지 원칙을 모두 만족하려면 규격 종이의 가로와 세로 길이의 비가 반드시 $1:\sqrt{2}$가 되어야 하기 때문이다.

규격 종이의 가로:세로의 비가 $1:\sqrt{2}$인 이유

규격 종이 (가)의 짧은 변의 길이를 1, 긴 변의 길이를 x라 하자. 규격 종이 (가)의 긴 변을 반으로 잘라 작은 규격 종이 (나)를 만들면, (나)의 짧은 변의 길이는 $\frac{x}{2}$이고, 긴 변의 길이는 1이다.

이때, 두 규격 종이 (가)와 (나)가 서로 닮음이므로

(가)의 짧은 변 : (가)의 긴 변 = (나)의 짧은 변 : (나)의 긴 변

이다. 따라서 $1:x=\frac{x}{2}:1$이다. 그러므로 $\frac{x^2}{2}=1$, 즉, $x=\sqrt{2}$이다.

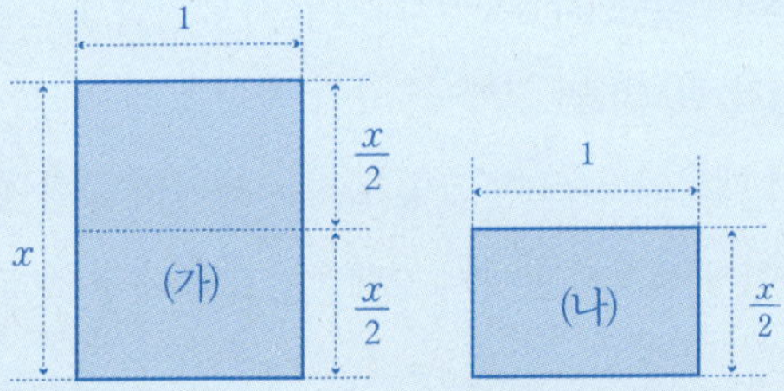

$$1:x=\frac{x}{2}:1$$
$$x^2=2$$
$$x=\sqrt{2}\approx 1.414$$

실제로 A4용지의 가로 길이와 세로 길이의 비는 다음과 같다.

$$\text{가로 길이}:\text{세로 길이}=210:297=1:\frac{297}{210}\approx 1:1.414$$

이때 $\frac{297}{210}\approx 1.414$는 무리수 $\sqrt{2}$의 근삿값이다. 편리하고 경제적인 비율이 $2:3$과 같은 간단한 정수비가 아니라 $1:\sqrt{2}$와 같이 무리수[4] $\sqrt{2}$인 것은 뜻밖이라고 할 수 있다. 이처럼 무리수도 실생활에 유용하게 활용된다.

A4, B4에서 A, B, 3, 4는 무슨 의미일까?

큰 규격 종이를 반으로 자르면 작은 규격 종이가 되기 때문에, 가장 큰 규격 종이의 크기만 정하면 나머지 작은 규격 종이의 크기는 자동적으로 결정된다. 자주 사용하는 복사 용지의 규격은 A0, A1, A2와 같은 A시리즈와 B0, B1, B2와 같은 B시리즈가 있다.

A시리즈의 규격 종이 중에서 가장 큰 규격 종이는 A0이다. A0는 넓이가 1m^2이면서 가로와 세로의 비율이 $1:\sqrt{2}$가 되도록 정하였다. 이렇게 정하면 가로와 세로 길이는 자동으로 결정되고, 실제 크기는 $841\text{mm} \times 1189\text{mm}$이다.

A0를 반으로 자른 것이 A1이고, A1을 반으로 자른 것이 A2이다. 이와 같이 A(n) 용지를 반으로 자른 것이 A(n+1) 용지이다. 따라서 A3는 A0를 3번 자른 것이다. 즉, 복사용지 An은 A0를 n번 자른 것이다. 가장 많이 사용되는 A4는 A0를 반으로 4회 자른 것이므로 A0 용지 1장으로 A4 용지 16장을 만들 수 있고, A4 용지의 이론적인 넓이는 $\frac{1}{16}\text{m}^2 = 0.0625\text{m}^2 = 625\text{cm}^2$이다. 실제로 A4 용지의 넓이는 $210\text{mm} \times 297\text{mm} = 62370\text{mm}^2 = 623.7\text{cm}^2$이다.

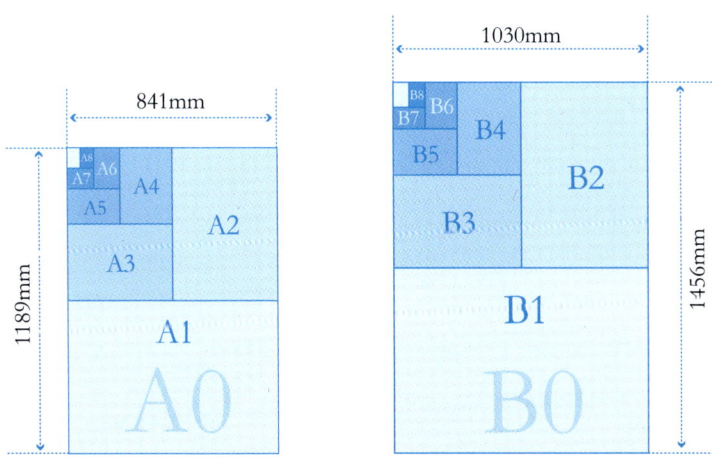

B시리즈의 용지도 같은 방법으로 만들어졌는데, B0 용지는 넓이가 1.5m^2이면서 가로와 세로의 비율이 $1:\sqrt{2}$가 되도록 정하였으며, 실제 크기는 1030mm × 1456mm 이다.[5] 자주 사용되는 B4는 B0를 반으로 4회 자른 것이고, B0 용지 1장으로 B4 용지 16장을 만들 수 있으며, B4 용지의 이론적인 넓이는 $\frac{1.5}{16}\text{m}^2 = 0.09375\text{m}^2 = 937.5\text{cm}^2$이다. 실제로 B4 용지의 넓이는 $257\text{mm} \times 364\text{mm} = 93548\text{mm}^2 = 935.48\text{cm}^2$이다.

A0 용지의 가로 세로 길이 계산

가로 길이를 x라 하면, 세로 길이는 $\sqrt{2}x$이다. 넓이가 10000cm^2이므로 $x \times \sqrt{2}x = \sqrt{2}x^2 = 10000$이다.

따라서 $x^2 = \frac{10000}{\sqrt{2}} = 5000\sqrt{2} \approx 7070$이다.

그러므로 $x = \sqrt{7070} \approx 84.1\text{cm}$이고 $\sqrt{2}x = 1.414 \times 84.1 = 118.9\text{cm}$이다. 따라서 A0의 크기는 841mm × 1189mm 이다.

이제 궁금했던 점에 대하여 간단하게 요약해서 답하면 다음과 같다.

▸ A4에서

A는 넓이가 1m^2인 A0전지를 잘라서 만들었다는 의미이고

4는 A0전지를 반으로 4번 잘랐다는 의미이다.

▸ B5에서

B는 넓이가 1.5m^2인 B0전지를 잘라서 만들었다는 의미이고

5는 B0전지를 반으로 5번 잘랐다는 의미이다.

Q C4도 있나요?

복사용지의 규격 A, B에 대하여 알고 나니, C도 있나 하는 궁금증이 들 수 있다. C시리즈도 있을까? 답은 '있다'!!!

ISO 216[6]에서 종이 크기를 규정하고 있는데,[7] A, B 사이즈 이외에 C 사이즈도 있다. C 사이즈는 봉투의 크기를 규정하고 있으며, C 사이즈의 규격은 A, B 사이즈의 규격의 기하평균[8]이다. 따라서 C4의 크기는 A4보다 조금 크고 B4보다 조금 작다. C4 사이즈 봉투에 A4 용지를 넣을 수 있다.

아이돌 가수 그룹 중에 B1A4라는 그룹이 있다. 이 그룹의 이름에서 A, B는 복사용지를 뜻하는 것이 아니라, 혈액형을 의미한다고 한다. 즉, 그룹 멤버가 모두 5명인데, 그중에 B형이 1명이고 A형이 4명이라는 의미이다.

복사용지 넓이에 대한 수학 상식

- An의 넓이는 $\frac{1}{2^n}\text{m}^2$이고, Bn의 넓이는 $1.5\times\frac{1}{2^n}\text{m}^2$이다.
- Bn의 넓이는 An의 넓이의 1.5배이고,
  An의 넓이는 Bn의 넓이의 $\frac{1}{1.5}=\frac{2}{3}\approx 0.67$배이다.

닮음

둘!

최상의 피자 주문

궁금해요!!

간식으로 피자를 주문하려고 하는데,
약간 비싸지만 크기가 큰 패밀리 사이즈를 주문하는 게
좋은가요 아니면 크기가 약간 작지만 값이 싼 미디엄 사이즈를
좀 더 많이 주문하는 게 좋은가요?
바다의 수평선 멀리 보이는 배까지의 거리는 얼마나 되나요?
꼭꼭 씹어 먹으면 소화가 잘 된다고 하는데 왜 그런가요?

조각상이 닮았네

윤희상 시인의 시 〈닮다〉[1]를 감상해보자.

닮다

걸어서 성북동 길상사에 가는 날
잠시 쉬어 갈 생각으로 돈암동 성당에 들렀더니
마당 한편에 성모마리아상이 있다

이미, 보신 분들은 알겠지만
서울 성북동 길상사의 관세음보살상과
서울 돈암동 성당의 성모마리아상은 닮았다

둘 다 화강암이다
얼굴 표정도 비슷하다
표정이 그러니
마음도 그러겠다

모두 조각가 최종태 선생이 빚었다

그러므로 둘이 남매나 자매라고 해도
아주 틀린 말이 아니다

빚은 사람의 마음도 그러하리라

길상사의 관세음보살상

돈암동 성당의 성모마리아상

일상 대화에서 닮았다는 말은 서로 매우 비슷하다는 뜻으로 사용된다. 윤희상 시인의 말처럼 돈암동(혜화동) 성당의 성모마리아상과 길상사의 관세음보살상은 닮았다. 그러나 수학에서 닮음은 조금 다르게 사용된다. 수학에서 두 도형이 닮았다고 하는 것은 한 도형을 확대하거나 축소했을 때에 다른 도형과 완전히 똑같아지는(합동) 것을 말한다. 예를 들어 반지름이 2인 원과 3인 원은 닮았고, 한 변의 길이가 3인 정삼각형과 5인 정삼각형도 닮았다. 한 도형이 다른 도형과 모양이 거의 같지만 조금이라도 다르면 수학적으로는 닮음이라고 하지 않는다. 예를 들어, 쌍둥이 형제가 있는데, 형과 동생이 누가 봐도 똑같이 생겼지만 형에게는 왼쪽 이마에 점이 1개 있고 동생에게는 없는 경우에 일상용어로는 닮았다고 하지만 수학으로는 닮았다고 하지 않는다.

두 도형이 닮음일 때, 두 도형의 대응하는 길이의 비를 닮음비라고 한다. 반지름이 2인 원과 3인 원의 닮음비는 2 : 3이다. 서로 닮음인 두 도형 사이의 닮음비를 알면 넓이와 부피의 비도 알 수 있다. 직사각형의 넓이는 '(가로의 길이)×(세로의 길이)'이다. 즉, 길이를 2개 곱한 것이다. 따라서 닮음비가 $a:b$이면 넓이의 비는 $a^2:b^2$이다. 마찬가지로 직육면체의 부피는 '(가로의 길이)×(세로의 길이)×(높이의 길이)'이므로 길이를 3개 곱한 것이다. 따라서 닮음비가 $a:b$이면 부피의 비는 $a^3:b^3$이다.

예를 들어, 반지름이 1인 원과 2인 원의 닮음비는 $1:2$이고, 넓이의 비는 $1^2:2^2=1:4$이다. 그리고 한 변의 길이가 2인 정육면체와 3인 정육면체의 닮음비는 $2:3$이고, 겉넓이의 비는 $2^2:3^2=4:9$이고, 부피의 비는 $2^3:3^3=8:27$이다. 따라서 닮음인 두 도형의 닮음비를 알고, 한 도형의 길이, 넓이, 부피를 알면 다른 도형의 길이, 넓이, 부피도 각각 알 수 있다.

피자 사이즈

인기 있는 음식 중에 피자가 있다. 피자는 맛이 다양하고 손쉽게 배달 주문할 수 있어서 이용하기 편리하다. 그런데 주문할 때 피자 사이즈에 대한 고민을 종종 하게 된다. 특히 여러 명이 먹을 경우에 큰 것을 2, 3개 주문하는 것이 나을지 작은 것을 3, 4개 주문하는 것이 나을지 고민하게 된다. 어떻게 하는 것이 좋은지 알아보자.

피자 사이즈는 보통 지름의 길이로 구분하는데, 업체마다 조금씩 차이가 있지만, 크기순으로 지름이 레귤라(R)는 9인치, 미디엄(M)은 10인치, 라지(L)는 12 또는 13인치, 패밀리(F)는 14인치이다.

한 피자 업체를 알아보았더니 라지와 패밀리 사이즈의 크기(지름), 가격이 각각 다음과 같았다.

사이즈	지름 (inch)	가격(원)
라지	12	28500
패밀리	14	33900

이 경우에 라지 사이즈와 패밀리 사이즈를 비교해보자. 라지 사이즈를 기준으로 하여 패밀리 사이즈의 지름, 가격의 비를 계산해보면 다음 표와 같다.

사이즈	지름 (inch)		가격(원)	
라지	12	1	28500	1
패밀리	14	$\frac{14}{12} \approx 1.17$	33900	$\frac{33900}{28500} \approx 1.19$

위 표에서 알 수 있듯이, 패밀리 사이즈가 라지 사이즈보다 지름은 1.17배이고, 가격은 1.19배이다. 지름의 비와 가격의 비가 비슷하기 때문에 라지를 주문하나 패밀리를 주문하나 차이는 거의 없는 것으로 보인다.

그러나 닮음비와 넓이의 비 사이의 관계를 따져보면 라지와 패밀리 사이에는 큰 차이가 있음을 알게 된다. 피자 라지 사이즈와 패밀리 사이즈는 모두 원이므로 서로 닮음이다. 라지와 패밀리의 닮음비는 12 : 14 = 6 : 7 이다. 그런데 피자의 크기는 피자의 넓이이므로 피자의 크기를 비교할 때에는 피자의 넓이를 비교해야 된다. 그러므로 길이의 비가 아니라 넓이의 비, 즉 길이의 제곱의 비를 비교해야 된다.

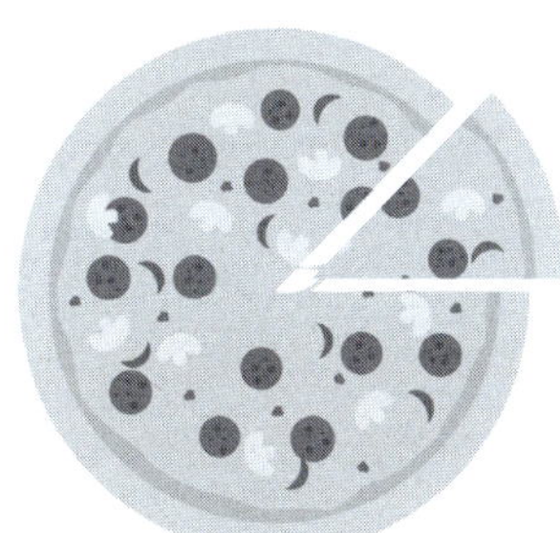

$$12^2 : 14^2 = 144 : 196 = 1 : \frac{196}{144} \approx 1 : 1.36$$

즉, 패밀리 사이즈 피자의 크기(넓이)는 라지 사이즈 피자 크기(넓이)의 약 1.36배이다. 패밀리 사이즈가 라지 사이즈보다 가격은 1.19배이지만, 넓이는 1.36배이다. 따라서 똑같은 양(넓이)을 먹는다면 패밀리 사이즈가 라지 사이즈보다 더 싸다.

이것으로부터 다음과 같은 피자 주문의 비법을 얻게 된다.

피자 주문의 비법

가격의 비는 피자의 크기(지름)의 제곱의 비와 비교해야 된다.

꼭꼭 씹어 먹으면 소화가 잘 되는 이유

음식을 꼭꼭 씹어 먹으면 소화가 잘 된다고 한다. 실제로 그렇다. 그런데 왜 음식을 꼭꼭 씹어 먹으면 소화가 잘 되는 것일까? 그 이유를 닮음비를 이용하여 설명할 수 있다.

우선, 음식물을 편의상 한 변의 길이가 a인 정육면체 모양이라고 하자. 이 정육면체의 부피는 a^3이고, 겉넓이는 $6a^2$이다. 이제 세 번 씹어서 가로, 세로, 높이가 모두 처음 길이의 $\frac{1}{2}$이 되었다고 하자. 그러면 한 변의 길이가 a인 정육면체 1개였던 음식물은 한 변의 길이가 $\frac{1}{2}a$인 정육면체 8개가 된다. 작은 정육면체는 하나의 부피는 $\frac{1}{8}a^3$이고, 겉넓이는 $\frac{3}{2}a^2$이다. 따라서 작은 정육면체 8개의 전체 부피는 a^3이고, 각각의 겉넓이의 합은 $\frac{3}{2}a^3 \times 8 = 12a^2$이다. 결국 음식을 세 번 씹은 결과 음식물의 부피는 그대로이지만, 겉넓이는 2배로 늘어났다. 겉넓이가 늘어나면 소화액이 음식물에 닿는 부분이 넓어지게 되어 소화가 잘 되게 된다.

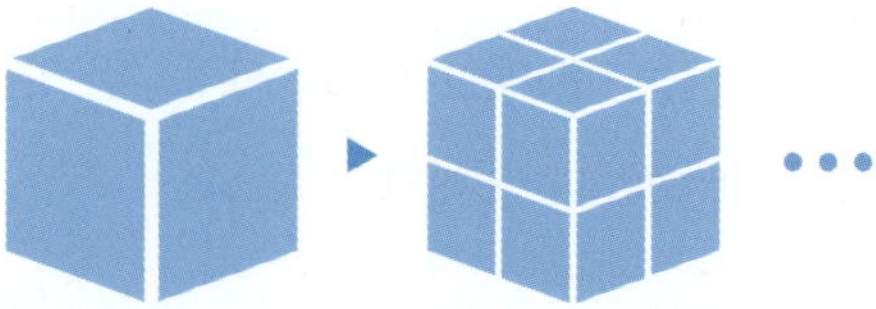

여기서 겉넓이가 넓어지는 현상을 닮음비를 이용하여 간단하게 설명할 수

있다. 씹기 전의 정육면체와 세 번 씹은 후의 작은 정육면체는 닮음이고, 닮음비는 $1:\frac{1}{2}$이다. 그리고 겉넓이의 비는 $1:\frac{1}{4}$이고, 부피의 비는 $1:\frac{1}{8}$이다.

따라서 큰 정육면체와 작은 정육면체의 단위 부피당 겉넓이의 비, 즉 $\frac{\text{겉넓이}}{\text{부피}}$의 비는 $\frac{1}{1}:\frac{\frac{1}{4}}{\frac{1}{8}}=1:2$이다.

씹은 후에 단위 부피당 겉넓이가 2배로 늘어났다. 결국 음식물을 여러 번 씹어서 음식물의 크기가 작아지게 되면, 음식물의 겉넓이가 커지게 되어 소화가 잘 되는 것이다.

	큰 정육면체	작은 정육면체	
	1개	1개	8개
닮음비	1	$\frac{1}{2}$	
겉넓이	1	$\frac{1}{4}$	$\frac{1}{4} \times 8 = 2$
부피	1	$\frac{1}{8}$	$\frac{1}{8} \times 8 = 1$

꼭꼭 씹어 먹으면 소화가 잘 될 뿐만 아니라 천천히 먹게 되어 포만감을 빨리 느끼게 된다. 그리고 체내 지방 분해를 증가시켜 다이어트에 도움이 되고, 뇌 기능이 활성화되고 기억력이 좋아진다고 한다. 음식을 꼭꼭 씹어 먹는 습관을 들여서 모두 건강해지기 바란다.

조나단 스위프트의 소설 《걸리버 여행기》는 주인공 걸리버가 소인국, 대인국 등에서 겪는 모험단이다. 이 소설에서 소인국 사람들은 자신들의 키의 12배에 달하는 걸리버에게 1728인분의 식사를 제공하였다고 한다. 이때 1728은 12X12X12이다. 즉 걸리버의 키가 12배이므로 먹는 양, 즉 위의 부피는 $12 \times 12 \times 12 = 12^3 = 1728$배가 될 것이다. 따라서 걸리버의 1인분은 소인국 사람의 1728인분과 같다. 12인분을 주게 되면 걸리버에게는 너무 적은 양이어서 간에 기별도 안 갈 것이다. 소설의 저자 조나단 스위프트의 수학 센스를 엿볼 수 있는 대목이다.

수박

여름에 자주 먹는 대표적인 과일 중에 수박이 있다. 그런데 수박을 살 때 보면, 크기가 조금 더 큰 것 같은데, 가격은 작은 것에 비해 꽤 비싼 경우를 종종 보게 된다. 그래서 궁금증도 들고 어느 것을 살까 고민도 하게 된다. 이때, 닮음비와 부피의 비를 따져보면 궁금증이 해결된다. 예를 들어, 크기가 약간 더 커서 작은 것과 큰 것의 지름의 비가 1 : 1.2 라고 하자. 그러면 부피의 비는 $1^3 : 1.2^3 \approx 1 : 1.7$ 이다. 따라서 작은 것의 1.5배를 받더라도 바가지가 아니다.

닮음 활용하기

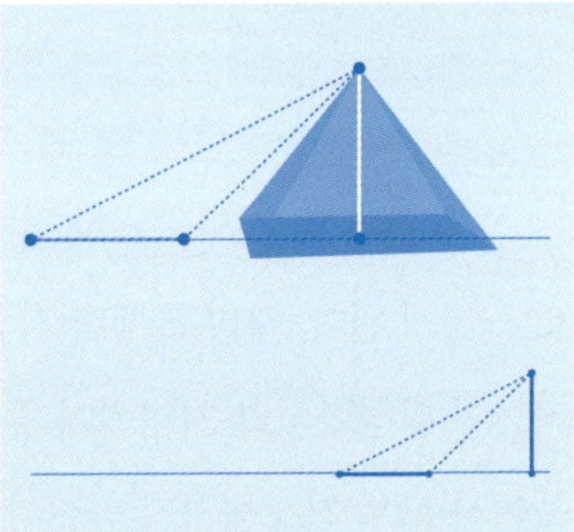

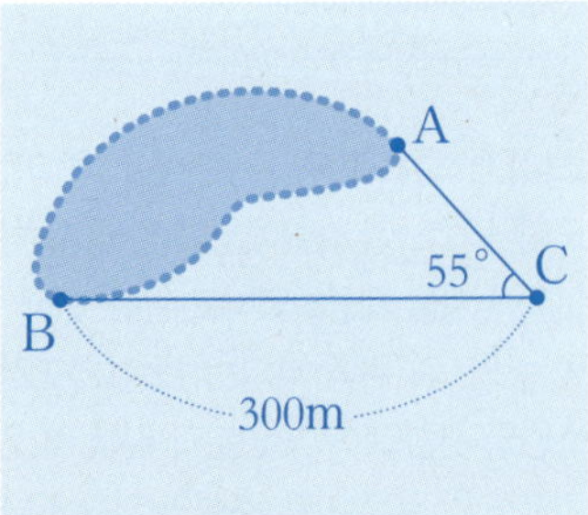

고대 그리스의 철학자 탈레스(Thales, B.C. ?625~?547)가 닮음의 원리를 이용하여 이집트에서 가장 큰 피라미드로 알려져 있는 쿠푸왕의 대피라미드의 높이를 측정한 것은 잘 알려진 이야기이다.

닮음의 원리는 삼각비로 발전하였으며, 삼각비를 이용하여 직접 연결하기 어려운 두 지점 사이의 거리를 구할 수 있다. 예를 들어, 두 산봉우리 사이의 거리라든지, 산을 사이에 두고 양쪽에 서로 떨어져 있는 두 지점 사이의 거리, 등대에서 바다 한가운데에 떠 있는 배까지의 거리 등을 구할 수 있다.

소수(prime number)를 걸러내는 '에라토스테네스의 체'를 고안한 것으로 잘 알려진 에라토스테네스(Eratosthenes, B.C. ?276~?194)는 고대 그리스의 수학자이자 천문학자이다. 그는 지구의 크기를 처음으로 계산해 냈으며, 실제 지구의 반지름은 약 6400km이다.[2]

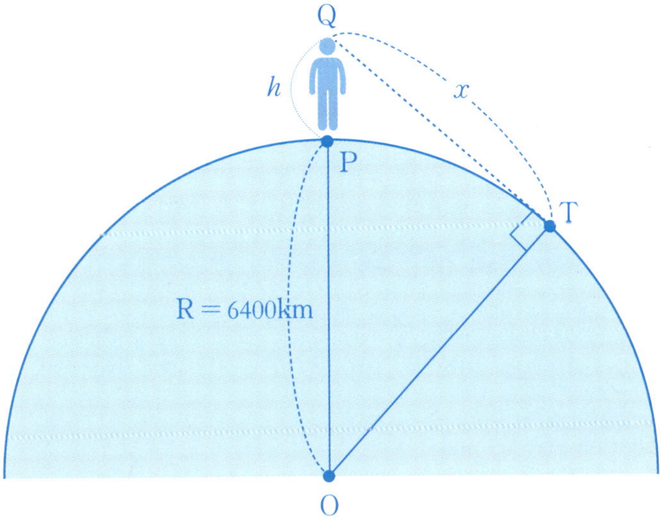

바닷가에 가면 저 멀리 수평선이 보이는데 수평선까지의 거리는 얼마나 될까? 그 거리를 계산해보자.

사람이 똑바로 서서 수평선을 바라보는 상황을 간단히 위의 그림과 같이 나타냈다. 그림에서 사람의 키(눈높이)가 PQ라 하면, 사람이 볼 수 있는 것은 T까지이므로 사람의 위치에서부터 수평선까지의 거리는 선분 QT의 길이이다.

이때 지구 반지름은 6400km, 사람의 눈높이를 1.6m라 하고, 수평선까지의 거리 QT를 xm라 하자. 이때 삼각형 OQT가 직각삼각형이므로 피타고라스의 정리에 의하여 나음 등식이 성립한다.

$$6400000^2 + x^2 = (6400000 + 1.6)^2$$

그러므로 $x = \sqrt{1.6 \times (2 \times 6400000 + 1.6)} \approx 4525.5$m 이다. 따라서 수평선까지의 거리는 약 4.5km이다.

그런데 실제로 바다에 가서 수평선 멀리 있는 배를 보면 5km보다도 훨씬 더 멀게 느껴진다. 그리고 바닷가에 살고 있는 사람들의 말에 따르면 수평선 멀리 보이는 배까지의 거리는 대략 10km 정도라고 한다. 뭔가 좀 이상하다. 위의 계산에 의하면 수평선까지의 거리는 5km 정도인데, 실제 느낌이나 바닷가에 사는 사람들의 말로는 10km라고 하니 말이다. 필자는 두 가지가 서로 맞지 않아서 오랫동안 의문을 품고 있었는데, 둘 다 맞는 말이었다.

수평선까지의 거리는 5km 정도가 맞고, 수평선 멀리 보이는 배까지는 약 10km가 맞다. 그 이유는 우리가 수평선 멀리 볼 때, 수평선까지의 물체만 보는 것이 아니라 아래 그림과 같이, 수평선 너머의 것도 보게 되기 때문이다. 즉, 우리가 바다에서 수평선 멀리 보는 배는 수평선에 있는 배가 아니라, 수평선 너머에 있는 배를 보는 것이다. 그래서 멀리 보이는 배까지의 거리는 수평선까지의 거리의 2배가 된다.

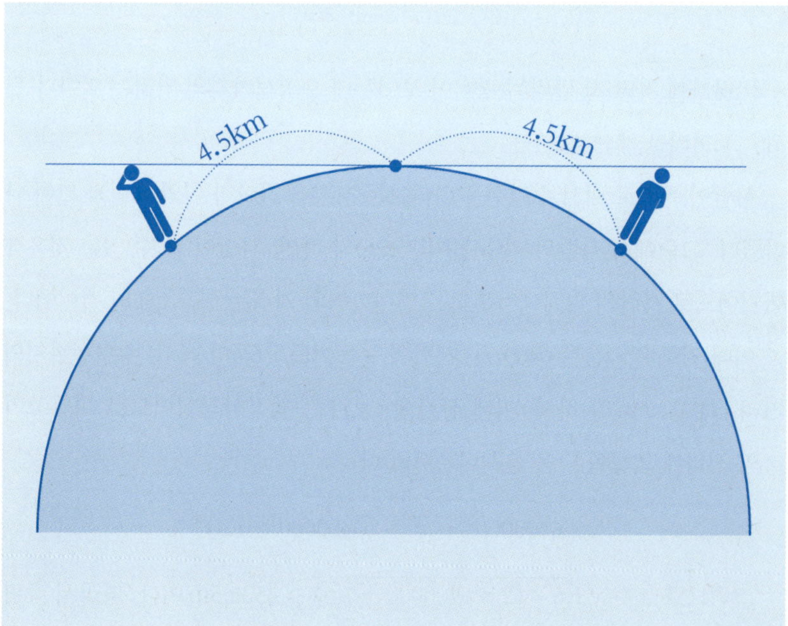

같은 이유로, 배가 항구에서 출발해서 수평선 너머로 멀리 사라질 때에는 배의 아랫부분부터 사라진다. 반대로 멀리서 배가 나타날 때에는 배 윗부분부터 보인다. 이것은 지구가 둥글다는 증거이기도 하다.

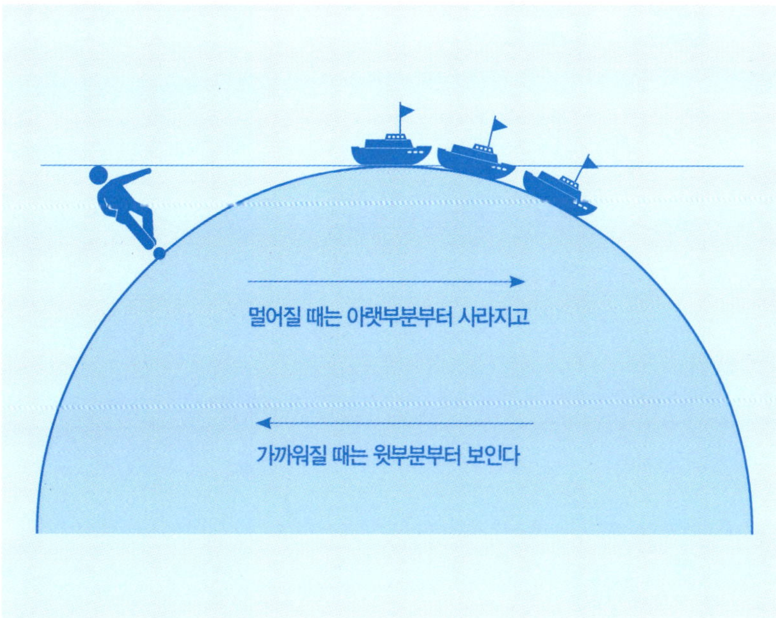

닮음

셋!

삼각측량

궁금해요!!

길을 가다보면, 건축기사 아저씨들이 한 사람은 기계장치의 망원경으로 무엇인가 측정하고 있고, 다른 사람은 멀리 떨어진 곳에서 긴 막대기를 세워서 잡고 있는 모습을 종종 보게 돼요. 기사 아저씨들이 무엇을 측정하고 있는 건가요?

땅의 크기와 거리를 재다

최초의 과학적 측량은 기원전 3000년경 이집트에서 시작되었는데, 홍수 범람으로 토지의 소유 확인과 피라미드 축조 등을 목적으로 하였다. 15세기경 아라비아에서 컴퍼스가 발명되면서 근대적 측량이 이루어졌는데, 이때 삼각측량법이 개발되었다. 18세기에는 트랜싯(transit)이라는 측량기구가 개발되어 정밀측량으로 발전되었다.

우리나라의 측량에 대한 기록은 신라 경덕왕 때 '신라구책현총도'라는 측량도가 있으며, 근대적 측량기술에 대하여는 1834년 김정호가 청구도에서 경위선, 투명법 등을 설명하고 있다.[1]

청구도는 우리나라 전 지역을 동일한 축척을 적용하여 그린 후, 동서 70리와 남북 100리의 크기로 잘라 세로 29층, 가로 22판으로 나누어 수록한 2책으로 구성되어 있다. 그리고 각 면을 모두 연결하면 남북 약 7m에 달하는 초대형 전도가 된다. 리(里) 이름까지 표시할 수 있는 1:10만의 축척으로 남북한을 모두 그리면 남북 약 11m[2]가 된다는 점을 감안하면 정말 크게 그린 것이다.[3] 1945년 항측에 의한 1/50000 국토기본도가 완성되었으며, 최근에는 해저측량 및 인공위성을 이용한 GPS 측량이 이루어지고 있다.

19세기 영국의 군인이었던 지리학자 에베레스트(Colonel Sir George Everest, 1790~1886) 경은 삼각비로 인도 대륙과 히말라야 산맥의 고도를 측정하였으며, 인도 대륙의 대삼각측량을 마무리했다. 히말라야 산맥의 최고봉인 에베레스트 산의 이름은 1865년에 에베레스트 경의 이름을 따서 붙여졌다.

트랜싯(transit)은 만능측량기 또는 전경의라고 하며, 망원경과 눈금판이 있는 정밀한 측량기계이다. 수평각 및 수직각을 정확하게 측정하고 직선을 연장하는데 사용되며, 삼각측량이나 다각측량 등의 지상측량에 사용된다.

건축 현장이나 거리에서 건축기사들이 한 사람은 막대기를 똑바로 세우고 있고 한 사람은 멀리 떨어진 곳에서 기계장치에 달려 있는 망원경을 통해 막대를 보고 있는 장면을 종종 볼 수 있는데, 망원경이 달려 있는 기계장치가 바로 트랜싯이다. 이 트랜싯을 통해 수평각과 수직각을 측정한다. 그리고 막대기를 세워 놓은 위치와 트랜싯이 있는 위치 사이의 거리는 줄자를 통해 측정할 수 있으나, 요즘에는 트랜싯에 광파를 이용하여 거리를 측정하는 기능이 있어서 줄자를 이용하지 않고도 자동으로 편리하게 거리를 구할 수 있다.

삼각측량

삼각형의 성질을 이용하여 두 시점 사이의 좌표와 거리를 알아내는 방법을 삼각측량이라고 한다. 두 기준점 A, B가 주어져 있을 때, 한 점 P까지의 거리를 알아내려고 한다. 먼저 두 기준점 A, B와 P로 이루어진 삼각형에서 두 기준점 사이의 거리 $\overline{AB}$와 $\angle PAB$, $\angle PBA$를 측정하여 구한다. 이제 다음과 같이 삼각비를 이용하여 점 A, B에서 P까지의 거리를 각각 구할 수 있다.

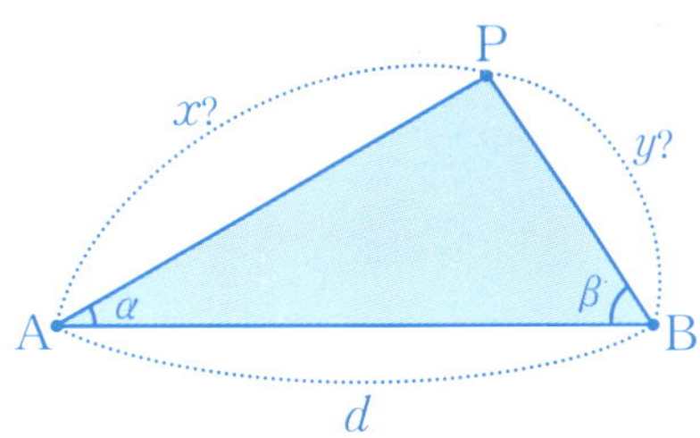

$$\overline{PA} = \frac{\sin\beta}{\sin(\alpha+\beta)}d, \quad \overline{PB} = \frac{\sin\alpha}{\sin(\alpha+\beta)}d$$

단, $\alpha = \angle PAB$, $\beta = \angle PBA$이다.

삼각비를 이용하지 않고 대략의 거리를 구하는 손쉬운 방법 중의 하나는 적당한 축척의 삼각형을 직접 그려서 구하는 방법이다. 예를 들어, 두 기준점 A, B에서 점 P까지의 거리를 구한다고 하자. 실제로 트랜싯을 이용하여 거리와 각도를 측정하였더니 다음과 같다고 하자.

두 기준점 A, B 사이의 거리 $\overline{AB} = 90m$

$\angle PAB = 48°$, $\angle PBA = 67°$

이제 종이에 실제 삼각형 PAB와 닮음인 작은 삼각형 P′A′B′를 다음과 같이 그리자.

$A'B' = 9cm$, $\angle P'A'B' = 48°$, $\angle P'B'A' = 67°$

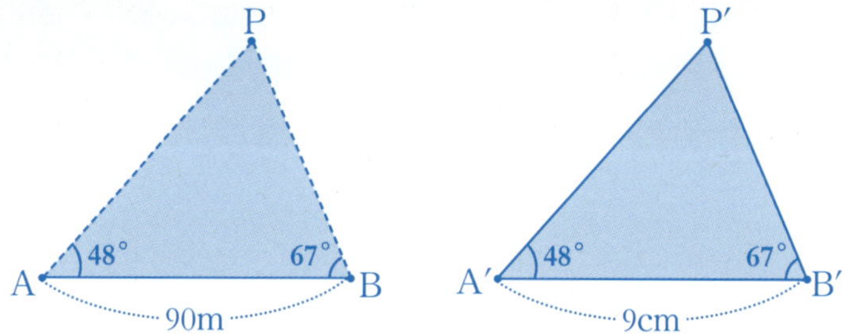

이제 자를 이용하여 $\overline{P'A'}$과 $\overline{P'B'}$의 길이를 직접 재보면 $\overline{P'A'} = 9.2cm$, $\overline{P'B'} = 7.3cm$가 된다. 따라서 실제 길이는 $\overline{PA} = 92m$, $\overline{PB} = 73m$임을 알 수 있다.

삼각형의 성질을 응용한 이러한 측량법을 '삼각측량'이라 하는데, 16세기 네덜란드의 수학자이자 천문학자, 지리학자인 프리시우스(Gemma Frisius, 1508~1555)가 개발한 삼각측량법은 측량과 지도 제작의 혁신적 방법이었다.

삼각망

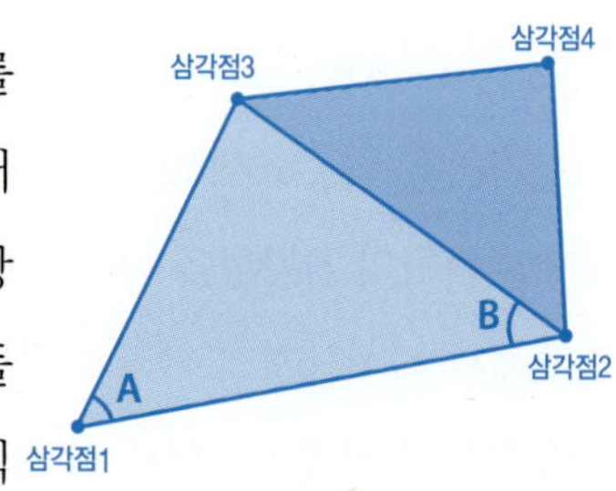

넓은 지역을 측정할 때에는 지역 전체를 여러 개의 작은 삼각형들로 고르게 나누어 측량을 한다. 이때 작은 삼각형들을 삼각망이라 한다. 삼각망을 이루는 작은 삼각형들은 정삼각형에 가깝도록 하는 것이 바람직하며, 삼각망의 종류에는 단열삼각망, 유심삼각망, 사변형삼각망 등이 있다.

❶ 단열삼각망

하천 및 터널과 같이 목이 좁고 거리가 긴 지역에 적합하다. 노선 거리에 비해 관측 수가 적어서 측량이 신속하고 경비가 저렴하지만 정확도가 낮은 단점이 있다.

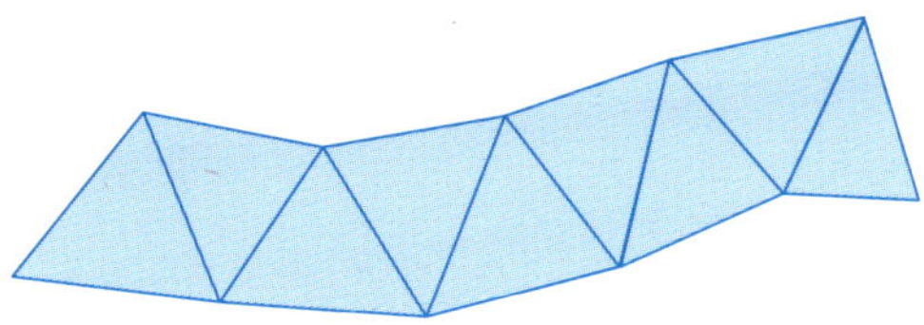

❷ 유심삼각망

농지 및 단지와 같이 넓은 지역의 측량에 적합하며, 동일 관측 수에 비해 포함 면적이 넓다. 정확도는 중간 정도이다.

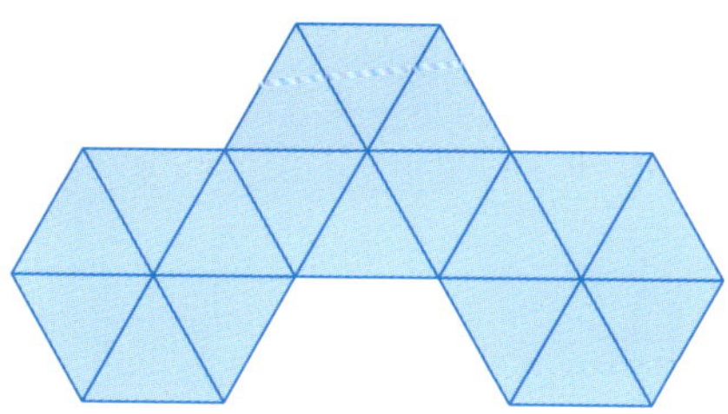

❸ 사변형삼각망

최고의 정확도를 갖지만 조정이 복잡하고, 포함 면적이 적어 많은 노력과 시간 및 경비가 요구된다. 정밀 측량이나 서로 다른 망을 연결할 때 사용된다.

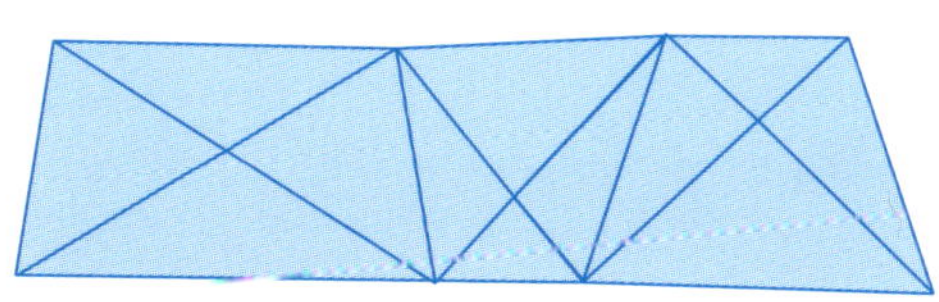

삼각측량법은 건축, 토지 측량뿐만 아니라 항해 측정, 천체 측량, 로켓 공학 등에도 널리 쓰이며, 대포와 같은 무기의 방향 설정에도 활용되는 유용한 방법이다.

게임이론

하나!

가위바위보

궁금해요!!

가위바위보로 내기를 하면 자꾸 져서 속상해요.

가위바위보 잘하는 방법이 있으면 알려주세요.

열심히 배워서 꼭 이기고 싶어요.

가위바위보는 언제부터 했을까

가위바위보의 기원에 대하여 대표적으로 중국에서 처음 시작되었다는 중국 유래설이 있다. 중국 유래설에 따르면 가위바위보는 종이와 가위가 일반인에게도 보편화된 5세기 무렵 중국에서 시작됐다고 한다.[1] 이후 17세기에 프랑스를 통해 유럽에 전파되었고, 18세기 독립전쟁을 지원한 프랑스의 로샹보(Rochambeau) 장군에 의해 미국에 소개되었다.

1832년 파리에서 신사들의 모임으로 출범한 '가위바위보 클럽'이 세계가위바위보협회(World RPS Society: Rock Paper Scissors)의 뿌리이다. 현재 이 단체는 세계 공통의 가위바위보 규칙 제정, 대회 개최, 어린이 교육, 홍보활동 등을 벌이고 있다. 가위바위보는 세계적으로 여러 나라에서 비슷한 방식과 이름으로 이루어지고 있다.

국가	명칭	국가	명칭
한국	가위 바위 보[2]	영국	Stone Paper Scissor
중국	젠다오 쓰터우 부	미국	Rock Paper Scissor
일본	잔 켄 봉	프랑스	Stone Scissor Well
베트남	Hammer Nail Paper	독일	Schnick Schnack Schnuck

각국의 가위바위보 명칭

가위바위보 국제대회

단순해 보이는 가위바위보에도 국제대회가 개최되고 있다. 세계가위바위보협회에서 국제대회를 개최하는데, 우리나라에서도 2005년과 2006년에

가위바위보 세계대회가 열렸다.[3]

국제대회의 가위바위보 규칙에 다음과 같은 것이 있다.[4]

첫째, 오른손으로 한다.

둘째, 가위, 바위, 보의 손 모양은 다음과 같다.

셋째, 승부수 제시 시기는 넷이다.

국제규칙이 우리가 보통 하는 것과 크게 다른 점은 승부수 제시 시기이다. 우리는 보통 가위바위보를 할 때 "가위, 바위, 보"에서 "보"라고 말하는 것과 동시에 손 모양을 제시한다. 즉, 가위(하나), 바위(둘), 보(셋) 중에서 셋(보)에 승부수 손 모양을 제시한다. 그러나 국제규칙에 따르면 셋이 아니라 넷이다. 즉, "가위, 바위, 보"라고 말한 후에 자신의 승부수 손 모양을 제시한다.

Q 가위바위보에서 승률 높이는 법

일본 오비린 대학교의 요시자와 미쓰오 교수는 일반인 725명을 대상으로 11,567회의 가위바위보 승부 데이터를 수집하여 분석하였다. 가위, 바위, 보 각각에 대하여 내는 비율을 조사한 결과 '바위' 35.0%, '보' 33.3%, '가위' 31.7%이었다. 즉, 사람들이 평균보다 '바위'를 2% 정도 더 많이 내고, '가위'는 2% 정도 더 적게 내고, '보'는 평균과 비슷하게 낸다. 따라서 보를 내는 것이 이길 확률이 높다는 결론을 얻게 되었다.

전략 1

처음에는 '보'를 내라!

가위바위보를 하다가 서로 같은 손 모양을 내서 비겼을 경우에 그 다음 무엇을 내는지 조사하였다. 조사 결과 같은 손 모양을 또 내는 확률이 22.8 %로 평균보다 10% 이상 낮았다. 이 조사 결과를 바탕으로 한 걸음 더 깊게 분석해보자. 예를 들어, 내가 상대방과 '가위 – 가위'로 비겼다고 가정하자. 이때, 상대방은 다음번에 가위를 낼 확률이 낮고, 바위 또는 보를 낼 확률이 높다. 따라서 나는 다음번에 보를 내는 것이 유리하다. 같은 방법으로 추론해 보면, '바위–바위'로 비겼을 경우에 나는 가위를 내는 것이 유리하고, '보–보'로 비겼을 경우에는 바위를 내는 것이 유리하다. 이 세 경우를 종합하면 다음과 같다.

- 가위로 비겼을 때 ⇒ 보를 내라
- 바위로 비겼을 때 ⇒ 가위를 내라
- 보로 비겼을 때 ⇒ 바위를 내라

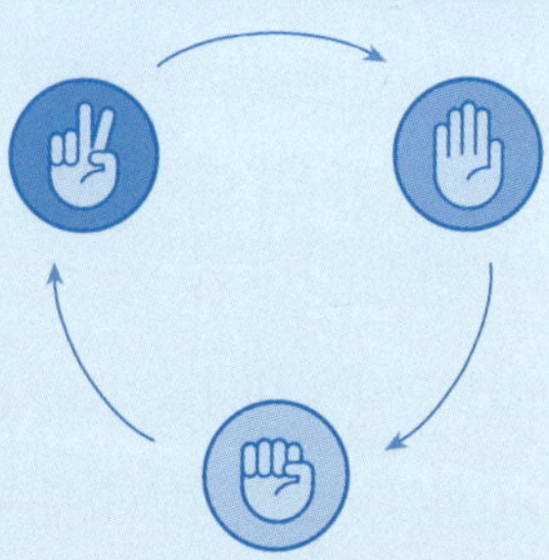

따라서 비겼을 경우에는 비긴 손 모양에 지는 손 모양을 내는 것이 유리하다는 법칙으로 정리된다.

전략 2

무승부가 되면, 그 다음번에는 지는 손 모양을 내라!

한편, 중국 저장(浙江)대 연구진은 가위바위보 게임 참가자들의 행동 패턴을 알아보기 위해 학생 360명에게 300번씩 가위바위보를 하게 했다.[5] 연구진은 첫 번째 판에서는 가위, 바위, 보가 각각 3분의 1 정도 나와 어떤 경향성을 찾지 못했지만 두 번째 판부터는 두 가지 행동 패턴이 있다는 것을 발견했다.

첫 번째 패턴은 가위바위보에서 이긴 쪽은 그 다음번에도 지난번에 냈던 것을 똑같이 내는 경향이 있으며, 진 쪽은 다른 것을 내려는 경향이 있다는 것이다.

두 번째 패턴은 선택을 바꿀 때에는 말 그대로 '가위-바위-보' 순서로 내는 경향이 강하다는 것이다. 즉, 앞서 가위를 내고 졌다면 다음 판에 바위를 내고, 바위를 냈으면 보, 보를 냈으면 가위를 내려 한다는 것이다.

이런 결과를 바탕으로 한 걸음 더 깊게 분석해 보자.

우선 내가 진 경우를 생각해보자. 이 경우, 상대방은 이겼고, 첫 번째 패턴에 따르면 다음번에 상대방은 똑같은 손 모양을 낼 가능성이 많다. 예를 들어, 상대방은 '가위'를 내고 나는 '보'를 내서 내가 졌다고 하자. 그러면 상대방은 이겼으니까 다음번에도 '가위'를 낼 것이다. 따라서 나는 '바위'를 내는 것이 좋다. 이때, '바위'는 내가 졌을 때 냈던 '보'에 지는 손 모양이다. 나머지 경우도 똑같이 생각해보면, 졌을 때 냈던 손 모양에 지는 손 모양을 내는 것이 좋다는 결과를 얻게 된다.

전략 3

진 다음에는 졌을 때 냈던 손 모양에
지는 손 모양을 내라!

이번에는 내가 이긴 경우를 생각해보자. 이 경우, 상대방은 졌고, 위의 두 가지 패턴에 따르면 다음번에 상대방은 가위–바위–보의 순서로 손 모양을 바꿔서 낼 가능성이 많다. 예를 들어, 내가 '가위'를 내고 상대방은 '보'를 내서 내가 이겼다고 하자. 그러면 상대방은 다음번에는 손 모양을 '보'에서 '가위'로 바꾸어낼 것이다. 따라서 나는 '바위'를 내는 것이 좋다. 이때, '바위'는 이전에 이겼을 때 냈던 '가위'에 이기는 손 모양이다. 나머지 경우도 똑같이 생각해보면, 이겼을 때 냈던 손 모양에 이기는 손 모양을 내는 것이 좋다는 결론을 얻게 된다.

전략 4

이긴 다음에는 이겼을 때 냈던 손
모양에 이기는 손 모양을 내라!

그런데 위 전략을 사용할 때 주의할 점이 있다. 바로 상대방이 위의 사실을 알고 있는지 모르는지를 파악하는 것이다. 상대방도 위의 전략을 알고 있다면 위의 전략은 통하지 않을 가능성이 높다. 게다가 내가 위의 전략을 알고 있다는 것을 상대방이 알고 있으면 더욱 그러하다. 따라서 게임을 할 때 상대방의 수준, 즉 상대방이 내가 쓰려고 하는 전략을 알고 있는지 모르는지 파악하는 것이 중요하다. 상대방의 수준에 따라서 내가 쓰는 전략을 다르게 해야 되기 때문이다.

두 번째로는 나의 수준, 즉 내가 위의 전략을 알고 있다는 것을 상대가 알지 못하게 하는 것이 중요하다. 상대방이 나의 실력 수준을 알게 되면 그에 적절한 대응을 하게 될 것이기 때문이다. 이런 이유로 게임, 스포츠 경기, 전쟁 등에서 상대방의 전략과 수준을 알기 위해 노력하는 한편, 자신의 전략이 노출되지 않도록 보안에 신경을 쓰는 것이다.

영화에서 악당들이 어수룩해 보이는 주인공을 얕보고 덤볐는데 주인공이 최고의 고수였고, 악당들이 크게 혼나는 장면을 자주 보게 된다. 이런 것이 바로 상대의 수준을 파악하지 못했을 때 겪게 될 위험성을 잘 보여 준다고 하겠다. 상대를 깔보지 않고 겸손한 태도를 갖는 것은 일상의 삶에서 바람직한 모습일 뿐만 아니라 게임의 승리를 위해서도 매우 중요하다.

게임이론

둘!

예측불능성과 최선의 혼합비율

궁금해요!!

가위바위보를 여러 번 할 때에는
가위, 바위, 보를 적당히 섞어서 내야 되는데,
어떤 비율로 내는 것이 좋은가요?

예측불능성

가위바위보를 할 때, 내가 특정 손 모양을 자주 낸다는 것을 상대가 알게 되면 상대방이 그것을 이용해서 승률을 높일 수 있다. 즉, 상대가 나의 행동과, 전략을 알고 있고, 내 행동을 예측할 수 있으면 나는 불리하게 될 수 있다. 따라서 상대가 예측할 수 없게 하고 내 정보를 보호하는 것이 중요하다. 그래서 전쟁에서는 적국의 전략을 알기 위해 간첩을 투입하고, 자국의 전략이 상대에게 알려지지 않도록 비밀 보호에 엄청 노력한다. 심지어는 거짓 정보를 상대방에게 흘려보내기까지 한다. 이와 같이 게임의 전략에서 상대방이 나의 행동을 예측하지 못하게 하는 예측불능성은 가장 중요한 요소 중의 하나이다.

예측불능성은 운동경기에서 종종 활용되고 있는데, 대표적으로 변칙 플레이를 들 수 있다. 권투나 테니스와 같이 서로 공격하고 방어하는 경기에서 상대방이 예상치도 못한 순간에 돌발적으로 변칙적인 플레이를 하는 것이다. 변칙적인 플레이를 갑자기 당하는 상대방은 당황하여 적절하게 대응하지 못하고 점수를 잃게 된다. 그러나 그런 변칙 플레이도 자주 하게 되면 효과가 떨어진다. 상대방이 익숙하게 되어 변칙 플레이를 역이용하게 될 가능성이 커지기 때문이다.

예측불능성을 활용하는 또 다른 예로는 불시에 실시하는 음주운전 단속이나 불법주차 단속 등이 있다. 음주단속이나 불법주차 단속을 매일 하는 것은 쉬운 일이 아니다. 그래서 가끔 실시하는데, 이때 중요한 것이 예측불능성이다. 단속을 예고 없이 수시로 하게 되면, 운전자들은 단속이 있을지 모른다는 가능성 때문에 음주운전이나 불법주차를 하지 않게 된다. 예측불능성을 활용하면 가끔 하면서도 매일 하는 효과를 얻을 수 있다. 물론 음주운전 단속의 목적을 단속보다는 예방에 더 무게를 두고, 예방효과를 높이기 위해 음주운전 단속을 실시한다는 것을 예고하기도 한다.

예측불능성의 방법: 무작위적 행동

그렇다면 상대방이 예측하지 못하도록 하는 방법에는 어떤 것들이 있을까? 예측불능적으로 행동하는 유용한 전략 중의 하나가 무작위성이다. 즉, 어떤 규칙이나 의도도 없이 아무렇게나 행동하는 것이다. 무작위적으로 행동하면 상대방이 나의 행동을 예측할 수 없게 된다. 그런데 무작위적으로 행동하는 것이 생각보다 쉬운 일이 아니다. 사람마다 자기도 모르는 습관과 경향이 있기 때문이다. 가위바위보를 할 때 자신이 자주 내거나 잘 내지 않는 손 모양이 있고, 운동선수들은 자신이 자주 사용하는 공격법이 있기 마련이다.

사신의 무의식적인 습관이나 경향성에 빠지지 않기 위하여 자신과 관계없는 것을 활용하는 방법이 있다. 중·고등학교 선생님이 수업시간에 누군가를 지명할 때, 그날의 날짜에 해당되는 번호의 학생을 지명한다거나, 그 순간의 시, 분, 초를 이용하여 지명하는 것이 그 예이다.

무작위로 행동하는 방법으로 편리하게 사용할 수 있는 것 중에 동전 던지기가 있다. 동전 던지기는 주로 50:50으로 둘 중의 하나를 무작위로 행동해야 되는 경우에 많이 이용한다. 동전을 던져서 앞면이 나오는 경우와 뒷면이 나오는 경우에 따라 각각 선택하는 것이다. 그리고 문장의 단어도 활용이 가능하다. 만약 문장의 음절 개수가 홀수이면 앞면으로 하고, 짝수이면 뒷면으로 하는 방법이다.

두 가지 중의 하나가 아니라 여러 가지 중의 하나를 선택해야 되는 경우에는 시계의 초침을 이용하는 방법이 유용하다. 예를 들어 가위바위보를 할 때, 시계를 보고 몇 초인지 확인해서 0초 이상 20초 미만이면 가위를 내고, 20초 이상 40초 미만이면 바위를 내고, 40초 이상 60초 미만이면 보를 내는 것이다. 야구의 투수가 직구를 60%, 커브를 40%의 비율로 무작위로 혼합하고 싶은 경우에는, 시계의 초를 확인했을 때, 0초 이상 36초 미만인 경우에는 직구를 던지고, 37초 이상 60초 미만인 경우에는 커브를 던지면 된다.

최선의 혼합비율

게임을 여러 번 하는 경우의 전략은 한 번 하는 경우의 전략과 근본적으로 다른 점이 있다. 한 번 하는 경우에 효과적이었던 전략도 여러 번 하는 경우에 계속해서 똑같이 사용할 수 없다는 점이다. 매번 같은 전략을 사용하게 되면 상대방이 그것을 알아차리고 역으로 이용할 가능성이 커지기 때문이다. 따라서 게임을 여러 번 하는 경우에는, 한 번 하는 경우에 효과적이었던 전략뿐만 아니라 효과적이지 않았던 전략도 사용해야 되고, 그 전략들을 적절히 혼합해서 사용해야 된다.

예를 들어 가위바위보의 경우, 가위바위보를 1번 하고 끝나는 경우에는 앞에서 보았듯이 보를 내는 것이 유리하다. 그런데 가위바위보를 10번 하는 경우에는 보뿐만 아니라 가위와 바위도 적당히 섞어서 내는 것이 좋을 것이다.

그렇다면 가위, 바위, 보를 각각 어떤 비율로 혼합해서 내는 것이 좋을까? 혼합하는 비율에 대한 중요한 개념 중의 하나가 '최선의 혼합비율'이다. 최선의 혼합비율이란 상대가 무엇을 내더라도 상대가 얻는 점수가 항상 똑같게 하는 비율을 말한다. 내가 최선의 혼합비율로 내게 되면, 상대방이 무엇을 내더라도 얻는 점수가 똑같게 되어서 결국 상대가 아무리 좋은 전략을 사용하더라도 보통 때보다 더 이익을 얻을 수 없게 된다. 즉, 상대방이 더 많은 이익을 얻지 못하게 하는 비율이 최선의 혼합비율이다. 따라서 나보다 훨씬 센 고수를 만났을 경우에 내가 최선의 혼합비율 전략을 사용하면 고수인 상대방이 사용하는 전략들이 효과를 발휘하지 못하게 된다. 그러나 내가 최선의 혼합비율 이외의 행동을 하는 것이 상대에게 알려지면, 나는 상대방에게 이용당할 수 있다.

필자가 어렸을 때 했던 가위, 바위, 보 게임 중에 다음과 같은 규칙으로 했던 것이 있다

- 바위로 이기면 +20점
- 보로 이기면 +10점
- 가위로 이기면 +5점

이때, 지는 사람은 이긴 사람이 얻는 점수만큼 감점된다. 예를 들어, 가위를 내서 바위에게 지게 되면 진 사람의 점수는 −20점이다.

이런 규칙으로 교수와 학생이 가위바위보를 한다고 하자. 이때, 학생 입장에서 최선의 혼합비율을 구해보자.

먼저, 교수와 학생이 내는 각각의 경우에 대하여 교수의 득점의 표를 만들면 다음과 같다.

교수	학생	교수의 득점
가위	가위	0
	바위	−20
	보	+5
바위	가위	+20
	바위	0
	보	−10
보	가위	−5
	바위	+10
	보	0

학생이 가위 낼 확률을 P, 바위 낼 확률을 Q, 보를 낼 확률을 R이라 하자. 그러면 모든 확률의 합은 1이므로 다음 등식을 얻는다.

$$P + Q + R = 1 \qquad \cdots(1)$$

이때 가위, 바위, 보를 냈을 때 교수가 얻는 득점을 각각 구하면 다음과 같다.

교수가 가위 냈을 때 교수의 득점 : $-20Q+5R$

교수가 바위 냈을 때 교수의 득점 : $+20P-10R$

교수가 보 냈을 때 교수의 득점 : $-5P+10Q$

최선의 혼합비율이란 교수가 무엇을 내더라도 얻는 득점이 같아지는 비율이므로 다음 등식을 얻는다.

$$-20Q + 5R = 20P - 10R = -5P + 10Q \qquad \cdots(2)$$

위의 식 (1)과 (2)를 연립하여 해를 구하면 다음과 같다.

$$P = \frac{2}{7}, \qquad Q = \frac{1}{7}, \qquad R = \frac{4}{7}$$

따라서 학생은 가위, 바위, 보를 2:1:4가 되도록 하면서 무작위로 내는 것이 최선의 혼합비율 전략이다.

게임이론

셋!

게임의 전략

궁금해요!!

바둑돌 31개를 바닥에 쌓아 놓고 번갈아가며
가져가는 게임이 있어요. 한 번에 1개 또는 2개
또는 3개를 가져갈 수 있는데, 맨 마지막에 바둑돌을
가져가는 사람이 지는 거예요. 동생이랑 엄마 심부름 가기
내기를 할 때 종종 하는데, 내가 동생한테 맨날 져요.
10번 하면 1번 이기기도 힘들어요.
이기는 방법이 있으면 알려주세요. 열심히 배워서
꼭 이기고 말 거예요.

게임과 게임이론

게임(Game)이란 놀이, 오락, 경기 등을 의미한다. 게임의 예로는 바둑, 장기, 화투, 포커 등과 같이 놀이판에서 하는 게임과 테트리스, 앵그리버드, 스타크래프트 등의 컴퓨터게임, 축구, 야구, 마라톤 등의 운동경기가 있다. 게임에 대하여 분석하는 학문 분야인 게임이론은 다음과 같이 정의할 수 있다.

게임이론의 정의

❶ 경쟁 주체가 상대편의 대처행동을 고려하면서 자기의 이익을 효과적으로 달성하기 위해 수단을 합리적으로 선택하는 행동을 수학적으로 분석하는 이론[1]

❷ 상호 간의 행동이 서로 영향을 주는 관계 속에서 어떻게 합리적으로 전략적인 행동을 취해야 하는가를 연구하는 학문[2]

게임이론의 시작은 쿠르노(Antoine Augustin Cournot, 1801~1877), 버트란트(Joseph Louis François Bertrand, 1822~1900) 등의 학자에 의해 시작되었으며, 현대적 게임이론은 2차 세계대전 후 프린스턴대학의 폰노이만(John von Neumann, 1903~1957)과 모르겐슈테른(Oskar Morgenstern, 1902~1977)에 의하여 시작되었다. 유명한 게임이론 학자 중의 하나로 내쉬(John Forbes Nash Jr., 1928~2015)가 있다. 내쉬는 협상(Bargaining)이론에 관한 협조적 모형에 대한 업적으로 1994년에 노벨 경제학상을 수상하였다. 영화 '뷰티풀 마인드(Beautiful Mind)'는 내쉬의 일생을 다룬 영화이다. 그는 2015년 5월 23일 아벨상 수상 후 택시로 귀가하다 교통사고로 아내와 함께 사망했다.

게임의 종류 및 공통점

게임의 종류는 매우 많으며 여러 가지 방법으로 분류한다.

■ 협조적 게임과 비협조적 게임

게임 참여자들이 구속력 있는 약속을 맺을 수 있는 게임을 협조적 게임이라 하고, 그렇지 않으면 비협조적 게임이라 한다. 협조적 게임에서는 참여자 간의 의사소통이 종종 허용되기도 하는데 비협조적 게임에서는 허용되지 않는다.

예를 들어, 여러 사람이 가위바위보를 해서 이긴 사람이 100원을 갖는 게임을 할 때, 몇 명이 협의해서 누가 이기든 간에 서로 공평하게 나눠 갖거나 기여도에 따라 배분하는 것으로 사전에 협약을 맺고 하면 협조적 게임이다. 그러나 사람들이 서로 사전에 아무런 협약 없이 이긴 사람이 모두 가져가는 것으로 하면 비협조적 게임이다.

■ 완전정보 게임과 불완전정보 게임

완전정보 게임은 선수, 전략, 전략에 따른 보상 등 게임 및 선수에 관한 정보를 모두 알고 하는 게임을 말하고, 모르는 사항이 있는 채로 하는 게임을 불완전정보 게임이라고 한다.

예를 들어, 바둑은 완전정보 게임이고, 포커게임은 불완전정보 게임이다. 중고차 매매를 하려고 가격 흥정을 할 때, 중고차 소유자는 차의 현재 상태를 잘 알고 있지만, 차를 구입하려는 사람은 그 차의 현재 상태에 대하여 구체적으로 잘 알지 못한다. 구입하는 사람은 차에 대하여 잘 알지 못하는 정보가 있으므로 불완전정보 게임이라 할 수 있다.

완전정보 게임에서 선수들이 상대 선수의 전략을 알고 있다 하더라도 상대 선수가 어떤 전략을 택할지는 알 수 없다. 예를 들어, 가위바위보를 할 때 상대방이 가위, 바위, 보 중에서 어느 하나를 낸다는 것은 알고 있지만, 실제로 무엇을 낼지는 모르는 것과 같다.

■ 제로섬 게임과 비제로섬 게임

각 선수가 어떤 전략을 택하든지 그 결과로 나타나는 보상의 합이 항상 0이 되는 게임을 제로섬(zero sum) 게임이라 하고, 0이 되지 않는 것을 비제로섬 게임이라 한다. 예를 들어, 두 사람이 가위바위보를 하는데 진 사람이 이긴 사람에게 100원씩 주기로 했다면 제로섬 게임이다. 그런데 두 학생이 가위바위보를 하는데 선생님께서 이긴 사람에게 100원씩 주기로 하셨다면 비제로섬 게임이다. 이와 같이 어떤 게임이 제로섬 게임인지 아닌지 판단할 때에는 게임 방식과 게임 결과에 따른 상벌 규칙까지 모두 고려해야 된다. 제로섬 게임은 상대방이 좋은 결과를 얻게 되면 나는 나쁜 결과를 얻게 된다. 따라서 제로섬 게임은 협상이 이루어질 수 없다는 특징이 있다. 주식투자는 서로 팔고 사는 형태로 이루어지기 때문에 매매 차익만을 고려하면 제로섬 게임이라 할 수 있다. 그러나 기업이 성장하면 기업의 가치가 높아져서 주식의 가치가 올라가므로, 이런 면까지 고려한다면 주식투자는 제로섬 게임이 아니다.

■ 게임의 공통점

게임의 종류는 수없이 많지만, 수많은 게임들이 갖고 있는 공통점이 몇 가지 있다.

첫째, 규칙이 있고, 둘째, 최종적인 결과가 있고, 셋째, 전략이 중요하며, 넷째, 결과는 전략적 상호작용에 의하여 결정된다.

여기서 주목해서 봐야 할 것은 전략이다. 게임은 전략이 중요하고, 게임을 하면서 서로 전략을 주고받으며, 그 전략을 어떻게 효과적으로 구사했느냐에 따라 승부가 갈린다는 의미이다. 따라서 게임에서는 어떤 전략을 선택할 것인지, 상대방은 어떤 전략을 구사하는지, 각각의 전략의 장단점은 무엇인지, 전략을 어떻게 효과적으로 실행할 것인지 등등에 주목할 필요가 있다.

Q 필승전략

필승전략 게임이란 말 그대로 어느 한쪽이 반드시 이길 수 있는 전략이 있는 게임을 말한다. 그래서 그 전략대로 게임을 하면 반드시 이기게 되는 것이다. 게임에 따라서 필승전략이 있는 것도 있고 없는 것도 있다. 필승전략이 있는 게임으로는 대표적으로 님(Nim) 게임이 있다. 오목의 경우에도 경우의 수가 많고 복잡하기는 하지만 필승전략이 있다. 바둑의 경우에는 필승전략이 있는지 없는지 아직 모른다. 너무 복잡해서 필승전략이 없을 것으로 예상하는 사람도 있지만, 알파고가 연승하고 있는 것을 보고 혹시 알파고는 필승전략을 알고 있는 것이 아닌가 하고 의심하는 사람도 있다.[3]

■ 님(Nim) 게임[4]

우선 다음과 같은 게임을 해보자.

게임의 규칙 : 바둑돌 가져가기

바닥에 바둑돌 31개가 있다. 두 사람이 번갈아가며 바둑돌을 가져가는데, 자기 차례가 되었을 때에는 반드시 1개 이상 3개 이하의 바둑돌을 가져가야 된다. 두 사람이 번갈아가며 한 번씩 가져가다가 맨 마지막에 바둑돌을 가져가는 사람이 진다.

예를 들어 수진이와 선봉이가 이 게임을 다음과 같이 했다고 하자.

자기 차례가 되었을 때 가져간 바둑돌의 개수		남은 바둑돌의 개수	비고
수진	선봉		
시작하기 전		31	
2		29	
	3	26	

3		23	
	2	21	
1		20	
	3	17	
3		14	
	3	11	
2		9	
	2	7	
2		5	
	1	4	
3		1	
	1	0	선붕이가 졌다

결국 선붕이가 마지막 돌을 가져가게 되어서 졌다.

이 게임에서 바닥에 있는 바둑돌을 가져가는 것 대신에 숫자를 부르는 것으로 바꿔도 된다. 예를 들어, 위의 게임에서 수진이가 처음에 바둑돌 2개를 가져간 것을 숫자 1, 2를 부른 것으로 볼 수 있다. 그리고 선붕이가 바둑돌 3개를 가져간 것을 3, 4, 5를 부른 것으로 볼 수 있다. 그리고 수진이가 바둑돌 3개를 가져간 것은 6, 7, 8을 부른 것으로 볼 수 있다. 이와 같이 바둑돌 가져가는 상황을 숫자를 부르는 것으로 바꾸면 다음과 같은 게임이 된다.

게임의 규칙 : 숫자 부르기

두 사람이 1부터 31까지의 자연수를 번갈아가며 차례대로 몇 개씩 부른다. 자기 차례가 되었을 때 숫자를 1개에서 3개까지 부를 수 있으며, 31을 부르는 사람이 진다.[5]

위에서 수진이와 선붕이가 바둑돌을 가져가는 게임을 했던 것을 숫자 부르기로 바꾸면 다음과 같이 된다.

수진		선봉		비고
바둑돌	숫자	바둑돌	숫자	
2	1, 2			
		3	3, 4, 5	
3	6, 7, 8			
		2	9, 10	
1	11			
		3	12, 13, 14	
3	15, 16, 17			
		3	18, 19, 20	
2	21, 22			
		2	23, 24	
2	25, 26			
		1	27	
3	28, 29, 30			
		1	31	선봉이가 졌다

바둑돌을 가져가는 것을 숫자 부르기로 바꾸면 바둑돌이 없더라도 게임을 할 수 있다는 점에서 편리하다.

이 게임을 님(Nim) 게임이라고 부르는데, 게임 이름 NIM의 어원은 정확하게 알려지지 않았다. '훔치다'라는 뜻의 영어 동사 nim에서 왔다는 설, '가지고 가다'라는 뜻의 독일어 nimm에서 왔다는 설, NIM을 뒤집으면 WIN이기 때문에 NIM이라는 설 등등 여러 가지 설이 있다. 이름뿐만 아니라 게임 자체의 기원도 명확하지 않은데, 고내 중국의 놀 줍기 게임에서 왔다는 설, 유럽의 선술집에서 하던 성냥개비 게임에서 왔다는 설 등등이 있다. 무엇이 맞는지 확실한 증거는 없지만, 중요한 것은 이 게임을 재미있게 즐기는 것이다.

위의 님 게임은 먼저 하는 사람이 항상 이길 수 있는 전략, 즉 필승전략이 있다. 그 필승전략을 소개하면 다음과 같다.

NIM 게임의 필승전략

먼저 하는 사람이 2개를 부르고, 그 다음부터는 상대방이 부르는 개수에 더해서 4개가 되도록 수를 부른다. 그렇게 하면 먼저 하는 사람이 반드시 승리한다.

구체적으로 알아보자. A가 먼저 한다고 할 때, A는 1, 2로 숫자 2를 부른다. 그 다음부터는 B가 숫자를 몇 개 부르면, A는 B가 부른 개수에 더해서 4개가 되도록 수를 부른다. 예를 들어, B가 숫자 1개를 부르면 A는 숫자 3개를 부르고, B가 숫자 2개를 부르면 A는 숫자 2개를 부르고, B가 숫자 3개를 부르면 A는 숫자 1개를 부른다.

예를 들어보면 다음과 같다.

<table>
<tr><th>A</th><th>B</th><th>A, B가 부른 개수</th><th></th></tr>
<tr><td>1, 2</td><td></td><td></td><td></td></tr>
<tr><td></td><td>3, 4</td><td>2개</td><td rowspan="2">합이 4개</td></tr>
<tr><td>5, 6</td><td>B가 2개 불렀으므로
A는 2개 부른다.</td><td>2개</td></tr>
<tr><td></td><td>7, 8, 9</td><td>3개</td><td rowspan="2">합이 4개</td></tr>
<tr><td>10</td><td>B가 3개 불렀으므로
A는 1개 부른다.</td><td>1개</td></tr>
<tr><td></td><td>11</td><td>1개</td><td rowspan="2">합이 4개</td></tr>
<tr><td>12, 13, 14</td><td>B가 1개 불렀으므로
A는 3개 부른다.</td><td>3개</td></tr>
<tr><td></td><td>15</td><td>1개</td><td rowspan="2">합이 4개</td></tr>
<tr><td>16, 17, 18</td><td></td><td>3개</td></tr>
<tr><td></td><td>19, 20</td><td>2개</td><td rowspan="2">합이 4개</td></tr>
<tr><td>21, 22</td><td></td><td>2개</td></tr>
<tr><td></td><td>23, 24, 25</td><td>3개</td><td rowspan="2">합이 4개</td></tr>
<tr><td>26</td><td></td><td>1개</td></tr>
</table>

	27	1개	합이 4개
28, 29, 30		3개	
	31	B 패배 (A 승리)	

필승전략이 어떻게 나왔는지 좀 더 분석해보자. 우선, 30을 부르는 사람이 이긴다는 것을 기억해두자. 그리고 '한 사람이 한 번에 숫자를 3개까지 부를 수 있다'는 규칙으로부터 얻을 수 있는 가장 중요한 사항은 '상대방이 숫자를 몇 개를 부르든지 나는 상대방이 부른 숫자의 개수와 내가 부른 숫자의 개수의 합이 4개가 되도록 항상 할 수 있다.'는 것이다. 상대방이 숫자를 1개 부르면 나는 숫자를 3개 부르면 되고, 상대방이 2개 부르면 나는 2개 부르고, 상대방이 3개 부르면 나는 1개 부르면 된다.

따라서 만일 내가 게임 후반에 26을 불렀다면 그 다음번에는 반드시 30을 부를 수 있게 되고, 그래서 이기게 된다. 마찬가지로 22를 부르면 26을 부를 수 있게 되어 이기게 된다. 이 같은 원리를 적용해서 다음 숫자를 부르게 되면 반드시 이기게 된다.

$$30 \rightarrow 26 \rightarrow 22 \rightarrow 18 \rightarrow 14 \rightarrow 10 \rightarrow 6 \rightarrow 2$$

따라서 2를 부르게 되면 항상 이기게 되는 것이다.

이 게임의 필승전략을 얻을 수 있게 된 가장 중요한 원리는 '상대방이 부른 숫자의 개수와 내가 부른 숫자의 개수의 합이 4가 되도록 항상 할 수 있다'는 것이다. 이때, 상대방과 내가 부른 숫자의 합 4는 바로 한 사람이 부를 수 있는 숫자의 개수보다 1 많은 수임을 알아채는 것이 중요하다.

이제 위에서 이기기 위해서 처음에 부르는 수 2를 찾는 과정을 수식으로 간단하게 설명하면 다음과 같다. 처음에 부르면 이기게 되는 수는 적당한 양의 정수 k에 대하여 $30-(3+1)\times k$가 1과 3 사이에 있게 되는 수이다.

따라서 $30-4\times 7=30-28=2$이다. 그러므로 처음에 2를 부르면 반드시 이긴다.

■ 님(Nim) 게임의 변형

이제 이 게임의 비밀을 알게 되었으니, 이번에는 게임의 규칙을 약간 바꿔보자. 이번에는 40을 부르면 지는 것으로 해보자. 그러면 처음에 얼마를 불러야 승리하겠는가?

39를 부르면 이기는 것이므로 $39-4\times k$가 1 이상 3 이하가 되는 수를 찾으면 되는데, 그 수는 $39-4\times 9=3$이다. 따라서 처음에 3을 부르고, 이후부터는 부른 개수의 합이 4가 되도록 해나가면 된다.

그럼, 이번에는 각 사람이 1부터 3까지를 부를 수 있었던 것을 1부터 4까지를 부를 수 있는 것으로 바꾸고, 38을 부르면 지는 것으로 하자. 이렇게 하면 처음에 얼마를 부르고, 그 다음부터는 어떻게 하는 것이 필승전략일까?

같은 방법으로 차근차근 생각해보자. 먼저, 상대방이 1개에서 4개까지 중 몇 개를 부르든 나는 상대방이 부른 개수와 더해서 5개가 되도록 할 수 있다. 그리고 내가 37을 부르면 이긴다.

따라서 처음에 부르면 이기는 수를 다음과 같이 구할 수 있다.

$37-5\times k$가 1 이상 4 이하가 되는 수를 구하면 된다. 즉, $37-5\times 7=2$이다. 따라서 처음에 2를 부른다. 그 다음부터 상대방이 부른 개수와 내가 부른 개수와의 합이 5개가 되도록 해나가면 항상 승리하게 된다.

그럼 이번에는 처음 게임 방식대로 각 사람이 1부터 3까지 부를 수 있었던 것은 그대로 하고, 31이 아니라 33을 부르면 지는 것으로 하자. 이렇게 하면 어떻게 될까?

같은 방법대로 계산해보자. 32를 부르면 승리하므로 $32-4\times k$가 1 이상 3 이하가 되는 수를 부르면 된다. 그런데 그렇게 되는 수가 없다. A가 0 또는 4를 부르면 되는데, 0 또는 4는 A가 처음에 부를 수가 없다. 허걱!!!

이 경우는 먼저 부르는 사람이 반드시 지는 것이다. 먼저 부르는 사람이 몇 개를 부르든, 더해서 4개가 되도록 해나가면 반드시 승리하게 되는 것이다.

이를 일반적으로 하면 다음과 같이 정리된다.

Q : 두 사람이 1부터 번갈아 숫자를 부른다. 한 번에 x개의 숫자를 부를 수 있으며, n을 부르면 진다. 필승전략은 무엇일까?

A : $n-1$을 부르면 이기므로 내가 $n-1$을 부르도록 하면 된다. 그렇게 하려면, 내가 $(n-1)-(x+1)k$가 1 이상 x 이하가 되는 수를 구하면 된다. 그러면 상대방이 몇 개의 수를 부르든 우리는 마지막에 항상 $n-1$을 부를 수 있게 되어 이기게 된다.

더 변형된 님 게임이 있는데 돌무더기를 여러 개로 하는 것이다. 그래서 각각의 사람이 어느 한 돌무더기를 신택한 후, 그 더미에서 몇 개의 돌을 가져가는 방식이다. 그렇게 해서 가장 마지막 돌을 가져가는 사람이 지는 게임이다. 이 경우에도 위의 경우보다 조금 복잡하기는 하지만 필승전략이 있다. 이와 같이 게임을 잘 분석하면 필승전략을 찾을 수 있고, 게임에서 반드시 승리할 수 있게 된다. 게임의 분석이 중요한 이유이다.

■ 틱택토 게임[6]

틱택토(tic－tac－toe)는 두 명이 번갈아 가며 O와 X를 3×3판에 써서 같은 글자를 가로, 세로, 혹은 대각선 위에 놓이게 하는 사람이 이기는 게임이다.

예 : 틱택토 게임판의 9개의 위치를 다음과 같이 1부터 9까지의 번호를 붙이자. X가 먼저 한다고 하자. 예를 들어 다음과 같은 순서로 경기를 하게 되면 X가 이긴다.

1	2	3
4	5	6
7	8	9

X1 → O5 → X9 → O3 → X7 → O4 → X8 : X 승리

그러나 X와 O가 각각 최선의 선택을 하면 결과는 무승부가 된다.(위에서 O3대신 O2를 하면 무승부가 된다.) 따라서 틱택토 게임은 필승전략이 없다.

X		O
O	O	
X	X	X

대통령을 위한 수학

하나!

선거의 역사: 다수결

궁금해요!!

오늘 반장 선거를 했어요. A, B, C 3명의 후보가 나왔고,
가장 많은 표를 얻는 사람이 반장이 되는 거예요.
우리 반 40명이 모두 투표를 해서
A가 15표, B가 14표, C가 11표를 얻었어요.
그래서 A가 반장으로 당선되었어요.
그런데 저는 A가 반장이 된 것이 문제가 있다고 생각해요.
왜냐하면 A를 지지한 사람이 15명인데 반도 안 되잖아요.
그리고 A와 B의 차이도 1표밖에 안 되고요.
여러분은 어떻게 생각하세요?

Q 다수결은 다수의 의견을 존중하는가?

어떤 결정을 내릴 때 가장 많은 사람이 원하는 것으로 결정하는 것은 당연한 일이다. 가장 많은 사람이 원하는 것으로 결정하는 것을 다수결이라 하는데, 다수결의 역사는 매우 오래되었으며, 고대 그리스 시대로까지 거슬러 올라간다.

그런데 다수결은 과연 다수의 의견이 반영된 결정을 내리는 것일까? 다음 예를 살펴보자. 어떤 선거의 후보자가 A, B, C 3명이었고, 유권자는 21명이었다. 투표 직전 유권자들의 각 후보자에 대한 선호도는 다음 표와 같았다고 한다.

유권자수 / 선호도	4명	4명	7명	6명
1위	A	A	B	C
2위	B	C	C	B
3위	C	B	A	A

한 유권자가 1명의 후보자에게 투표하는 다수결 투표를 했다고 하자. 그러면 각 유권자들은 자기가 1위로 선호하는 후보자에게 투표할 것이므로

투표 결과는 위 표에서 1위에 대한 결과가 될 것이다.

유권자수 선호도	4명	4명	7명	6명
1위	A	A	B	C

따라서 투표 결과 A는 8표, B는 7표, C는 6표를 얻게 되고, 가장 많은 표를 얻은 후보자 A가 당선된다. 그런데 A가 가장 많은 (1위) 표를 얻은 것은 사실이지만, 과연 이 결과를 '유권자 다수의 의견이 반영된 결과'라고 볼 수 있을까?

다수의 의견이 반영되었다고 보기 어렵다. 왜냐하면, 유권자 21명 중에서 13명, 즉 유권자의 61.9%가 A를 가장 선호도가 낮은 3위로 생각하고 있으니까 말이다. 게다가 A와 B의 표 차이는 1표밖에 나지 않는다. A가 당선된 것은 유권자 21명 중에서 8명, 즉 38.1%가 A를 (1위로) 확실하게 지지하고 있고, B와 C를 지지하는 유권자들의 표가 분산되었기 때문이다.

그리고 후보자가 3명이지만 일대일로 맞대결했을 때에 결과가 어떻게 되는지 알아보기 위하여 먼저 A와 B가 맞대결하는 경우를 생각해보자. 위 표에서 C를 제외하고 생각해야 되므로 지지도는 다음 표와 같다.

유권자수 선호도	4명	4명	7명	6명
1위	**A**	**A**	**B**	~~C~~
2위	B	~~C~~	~~C~~	**B**
3위	~~C~~	B	A	A

따라서 A는 8표, B는 13표를 얻게 되어 B가 이긴다.

이번에는 A와 C가 맞대결하는 경우를 생각해보자. 위 표에서 B를 제외하고 생각해야 하므로 지지도는 다음 표와 같이 된다.

유권자수 / 선호도	4명	4명	7명	6명
1위	**A**	**A**	~~B~~	**C**
2위	~~B~~	C	**C**	~~B~~
3위	C	~~B~~	A	A

따라서 A는 8표, C는 13표를 얻게 되어 C가 이긴다.

결국 A는 B, C와의 일대일 맞대결에서 모두 8:13이라는 큰 차이로 진다. 다른 후보와의 일대일 맞대결에서 모두 큰 차이로 지는 후보를 유권자들의 지지도가 높다고 볼 수는 없을 것이다. 따라서 일대일 맞대결에서 모두 지는 후보자 A가 전체 다수결 투표에서는 1위로 당선되는 것은, 유권자의 지지도가 낮은 후보가 당선되는 모순적인 결과라고 할 수 있다.

프랑스 선거 방식

우리나라 대통령 선거 방식은 다수결 방식이다. 한 번 투표해서 가장 많은 표를 얻는 후보자가 대통령으로 당선된다. 그러나 프랑스의 대통령 선거 방식은 우리나라와 다르다. 프랑스는 1차 투표에서 과반수를 득표한 후보가 있으면 대통령으로 선출되지만, 1차 투표에서 과반수 득표자가 없는 경우에는 1차 투표의 다득표자 2인을 대상으로 결선투표를 실시한다.

프랑스의 대통령 선거 방식을 위의 상황에 적용해보자.

선호도 \ 유권자수	4명	4명	7명	6명
1위	A	A	B	C
2위	B	C	C	B
3위	C	B	A	A

1차 투표에서 A는 8표, B는 7표, C는 6표를 얻는다. 1차 투표에서 과반수인 11표 이상 득표한 후보자가 없으므로, 상위 득표자 2명, 즉 A, B를 대상으로 2차 투표를 실시한다. 이때, 유권자들의 선호도가 바뀌지 않는다고 가정하고, 2차 투표 결과를 계산하면, A는 8표, B는 13표를 얻게 되어, B가 당선된다.

똑같은 후보자의 지지도 상황이지만 우리나라의 방식으로 하느냐, 프랑스의 방식으로 하느냐에 따라 당선자가 달라지며, 후보자가 3명 이상일 때, 다수결 방식이 다수의 의견을 존중하는 결정 방식이 아닐 수 있다는 것을 보았다. 대안의 필요성이 느껴지는 대목이다.

대통령을 위한 수학

둘!

다수결의 대안

궁금해요!!

후보자가 3명 이상일 경우에는

다수결이 문제가 있을 수 있다는 건 이해했어요.

그럼, 다수결의 대안으로는 어떤 것들이 있나요?

복잡해진 다수결

투표를 통해 2명 중에서 1명을 선택하는 경우나 한 가지 사안에 대하여 찬성 또는 반대를 선택하는 경우에는 가장 많은 표를 얻는 것으로 결정하면 된다. 그런데 3명 이상 여러 명 중에서 1명을 선택해야 하는 경우에는 단순하게 가장 많은 표를 얻은 것으로 결정하는 것이 부적절할 수 있다는 것을 앞에서 보았다. 따라서 단순한 다수결 방식을 보완할 대안이 필요하다.

단순한 다수결 방식이 아닌 복잡한 선거방법에 대해 최초로 언급한 사람은 13세기 스페인의 신학자이자 철학자였던 라이문두스 룰루스(Raimundus Lullus, 1232~1315; Ramon Llull)이다. 룰루스는 서로 다른 여러 선택안 중에서 하나를 선택해야 할 때에 여러 선택안을 한 쌍씩 짝을 지은 후 각각의 쌍에 포함된 두 선택안을 서로 비교하는 것을 좋아했다. 룰루스가 고안한 투표방식의 핵심은 두 개의 대안 중에서 하나를 선택하고, 후보자들을 서로 비교하는 것이었다.

선거에 대한 내용을 담고 있는 그의 세 편의 글 중에서 가장 먼저 발간된 것은 종교소설 《블랑케르나(Blanquerna)》이다. 그 소설의 내용 중에 늙은 수녀원장이 죽자 새로운 수녀원장을 선출해야 하는 상황이 벌어진다. 9명의 수녀들 중에서 수녀원장을 선출하기 위해 각각의 수녀들은 8명의 다른 수녀를 상대로 각각 8번씩의 양자대결을 해야 되었다. 각각의 양자대결에서 더 많은 표를 얻은 승자에게는 1점이 주어진다. 전체 총 36번의 양자대결을 했고, 양자대결이 모두 끝나면 합산하여 가장 많은 점수를 얻은 수녀가 수녀원장이 된다.

다수결의 대안 : 보르다 투표법

18세기 프랑스 장교 보르다(Jean-Charles de Borda, 1733~1799)는 수학자이다. 그는 다수결이 생각보다 불공정한 방식일 수 있음을 처음으로 밝혀낸 인물이다. 후보자가 단 두 명일 때는 다수결이 다수의 뜻을 반영하는 공정한 방법이지만, 3명 이상이 나왔을 때는 오히려 다수의 뜻에 반하는 결과를 만들어낼 수 있는 방법임을 입증해낸 것이다.

예를 들어 반장 선거를 하는데, 전체 24명 중 3명(A, B, C)이 후보로 출마했고, 3명을 제외한 21명이 투표한다고 하자. 이때 각각의 후보에 대한 지지율이 다음 표와 같았다고 하자.

유권자수 / 선호도	8명	7명	6명
1위	A	B	C
2위	C	C	B
3위	B	A	A

다수결로 반장을 뽑게 되면 8표로 가장 많은 표를 얻은 A가 당선된다. 그러나 실제로 A를 지지한 유권자는 21명 중 8명으로 38.1%에 불과하므로 단순히 가장 많은 표를 얻었다는 이유만으로 A를 반장으로 뽑는 것은 적절하다고 보기 어려운 면이 있다.

보르다는 이런 문제점을 보완하기 위해 일명 '보르다 투표법'을 고안해냈다. 보르다 방식은 모든 후보들에 대한 자신의 선호도에 순위를 매겨 점수를 적어 넣은 후, 이를 합산해 점수가 제일 높은 사람을 뽑는 방식이다. 이처럼 보르다 방식으로 반장을 선출해보자. 1위는 3점, 2위는 2점, 3위는

1점으로 계산하면 세 후보 A, B, C의 점수는 각각 다음과 같다.

- A후보는 1위 8명, 2위 0명, 3위 13명이므로,

  A 후보: $3\times8+2\times0+1\times13=24+0+13=37$점

- B후보는 1위 7명, 2위 6명, 3위 8명이므로,

  B 후보: $3\times7+2\times6+1\times8=21+12+8=41$점

- C후보는 1위 6명, 2위 15명, 3위 0명이므로,

  C 후보: $3\times6+2\times15+1\times0=18+30+0=48$점

따라서 보르다 방식으로 반장을 선출하게 되면 C후보가 당선된다.

보르다 방식이 다수결보다 나은 이유

보르다 방식으로 선거를 치를 경우에는 폭넓은 층에서 점수를 받지 않으면 이길 수 없게 된다. 그렇기 때문에 많은 사람을 위한 정책을 내세운 후보가 유리하게 된다. 본래 민주주의는 다수파를 위한 것이 아니라 만인을 위한 것이다.[1]

보르다 투표법의 문제점

보르다 방식이 유권자들의 각각 후보자들에 대한 선호도를 반영한다는 점에서는 큰 장점이 있다. 그러나 이때 1, 2위 간의 차이와 2, 3위 간의 차이가 같다고 하는 점이 문제라고 할 수 있다. 즉, 3명의 후보자 중에서 A후보를 B후보보다 아주 조금 더 좋아하고, C후보는 완전 싫어하는 경우에도 A, B, C 각 후보별 점수 차이는 1점으로 같다는 한계가 있다. 이런 문제점에 대한

대안으로 볼 수 있는 방식으로, 적도 밑 태평양에 있는 섬나라 나우루에서는 다우돌 투표법이라는 점수투표법을 실시하고 있다. 이 방식은 1위에 1점, 2위에 $\frac{1}{2}$점, 3위에 $\frac{1}{3}$점씩 배점하는 방식이다. 다우돌 투표법은 보르다 투표법과는 달리 순위 간의 점수 차이가 같지 않다.

이외에도 보르다 방식에는 몇 가지 중대한 문제점이 있다. 첫 번째 문제점은 아무도 1위로 뽑지 않은 후보가 당선될 수 있다는 점이다. 예를 들어, A, B, C, D 4명의 후보에 대한 투표 결과가 다음 표와 같다고 하자.

유권자 수 / 선호도	11명	10명	9명
1위	A	D	C
2위	B	B	B
3위	C	C	D
4위	D	A	A

이때, 투표된 순위가 1위이면 4점, 2위이면 3점, 3위이면 2점, 4위이면 1점으로 채점했을 때, 각 후보의 점수는 각각 다음과 같다.

- A : $11 \times 4 + 10 \times 1 + 9 \times 1 = 63$점
- B : $11 \times 3 + 10 \times 3 + 9 \times 3 = 90$점
- C : $11 \times 2 + 10 \times 2 + 9 \times 4 = 78$점
- D : $11 \times 1 + 10 \times 4 + 9 \times 2 = 69$점

따라서 B후보가 당선된다. 그런데 아무도 B후보를 1위로 선택하지 않았다. 두 번째 문제점으로는 허수아비 후보를 출마시킴으로써 낙선자를 바꿀 수 있다는 점이다. 예를 들어, 투표 며칠 전 유권자의 투표 성향이 다음 위쪽 표와 같았다고 하자. 이에 불리함을 느낀 B후보가 C를 후보로 등록시켰고, A,

B, C 3명의 후보에 대한 유권자의 투표 결과는 아래쪽 표와 같았다고 하자.

유권자수 / 선호도	51명	49명
1위	A	B
2위	B	A

투표 며칠 전

↓

유권자수 / 선호도	51명	46명	3명
1위	A	B	B
2위	B	A	C
3위	C	C	A

투표 전날

이때, 1위 3점, 2위 2점, 3위 1점으로 점수를 계산하면 다음과 같다.

- A : $51 \times 3 + 46 \times 2 + 3 \times 1 = 248$점
- B : $51 \times 2 + 46 \times 3 + 3 \times 3 = 249$점
- C : $51 \times 1 + 46 \times 1 + 3 \times 2 = 103$점

결국 A, B 두 후보일 경우에는 A가 당선되지만, A, B, C 세 후보일 경우에는 B가 당선된다.

이와 같이 보르다 투표법에서는 허수아비 후보를 출마시키거나, 후보자가 중간에 사퇴하거나 하는 등의 방법으로 투표 결과를 바꿀 수 있다. 전략적 투표를 통해 선거결과가 조작될 수 있는 것이다.

선거제도의 중요성

선거에서 유권자들의 지지도를 높이려고 하는 것도 중요하지만, 어떤 투표제도를 따를 것이냐 하는 문제도 매우 중요하다. 어떤 선거제도를 따르느냐가 선거 결과를 좌우하기 때문이다. 이번에는 다음의 예를 살펴보자.

어떤 단체의 회장 선거에 A, B, C, D, E 5명의 후보가 출마했다. 이 단체의 회원들은 자신이 선호하는 순서에 따라 1순위 누구, 2순위 누구 식으로 5명의 후보란에 각자 선택하여 투표를 한다고 하자. 선거 직전 유권자들의 지지도가 다음 표와 같았다.[2]

선호도 \ 유권자수	18명	12명	10명	9명	4명	2명
1위	A	B	C	D	E	E
2위	D	E	B	C	B	C
3위	E	D	E	E	D	D
4위	C	C	D	B	C	B
5위	B	A	A	A	A	A

어떤 선거방식을 선택할지 결정하기 위한 회의에서 각각의 후보는 다음과 같은 주장을 하였다.

- A후보: 다수결

  "어찌되었든 1순위로 가장 많은 표를 받은 후보가 회장으로 당선되어야 합니다."

- B후보: 결선투표를 포함한 다수결

  "1순위에 과반수 득표자가 없을 경우에는 표를 많이 받은 두 후보가 결선투표를 해서 과반수의 표를 받은 후보가 당선되어야 합니다."

- C후보: 최하위 소거 다수결

  "가장 적은 1순위 득표자를 탈락시키고, 그 다음 1순위 최하위를 탈락시키고, 이런 식으로 최하위를 탈락시켜 나가다가, 마지막 2명이 남게 되면 다수결로 선출해야 됩니다."

- D후보: 보르다 투표법

  "등수마다 가중치 점수를 1순위 5점, 2순위 4점, 3순위 3점, 4순위 2점, 5순위 1점으로 줍니다. 그렇게 한 후에 점수를 합산해서 가장 점수가 많은 사람이 당선되도록 해야 됩니다."

- E후보: 콩도르세 투표법

  "모든 후보자들 간에 1:1로 맞대결 투표를 실시해서, 가장 이긴 횟수가 많은 사람이 회장으로 당선되어야 합니다."

위 5명의 후보별로 주장하는 투표 방식이 모두 다르다. 그런데 각 후보자가 주장하는 방식으로 투표를 하게 되면 그 후보자가 당선됨을 확인할 수 있다

실제로 위의 다섯 가지 투표 방식 중 네 가지 방법은 사용되고 있는 투표 방식이다. 첫 번째 방식은 우리나라의 대통령 선거 방식이고, 두 번째 방식은 프랑스의 대통령 선거 방식이다. 세 번째 방식은 국제올림픽위원회가 후보지와 경기 종목을 선정할 때 사용하는 방식이다. 국제수학올림피아드의 단장회의에서 출제할 문제를 선정할 때에도 사용한다. 네 번째 보르다 투표법은 슬로베니아 공화국에서 소수민족인 헝가리계와 이탈리아계를 대표하는 특별 국회의원을 선출할 때 각각 사용된다. FIFA 월드컵 예선 토너먼트에서 4팀이 경기를 하여 벌여 '승리 3점, 무승부 1점, 패배 0점' 식으로 점수를 매기는데, 이 방식도 일종의 점수 투표법이다.

이와 같이 선거를 어떤 방식으로 하느냐는 선거에서 매우 중요하다. 그래서 실제 선거에서 선거 방식을 협의하여 선택해야 되는 경우에 후보들 간에 서로 자신에게 유리한 방식으로 결정하기 위하여 치열하게 경쟁한다.

셋!

선거의 역설

궁금해요!!

어제 친구들하고 셋이서 점심 먹고 나서 돈을 모아 2000원으로 편의점에 간식을 사러 갔어요. 초콜릿, 사탕, 젤리가 1개에 1000원씩인데, 마침 2+1 행사를 해서 어느 한 가지를 2개 사면 3개를 받는 거예요. 그런데 초콜릿보다 사탕을 좋아하는 사람이 두 명, 사탕보다 젤리를 좋아하는 사람이 두 명, 젤리보다 초콜릿을 좋아하는 사람이 두 명이었어요. 그래서 무엇을 사야 될지 모르겠더라고요. 그럴 땐 어떻게 해야 되나요?

합리적 선거의 기준

다수결의 대안으로 여러 가지 선거 방법이 있었고, 어떤 선거 방법을 따르느냐에 따라 당선 결과가 다르기도 했다. 그렇다면 어떤 선거 방법이 좋은 방법일까, 어떤 선거제도가 합리적일까, 즉 합리적인 선거의 기준은 무엇일까에 대하여 알아보자.

가장 먼저 생각해볼 수 있는 것이 과반수 기준이다. 즉, 유권자 수의 반이 넘는 지지를 받은 후보는 당선이 되어야 한다는 것이다. 이 기준은 너무도 당연해 보이지만, 뜻밖에도 보르다 투표법이 이 기준을 만족하지 않는다.

예를 들어, 세 후보 A, B, C에 대한 유권자 15명의 지지도가 다음과 같았다고 하자.

선호도 \ 유권자수	8명	6명	1명
1위	A	B	C
2위	B	C	B
3위	C	A	A

이때, A후보가 전체 유권자 15명 중에서 8명의 지지를 받고 있으므로 과반수의 지지를 받고 있다. 그런데 1위, 2위, 3위에 각각 3점, 2점, 1점을 부여하는 보르다 투표법으로 점수를 계산하면 다음과 같다.

- A 후보: $3 \times 8 + 1 \times 6 + 1 \times 1 = 24 + 6 + 1 = 31$점
- B 후보: $2 \times 8 + 3 \times 6 + 2 \times 1 = 16 + 18 + 2 = 36$점
- C 후보: $1 \times 8 + 2 \times 6 + 3 \times 1 = 8 + 12 + 3 = 23$점

따라서 보르다 투표법으로 하면 B후보가 당선된다. 이와 같이 보르다 투

표법은 과반수의 지지를 받는 후보가 당선되어야 한다는 과반수 기준을 만족하지 않는다.

두 번째 기준으로 콩도르세 기준이 있다. 즉, 어떤 후보와의 1:1 맞대결에서 모두 이기는 후보자가 당선되어야 한다는 기준이다. 언뜻 보기에는 당연해 보이는 이 기준도 최다득표제가 이 기준을 만족하지 않는다.

예를 들어, 후보가 A, B, C 총 3명이고 유권자는 21명이며, 유권자들의 각 입후보자에 대한 선호도가 다음 표와 같았다고 하자.

선호도 \ 유권자수	4명	4명	7명	6명
1위	A	A	B	C
2위	B	C	C	B
3위	C	B	A	A

이때, 최다득표제로 하면 A후보가 21표 중 8표를 얻어 당선된다. 그러나 A후보는 B와 1:1 맞대결을 하면 8:13으로 지고, C와 1:1 맞대결에서도 8:13으로 진다. 따라서 과반수 득표제가 콩도르세 기준을 만족하지 않는다.

세 번째 합리적인 선거의 기준으로는 사퇴자 무관 기준을 들 수 있다. 이 기준은 후보자들 중에서 어느 후보자가 후보 사퇴를 하더라도 당선자가 바뀌지 않아야 된다는 조건이다. 이 조건은 많은 선거제도가 만족하지 않는데, 예를 들어 최다득표제가 이 기준을 만족하지 않는다. 위의 예에서 A, B, C, 세 후보에 대한 최다득표제를 적용하면 8표를 얻은 A후보가 당선된다. 그런데 갑자기 C후보가 사퇴했다고 가정하자. 그러면 A와 B의 1:1 상황이 되는데, 이 경우에는 8:13으로 B후보가 당선된다. 따라서 최다득표제는 사퇴자 무관 기준을 만족하지 않는다.

이외에서 합리적 선거의 기준으로는 '과반수가 싫어하는 후보는 당선될 수 없다', '당선자가 정해졌을 때, 그에게만 유리하도록 선호도를 바꾸어 재투표를 하여도 당선자는 바뀌지 않는다'와 같은 기준을 생각할 수 있다.

합리적인 선거가 되기 위해서 당연히 만족해야 될 것 같은 조건들이 뜻밖에도 만족하지 않는 경우가 있다는 것을 알았다. 각각의 기준에 대하여 선거제도들이 만족하는지에 대한 결과가 다음 표에 제시되어 있다.

기준 / 제도	과반수	콩도르세	사퇴자 무관
다수결 제도	O	X	X
콩도르세 투표	O	O	X
보르다 투표	X	X	X
최하위 소거 다수결	O	X	X

콩도르세의 역설

프랑스 혁명기, 뛰어난 정치학자이자 수학자였던 콩도르세(Condorcet, 1743~1794) 역시 다수결 선거 제도의 결점을 보완하고자 했다. 그가 생각한 다수결 제도의 가장 심각한 문제점은 '콩도르세의 역설'이란 말로 요약된다.

예를 들어 철수, 영희, 민지가 사탕, 초콜릿, 젤리를 좋아하는 순서가 각각 다음과 같다고 하자.

- 철수: 초콜릿 > 사탕 > 젤리
- 영희: 사탕 > 젤리 > 초콜릿
- 민지: 젤리 > 초콜릿 > 사탕

이때 어느 2개에 대해서도 3명 중 2명이 더 좋아하는 것이 있게 된다. 우선 초콜릿과 사탕의 경우, 철수와 민지가 사탕보다 초콜릿을 더 좋아한다. 그래서 초콜릿과 사탕 중에서는 초콜릿을 사는 것이 좋다. 즉, '초콜릿 > 사탕'이다. 그리고 사탕과 젤리 중에서는 철수와 영희가 사탕을 더 좋아하므로 사탕을 사는 것이 좋다. 즉, '사탕 > 젤리'이다. 그리고 젤리와 초콜릿 중에서는 영희와 민지가 젤리를 더 좋아하므로 젤리를 사는 것이 좋다. 즉, '젤리 > 초콜릿'이다. 종합하면, '초콜릿 > 사탕 > 젤리 > 초콜릿'이 된다. 마치 가위, 바위, 보처럼 어느 것이 우세한지 알 수 없게 되었으며, 결국 어떤 것을 사는 것이 좋은지 결정할 수 없게 되었다. 이런 현상은 선거에서도 나타난다. 예를 들어 세 후보 A, B, C에 대한 유권자들의 선호도가 다음 표와 같다고 하자.

유권자 비율	지지도
유권자 45%	A > B > C
유권자 35%	B > C > A
유권자 20%	C > A > B

이때, 양자대결의 선거 결과는 다음과 같다.

- A와 B가 대결한 경우에는 A > B이다.
- A와 C가 대결한 경우에는 C > A이다.
- B와 C가 대결한 경우에는 B > C이다.

결국 A가 B를 이기고, B가 C를 이기고, C가 A를 이기게 되어, 누가 가장 강한지 결정할 수가 없다. 이를 콩도르세의 역설(Condorcet paradox)이라고 한다.

콩도르세의 역설 또는 투표의 역설

다수결 방식을 통해 이행성(transitivity)* 을 만족하는 사회적 의사결정에 도달하지 못하는 역설적 현상

* A보다 B를 선호하고, B보다 C를 선호할 때, A보다 C를 선호하는 경우에 이행성을 만족한다고 한다.

애로의 역설

애로(Kenneth J. Arrow, 1921~2017)는 1972년 노벨 경제학상을 수상했으며, 애로의 불가능성 정리로 유명하다. 애로는 1951년에 출간한 박사논문 〈사회적 선택과 개인의 가치(Social Choice and Individual Values)〉에서 투표의 불가능성에 대해 설명했다. 그는 논문에서 후보들에 대한 개인의 선호도로부터 사회 전체의 후보들에 대한 선호도를 이끌어내는 과정이나 규칙을 뜻하는 사회효용함수(social welfare function)라는 용어를 사용하였다. 그러나 여기에서는 독자의 이해를 위해 투표제도 또는 투표결과로 바꿔 설명하겠다.

애로의 역설[1,2]

어떤 투표 제도도 다음과 같은 다섯 가지 공정성 조건을 만족시킬 수 없다.

조건 ❶ (정의역 배제 불가능 또는 보편성) 어떤 개인의 선호도 순서 집합에 대해서도 투표결과로 후보들에 대한 단 하나의 완전한 선호 순위가 도출되어야 한다. 즉, 어떤 이유로든 개인의 후보들에 대한 일부 선호도 순서가 배제되어서는 안 된다. 결선 투표처럼 유권자의 선택을 상위2명의 후보로 제한하는 것도 이 조건을 침해하는 경우이다.

조건 ❷ (단조성) 어떤 개인이 후보 A를 더 선호하는 것으로 바꾼다면, 투표 결과는 A의 순위가 더 높아지거나 그대로이어야 된다. 즉, 어떤 개인이 후보에 대한 선호를 높였을 때 투표 결과 그 후보의 순위가 낮아져서는 안 된다.

조건 ❸ (무관한 선택 대상으로부터의 독립) 투표 결과가 관련 없는 요인에 의해 영향을 받지 않아야 된다. 즉, 모든 유권자가 후보 A를 후보 B보다 선호한다면 투표결과도 A가 B를 이겨야 된다. 그리고 각 개인의 다른 후보 C에 대한 선호도가 바뀌더라도 투표 결과는 바뀌면 안 된다.

조건 ❹ (시민주권) 모든 가능한 투표 결과는 개인들의 선호 순위의 조합으로 이루어질 수 있어야 한다. 즉, 사회후생함수가 전사함수(sur jective function)라는 의미이다.

조건 ❺ (비독재) 독재자가 있으면 안 된다. 즉, 한 명의 선호도에 따라 투표 결과가 결정되어서는 안 된다.

애로는 박사논문 제1판에서 증명에 사소한 오류가 있음을 지적받았다. 그래서 애로는 1963년 출판한 제2판에서 조건 1을 조금 더 강한 조건인 "조건 1′ : 각 개인은 논리적으로 가능한 모든 선호도로 투표할 수 있다."로 수정하였으며, 조건 2와 조건 4를 "모든 구성원이 A보다 B를 더 선호 하면 투표 결과 A가 B보다 순위가 낮아서는 안 된다"는 파레토 효율(Pareto efficiency 또는 만장일치) 조건으로 수정하였다. 그리고 조건 1′, 조건 3, 조건 5, 그리고 파레토 효율 조건을 모두 만족하는 투표제도는 존재하지 않음을 증명하였다.[3] 즉, 3개 이상의 대안이 존재하는 경우에 어떤 방법으로든 개인의 선호도를 종합하여 사회적 선호도를 도출하게 되면 위의 네 가지 조건 중 적어도 1개 이상의 조건을 위반하게 됨을 보였다.

현실적으로는 위의 다섯 가지 조건 중에서 세 번째 조건이 성립하지 않는 경우가 많은 것 같다. 예를 들어, A, B 두 후보가 있는데 A후보가 B후보를 앞선다고 하자. 그런데 C가 후보로 출마하는 경우 A후보의 표가 분산되어, 최종적으로는 B후보가 당선되는 경우가 종종 있기 때문이다.

실제로 2000년 미국 대통령 선거는 매우 치열했다. 공화당 후보는 조지 W. 부시이고, 민주당 후보는 앨 고어였는데, 사전 여론 조사에서 고어가 유리했다. 그대로 진행됐다면 고어가 이기는 게임이었다. 그러나 결과는 반대로 부시가 승리했다. 그 이유 중의 하나가 랠프 네이더가 제3의 후보로 출마한 일이다. 그의 정책은 부시보다 고어에 가까웠고 선거에서 네이더는 고어의 지지층을 일부 빼앗아갔다. 결국 고어는 타격을 받고 패배했고, 부시가 승리했다.

소수파의 보호

어떤 결정을 내릴 때 많은 사람들이 원하는 것으로 결정하는 것은 당연한 일이지만, 그렇다고 해서 소수의 의견이 완전히 무시되어도 좋다는 것은 아닐 것이다. 그렇다면 다수파의 다수결을 통한 소수파 침해 가능성을 어떻게 억제할 수 있을까? 이에 대해 다음과 같은 대책을 생각할 수 있을 것이다.

- 첫째, 다수결에 따라 상위의 심급을 사전에 만드는 방법이다. 가령 다수파가 소수파를 억압하는 법률이 만들어지지 않도록 이를 금지하는 법을 상위 헌법에서 만들어 두는 것이다.
- 둘째, 복수의 기관에서 다수결을 실시하는 방법이다.
- 셋째, 다수결의 기준을 과반수보다 높게 설정하는 방법을 들 수 있다.

또한, 앞에서 보았듯이 여러 가지 선거 방식이 있으며, 어떤 방식을 따르느냐에 따라 결과가 달라진다. 그리고 선거 방식은 후보자들의 선거 전략과 정책에도 큰 영향을 미친다. 다수결의 선거에서는 어떤 유권자도 놓치지 않으려고 세심하게 신경을 쓸수록 불리해질 수도 있다. 많은 유권자로부터 2위로 지지를 받는 경우, 유권자들에게 폭넓은 지지를 받기는 하지만 1명에게만 투표하는 선거 방식에서는 표를 얻지 못해 탈락할 수 있다. 따라서 선거에 이기기 위해서는 일정 수의 유권자에게 확실하게 1순위로 지지받는 것이 중요하다. 정치가가 만인을 위해 폭넓게 신경 쓰고 싶어도 1순위로 선택되지 못하면 표로 이어지지 않기 때문에 그렇게 하지 못하는 현상이 생길 수도 있다. 이런 현상은 정치가나 유권자의 문제가 아니라 다수결 제도로부터 파생되는 문제일 것이다.

다양한 선거 방식들 각각은 나름의 장점과 단점을 갖고 있다. 따라서 우리에게 필요한 것은 우리가 결정하려고 하는 사안의 성격에 가장 적합한 선거 방식이 무엇인지 잘 파악하고 적용하는 것이라고 할 수 있다. 선거 방식에 관심을 가져야 되고, 선거 방식의 선택에 신중해야 되는 이유이다.

그런데 선거라고 하면 대부분 어떤 좋은 것을 누가 할 것이냐를 정할 때에 하는 것 같다. 대통령이나 국회의원 선거가 그렇고, 학교의 반장, 총학생회장 선거가 그렇다. 그러나 보초를 서거나 노인 돌보기, 눈 치우기, 청소 등의 일을 할 사람을 뽑기 위해 선거를 할 수도 있다. 그러므로 꼭 하고 싶은 개인의 욕망 때문에 선거제도가 있는 것은 아니고 사회의 필요에 의하여 선거제도가 선택된다고 하겠다. 그런데 힘들어 아무도 나서지 않는 일을 선거 없이 자발적으로 하는 사람들도 있다. 어쩌면 선거제도란 결국 합의를 보지 못하는 어리석음 때문에 생긴다고 할 수 있고, 사회와 남을 배려하는 마음을 가지는 것이 그보다 더 중요하다고 할 수 있다.

가정과 학교, 신문과 방송, 교회와 절, 우리 주변의 많은 것들이 마음을 정화하고 큰 사람이 되는 것을 가로막고 있지만, 그 가운데에서도 꿋꿋이 자라나는 싹들이 있다. 민주주의가 좋은 제도로 정착하려면, 개인들이 자신의 이익을 극단적으로 추구하는 행위를 자제하고, 더 큰 생각을 할 수 있도록 사회가 도와주어야 할 것이다.[4]

딜레마

하나!

돼지의 딜레마

궁금해요!!

다음 주 금요일까지 조별 과제를 제출해야 돼요. 그래서 조원들끼리 분담해서 과제를 완수하려고 하는데, 저와 같은 조의 한 친구는 바쁘다고 핑계 대며 과제를 하나도 안 하려고 해요. 아무리 좋게 얘기를 해도 전혀 말을 듣지 않아요. 심지어는 학점이 인생의 전부가 아니라며, 이번에는 조별 과제를 내지 말자고까지 해요. 저는 장학금 때문에 학점이 나쁘게 나오면 안 되거든요. 그래서 고민이에요. 지난번 과제도 그 친구가 계속 안 해서 제가 대신 다 했거든요. 그렇다고 교수님께 이를 수도 없고 말이에요. 정말 고민이에요.

큰 돼지의 고민

돼지우리에 큰 돼지와 작은 돼지가 있다. 여물통이 우리 한쪽 구석에 있고, 반대쪽 구석에 있는 줄을 당기면 여물통으로 먹이가 10개 떨어진다. 줄을 당기고 반대쪽 구석에 있는 여물통까지 가서 먹어야 하는데, 줄을 당기지 않는 돼지는 여물통 앞에서 기다리고 있다가 여물이 떨어지면 먹는다.

첫째, 큰 돼지와 작은 돼지가 같이 줄을 당기는 경우에는 큰 돼지가 먼저 여물통으로 가서 혼자 다 먹는다. 따라서 큰 돼지는 10개 다 먹고, 작은 돼지는 하나도 못 먹는다.

둘째, 큰 돼지가 당기고 작은 돼지는 당기지 않는 경우에 작은 돼지는 여물통에서 기다리고 있다가 여물이 떨어지면 먹기 시작한다. 줄을 당기고 온 큰 돼지는 작은 돼지를 밀치고 남은 여물을 먹는데, 작은 돼지가 이미 많이 먹은 후라서 큰 돼지는 3개, 작은 돼지는 7개를 먹는다.

셋째, 작은 돼지가 당기고 큰 돼지는 당기지 않는 경우에는 큰 돼지가 모두 먹게 되어, 큰 돼지는 10개 다 먹고, 작은 돼지는 하나도 못 먹는다.

마지막으로, 둘 다 당기지 않으면 먹이가 떨어지지 않으므로 두 돼지 모두 하나도 못 먹는다.

이 상황을 표로 간단히 나타내면 다음과 같다.

큰 돼지 \ 작은 돼지	줄 당김	당기지 않음
줄 당김	10, 0	3, 7
당기지 않음	10, 0	0, 0

자, 그러면 이 경우 어떤 돼지가 줄을 당기겠는가?

Q 돼지들은 어떻게 해야 할까

큰 돼지와 작은 돼지의 보상이 서로 대칭적이지 않다. 그러므로 큰 돼지의 최선의 선택과 작은 돼지의 최선의 선택을 각각 구해야 된다.

■ 큰 돼지의 최선의 선택을 구해보자

작은 돼지가 줄을 당기는 경우와 당기지 않는 경우 각각에 대하여 큰 돼지에게 유리한 선택이 무엇인지 생각해 보자.

첫째, 작은 돼지가 당기는 경우에 큰 돼지는 당겨도 10개를 먹고 당기지 않아도 10개를 먹는다. 따라서 큰 돼지는 당기든 당기지 않든 먹는 양은 10개로 똑같다.

둘째, 작은 돼지가 당기지 않는 경우에 큰 돼지는 당기면 3개를 먹고 당기지 않으면 하나도 먹지 못한다. 따라서 큰 돼지는 당기는 것이 더 유리하다.

따라서 두 가지 경우를 종합하면, 큰 돼지는 줄을 당기는 것이 최선의 선택이다.

큰 돼지 \ 작은 돼지	줄 당김	당기지 않음
줄 당김	**10**, 0	**3**, 7
당기지 않음	**10**, 0	**0**, 0

■ 작은 돼지의 입장에서 생각해보자

큰 돼지가 줄을 당기는 경우와 당기지 않는 경우 각각에 대하여 작은 돼지에게 유리한 선택이 무엇인지 생각해보자.

첫째, 큰 돼지가 당기는 경우에 작은 돼지는 당기면 하나도 못 먹고, 당기지 않으면 7개를 먹는다. 따라서 작은 돼지는 당기지 않는 것이 유리하다.

둘째, 큰 돼지가 당기지 않는 경우에 작은 돼지는 당겨도 못 먹고, 당기지 않아도 못 먹는다. 따라서 작은 돼지는 당기든 당기지 않든 보상은 똑같다.

따라서 두 가지 경우를 종합하면 작은 돼지는 줄을 당기지 않는 것이 최선의 선택이다.

큰 돼지 \ 작은 돼지	줄 당김	당기지 않음
줄 당김	10, 0	3, 7
당기지 않음	10, 0	0, 0

■ 최종 결과와 딜레마

큰 돼지와 작은 돼지가 각각 자기 입장에서 최선의 선택을 하게 되면, 큰 돼지는 당기게 되고, 작은 돼지는 당기지 않게 된다. 따라서 최종적으로 큰 돼지는 3개를 먹게 되고, 작은 돼지는 7개를 먹게 된다.

실제로 위와 같은 장치를 만들어서 큰 돼지와 작은 돼지를 넣고 실험한 결과, 큰 돼지가 당기는 것으로 밝혀졌다. 그런데 이 결과를 보면, 두 돼지가 각각 최선의 선택을 했음에도 불구하고 큰 돼지보다 작은 돼지가 더 많이 먹는 모순되는 결과를 얻게 되었다. 이런 이유로 이것을 '돼지의 딜레마'라고 부른다.

돼지의 고민 해결하기

두 돼지가 각각 최선의 선택을 했음에도 불구하고 작은 돼지가 큰 돼지보다 더 많이 먹게 되는 일이 생겼다. 이것으로부터 얻을 수 있는 교훈 중의 하나가 "약한 것도 강해질 수 있다"는 것이다.

우리는 힘이 약하거나, 가진 것이 적거나, 실력이 부족하면 절대로 이길 수 없다고 생각한다. 그러나 그렇지 않을 수도 있다는 것을 돼지의 딜레마가 보여준다. 객관적인 전력은 약하더라도 어떻게 하느냐에 따라서 우월한 전력을 갖고 있는 상대를 이길 수도 있다는 것이다.

게임에서 전략이 중요하다는 것에 대한 예는 너무나도 많다. 대표적으로 2002년 월드컵 축구에서 우리는 그것을 직접 체험했다. 월등한 전력의 포르투갈, 이탈리아, 스페인 등을 연달아 이기며 대망의 4강에 진출했던 것이다. 히딩크 감독의 뛰어난 전술과 리더십, 그리고 우리나라 선수들의 투지와 정신력으로 엄청난 전력의 차이를 극복하고 승리의 기적을 이루어낸 것이다. 객관적 전력이 우세하다고 이기는 것이 아님을 전 세계에 보여주었다. 그리고 이순신 장군이 명량해전에서 이룩한 대승 역시 배가 많다고 승리하는 것이 아님을 극적으로 보여준다. 이순신 장군은 13척의 배로 10배 이상의 배를 거느린 일본군을 상대하여 엄청난 대승을 거두었다. 유명한 선수가 많다고 이기는 것이 아니고, 배가 많다고 이기는 것이 아니고, 전술과 전략 그리고 투지와 정신력으로 승리하는 것이다.

작은 돼지의 입장에서 보면, 작은 돼지의 전략은 줄을 당기는 것(전략 1)과 당기지 않는 것(전략 2) 두 가지가 있다. 그런데 전략 1의 경우에는 상대가 어떻게 하더라도 자신에게 유리할 것이 없다. 그런데 전략 2의 경우에는 쉬운 일은 아니지만 큰 돼지가 줄을 당기게 되는 일이 생길 수도 있다. 즉, 전략 2의 경우에는 자신에게 유리한 일이 생길 가능성이 있고, 그래서 작은 돼지는 전략 2를 선택하는 것이다.

그런데 작은 돼지가 전략 2를 실행하는 것이 쉬운 일은 아니다. 작은 돼지는 자신이 굶을 수도 있다는 위험을 무릅쓰고 실행하는 것이다. 전략 2는 위험이 뒤따르는 전략이다. 안전해 보이는 전략 1을 사용해서는 작은 돼지는 큰 돼지를 절대로 이길 수 없다. 위험을 무릅쓰고 모험스러운 전략을 과감하게 실행할 때, '을'이 '갑'이 될 수 있는 것이다.

이러한 전략의 예로서 속칭 '배 째라' 전략 또는 '너 죽고 나 죽자' 전략이 있다. 즉, 같이 망하자는 전략이다. 예를 들어, 여러 명의 학생이 함께 공동 작업을 하는 경우, 구성원 중에 어떤 학생이 자신은 이 과제에서 낙제점을 받아도 좋다며 아무 일도 하지 않겠다고 버티는 경우를 들 수 있다. 이 경우 좋은 점수를 받기 원하는 다른 학생들은 어쩔 수 없이 안 하겠다고 버티는 학생의 몫까지 분담하여 과제를 완수할 수밖에 없게 된다.*

상대방이 같이 망하자고 나오는 경우, 힘센 사람의 입장에서는 같이 망하게 되면 자신의 손실이 너무 크기도 하지만 나중에 후회할 수도 있다. 왜냐하면 큰

* 현실적으로는 교수님이 이런 경우에 대비해서 적절한 대응책을 마련해 두기 때문에 실제로 이런 일이 발생하는 경우는 거의 없다.

돼지는 자기가 당기면 (상대가 더 이익을 보게 되는 것이 좀 억울하기는 하지만) (3개라도 먹게 되어) 자기의 손실을 줄일 수 있기 때문이다. 그러나 작은 돼지는 자기가 당기더라도 자기는 하나도 먹지 못하기 때문에 줄을 당긴다고 해서 자기의 손실을 줄일 수 없다. 이와 같이 자기의 손실을 줄이는 선택권이 있느냐 없느냐가 이 상황에서 큰 돼지와 작은 돼지의 중요한 차이 중 하나이다.

큰 돼지와 작은 돼지의 입장 차이에서 생기는 그 틈새에서 약한 쪽에서 더 큰 이익을 얻을 수 있는 전략이 발견되고, 갑과 을의 역전 드라마(딜레마)가 펼쳐지는 것이다. 이 상황은 큰 돼지 입장에서는 '돼지의 딜레마'가 되겠지만, 작은 돼지 입장에서는 탁월한 전략이 된다. 위축되지 않고 지략을 다해 대처하면 약자도 강자를 이길 수 있다는 것, 힘만 믿고 상대를 무시하면 강자도 약자에게 질 수 있다는 교훈을 돼지의 딜레마는 선명하게 보여주고 있다.

딜레마

둘!

달러 경매 게임

궁금해요!!

학교 축제 이벤트 중 하나로 만원짜리 돈을
가져가는 경매가 있었어요. 최고 금액을 부른 사람이 부른
금액을 내고 만원을 가져가는 경매인데,
두 번째로 높은 금액을 부른 사람은 자기가 부른 금액의
돈을 무조건 내야 된다는 규칙이 더 있었어요.
그런데 재미삼아 경매에 참여했다가 순식간에 만오천원을
손해 봤어요. 재미 삼아 시작한 건데
일이 너무 심각해졌어요. 제가 뭘 잘못한 거죠?

만원보다 비싼 만원

1971년에 슈빅은 어떤 게임에 대한 흥미 있는 논문을 발표했다.[1] 달러 경매 게임이라고 불리는 이 게임은 다음과 같다.

한 사람이 만원짜리 지폐를 경매에 붙이면서 다음과 같이 말했다.

"여러분! 이 지폐를 얼마에 사고 싶은지 사고 싶은 금액을 부르세요. 여러분 중에서 제일 높은 금액을 부르는 사람에게 만원짜리 지폐를 드리겠습니다. 단, 제일 높은 금액을 부른 사람은 그 돈을 내고 만원을 가져가지만, 두 번째로 높은 금액을 부른 사람은 자기가 부른 금액만큼의 돈을 내야 됩니다. 그럼 경매를 시작하겠습니다. 편의상 경매 단위는 100원으로 하겠습니다. 금액을 불러주세요~"

당신이라면 이 경매에서 얼마를 부를 것인가?

이 경매는 어떻게 진행되고, 결과는 어떻게 될까?

불합리한 행동의 이유

[여기는 경매장]

'자자… 지금부터 경매를 시작합니다. 100원을 내고 10000원을 벌 수 있는 찬스!

참가비는 무료입니다. 그럼 난 뭘 먹고 사느냐… 여러분들 궁금하시죠. 우승자는 만원을 받아 가시고, 단 차점자는 자신이 건 돈을 찾아갈 수 없습니다. 우린 요걸 먹고 삽니다. 다들 이해되시죠. 그럼…

참가 신청을 한 윤샘과 화차이님, 지금부터 100원 내고 10000원 가져가기 경매를 시~작~합니다!

윤샘 선공 들어갑니다.

윤 : 100원!

화 : 200원!

윤 : (음~ 곧바로 꽁무니에 붙는다 이거지… 300냥으로 달려주마.)
300원!

화 : (칫~ 지까짓 게 뛰어야 화차이 손바닥이지.)
500원!

윤 : (오… 오백원이라구… 저거 저거 샌님인 줄 알았는데 말랑말랑하게 볼게 아니네.)
1000원!

화 : (천원이라… 여기서 포기하면 난 오백원을 잃고, 저 인간은 구천원을 번다는 건데… 쇄기를 박자!) 5000원!

윤 : (오잉? 5000원… 그럼 내가 여기서 포기하면 생돈 1000원이 날아가고, 저 인간은 5000원 이득이네. 차라리 혼이 빠지게 9000원을 불러 아쉬운 대로 만원이라도 챙겨야겠다. ㅋㅋ)

9000원!

화 : (구...구천원이라고! 내가 잘못 들었나… 뜨아악 분명 저 인간 구…구천원을 질렀네. 내가 여기서 포기하면 난 생돈 오천원이 날아가네… 으으으, 그렇다고 만원을 부르면 저 인간은 분명 만천원을 부를 게 뻔한데… 아이고 이거 완전 딜레마에 빠졌네.)*

결국 윤샘과 화차이는 10000원을 가져가기 위해 10000원보다 더 많은 금액을 불러가며 출혈경쟁을 하고 있다. 왜 이렇게 된 건지, 무엇을 잘못한 것인지 알지도 못한 채….

왜 이런 일이 벌어졌을까?

이 게임의 결과를 보면 10000원을 얻기 위하여 10000원보다 더 많은 금액을 부른다는 데에 문제가 있다. 그러면 전체 과정 중에 불합리한 행동이 어디에 있었는지 살펴보자. 우선 A가 100원을 부른 것은 100원으로 10000원을 갖겠다는 것이니 불합리한 행동이 아니다. 그리고 B가 200원을 부른 것도 불합리한 행동이 아니고, 300원도 500원도 9000원도 모두 불합리한 행동이 아니다. 그리고 10000원보다 높은 금액을 부른 것도 타당한 이유가 있다. A가 9000원을, B가 10000원을 불렀을 때 A가 더 높은 금액을 부르지 않으면 A는 9000원을 고스란히 손해보기 때문이다. 그래서 10100원을 부르게 된다. 결국 A와 B의 하나하나의 과정을 살펴보면 타당한 이유가 있고 불합리한 행동이 아니다. 그런데 결과를 보면 불합리한 결과가 된다.

이 게임에 대하여 슈빅은 "1달러를 놓고 경매 게임을 해본 경험에 따르면 1달러 지폐를 그보다 훨씬 많은 돈을 받고 팔 수 있었다. 지불된 총액이 3달러

* 이 글은 저자의 오랜 친구인 박인혁 선생님이 저자의 재미없는 글을 흥미진진하게 수정한 것입니다.

에서 5달러 사이인 경우도 드물지 않았다"고 보고하였다.[2]

그렇다면 이 게임의 해는 무엇일까?

어느 한 사람이 1만원을 부르면 남은 사람들은 아무도 경매에 참여하지 않는 것이다.

이것이 해가 되는 이유는 누구도 처음에 1만원보다 높게 부를 사람은 없고, 만약 1만원보다 낮게 부르면 다른 사람이 그것보다 약간 높게 부를 수 있기 때문이다. 처음 부른 사람에 이어서 다른 사람이 더 높은 금액을 부르며 경매에 참여하게 되면 가격 올리기 경쟁이 시작되어 서로의 파멸을 가져오게 되기 때문이다. 따라서 오직 한 사람만 1만원을 부르는 것이 해가 된다.

달러 경매 게임의 예로는 적대적인 관계에 있는 국가 간에 더 우월한 군사력을 갖추기 위해 서로 더 많은 무기를 갖추려 경쟁하는 것을 들 수 있다. 군비 경쟁을 하느라 국가 예산을 무기 구입하는 데에 과다하게 쓰게 되면 결국은 서로 자멸하게 될 것이다. 그러므로 국가 간에 협약을 체결하여 군비 경쟁을 멈추도록 해야 될 필요가 있다. 이러한 사례 중의 하나가 핵확산 금지 조약(NPT, Nuclear Non–Proliferation Treaty)[2]이다.

그러나 현실에서는

아마도 많은 독자들은 이런 달러 경매는 현실에서는 절대로 일어날 수 없는 난센스라고 생각할 것이다. 왜냐하면 실제로 이런 경매도 없고, 게다가 두 번째로 높은 금액을 부른 사람이 무조건 돈을 내야 되는 경매는 있을 수 없는 일이기 때문이다. 그러나 우리의 일상 중에 달러 경매 게임과 같은 상황이 의외로 많이 있다. 예를 들면, 먼 곳이 아니라서 평소에는 걸어다니던 곳인데 피곤하기도 하고 조금 일찍 가고 싶어서 택시를 타려고 기다리는데 그날따라 택시가 오지 않는 경우가 있다. 택시는 아무리 기다려도 오지는 않고, 포기하고 걸어가자니 지금까지 기다린 시간이 아깝다. 그래서 계속 기다리게 된다. 심지어는 그냥 걸어갔으면 벌써 도착했을 경우도 생기곤 한다. 그런데 기다리는 것을 포기하는 순간, 달러 경매 게임에서 두 번째 높은 금액을 부르고 경매를 포기한 사람의 신세로 전락하는 것이다.

또 다른 예로는, 놀이공원에서 가장 인기있는 놀이기구 중의 하나인 롤러코스터를 타려고 엄청나게 긴 줄을 서서 기다리는 경우이다. 줄이 무척 길어서 고민하다가, 한 시간 정도면 타게 될 것이라는 안내원의 말을 믿고 줄을 서서 기다렸는데, 한 시간 반이 지났는데 아직도 남아 있는 줄이 긴 경우이다. 이럴 때 지금까지 기다린 시간이 아까워서 계속 기다리게 되는 경우가 많다. 그리고 TV에서 방영하는 영화를 보다가 절반 이상 봤는데 너무 재미없을 때, 그때까지 본 게 아까워서 지루해하면서도 계속 보게 된다. 이외에도 카지노와 도박판에서 잃은 돈이 아까워서 본전이라도 찾으려고 계속하다가 남은 돈까지 모두 잃게 되는 것, 연속해서 적자를 내는 회사를 지금까지 투자한 금액이 아까워서 계속 투자하는 것 등이 있다. 하던 것을 중단하는 순간, 달러 경매 게임에서 두

번째로 높은 금액을 부른 사람의 신세로 전락하게 된다.

이와 관련된 경제학의 개념으로 매몰비용(sunk cost)이 있다. 매몰비용이란 이미 지출되었기 때문에 회수가 불가능한 비용을 말한다. 위의 예에서 지금까지 줄을 서서 기다렸던 시간, 지금까지 재미없는 영화를 봤던 시간, 도박을 하다가 이미 잃은 돈, 회생 가능성이 없는 회사를 살리려고 투자한 자금 등등이 매몰비용이다. 매몰비용과 관련된 것 중에 매몰비용의 함정이 있다. 매몰비용의 함정이란 현재 진행하고 있는 일을 계속할 경우 미래에 발생할 이득이 크지 않거나 오히려 손실이 발생할 것을 알고 있음에도 불구하고, 과거에 투자한 비용이 아까워서 일을 중단하지 못하는 일련의 행동을 일컫는 경제 용어이다. 즉, 과거에 지불한 매몰비용이 미래의 의사결정에 영향을 주는 상황을 말한다.[3]

사람들이 매몰비용의 함정에 빠지는 원인으로는 발생한 매몰비용에 대해 인식을 하지 못하거나, 매몰비용에 대해 인식은 했지만 자신의 실수를 인정하지 않거나, 이미 투자한 비용에 대한 미련을 버리지 못하는 경우 등이 있다.

현실적으로 매몰 비용의 함정에 빠지지 않는 것은 쉽지 않은 일이다. 매몰비용의 함정에 빠지지 않기 위해서는 처음에 계획했던 것과 달리 예상하지 못했던 변수 등으로 손실이 발생하게 되면 재빨리 재평가를 실시하고 위험 관리를 철저하게 해야 된다. 그리고 매몰비용에 너무 큰 가치를 두지 않는 태도가 필요하다.

딜레마

셋!

죄수의 딜레마

궁금해요!!

친구와 함께 리포트를 똑같이 써서 제출했다가 교수님께 들켰어요. 교수님은 저와 친구를 따로 방으로 불러 서로 베낀 것 아니냐며, 증거가 있으니 자백하라고 하셨어요. 제가 자백하지 않았는데 친구가 자백하면, 저는 F학점을 받고 친구는 B학점을 받는대요. 거꾸로 제가 자백하고 친구가 자백하지 않으면, 저는 B학점, 친구는 F학점을 받고요. 그리고 둘 다 자백하면, 그때는 둘 다 D학점을 받을 것이라고 하셨어요. 저는 이떻게 하는 것이 좋을까요?

죄수의 고민

두 명의 공범자 A, B를 경찰이 검거했다. 그러나 심증만 있는 상태라서 범인들의 자백 없이는 기소가 불가능하다. 그러자 경찰은 다음과 같은 방법을 생각해냈다. A, B 두 사람을 각각 다른 방에 있도록 한 후 A, B에게 각각 다음과 같이 말해서 자백을 유도하는 것이다.

경찰의 말!

"자백하는 게 좋아! 만약 네가 자백하지 않았는데 다른 방에 있는 B가 자백하면 너는 5년 형을 받게 되고, 자백한 B는 바로 풀려나게 돼. 반대로 B가 자백하지 않았는데 네가 자백하면 너는 바로 풀려나게 돼. 그리고 너희 둘 다 자백하는 경우에는 각각 1년 형을 받게 되고. 좀 전에 B를 만나고 왔는데, B가 곧 자백할 것 같더라고. 잘 생각해 봐~ 억울하게 너만 배신당할까봐 걱정돼서 하는 얘기야~ 이따가 다시 올게~"

이 상황을 간단하게 정리하면 다음 표와 같다. (두 사람 모두 함구하면 48시간 구류 후에 무혐의로 풀려난다.)

A \ B	자백	함구
자백	1년, 1년	방면, 5년
함구	5년, 방면	3일, 3일

당신이 A라면 자백할 것인가, 아니면 함구할 것인가?

최선의 선택이 최선의 결과인가

위의 상황이 A와 B가 서로 대칭적이기 때문에 A의 최선의 선택과 B의 최선의 선택이 똑같다. 따라서 A의 최선의 선택만 구하면 된다. A의 최선의 선택이 무엇인지 알아내기 위해서 B가 자백하는 경우와 함구하는 경우 두 가지로 나누어 각각의 경우에 A가 어떻게 하는 것이 유리한 선택인지 생각해 보자.

먼저 B가 자백한다고 가정하자. 아래 표의 굵은 글씨로 된 부분만 고려하면 되는데, A가 자백하면 1년, 함구하면 5년이므로 A는 자백하는 것이 유리하다.

A \ B	자백	~~함구~~
자백	**1년**, 1년	~~방면, 5년~~
함구	**5년**, 방면	~~3일, 3일~~

두 번째로, B가 함구한다고 가정하자. 아래 표의 굵은 글씨로 된 부분만 고려하면 되는데, A가 자백하면 방면되고, 함구하면 3일이므로 A는 자백하는 것이 유리하다.

A \ B	~~자백~~	함구
자백	~~1년, 1년~~	**방면**, 5년
함구	~~5년, 방면~~	**3일**, 3일

두 가지 경우를 종합하면 B가 자백하든 함구하든 A는 자백하는 것이 유리하다는 결론을 얻게 된다. 따라서 A는 자백하는 것으로 결정하게 된다. 그리고 B도 A와 똑같이 자백하는 결정을 내리게 된다. 따라서 이 경우의 최종 결과는 A와 B 모두 자백하는 것이 되고, 그 결과 둘 다 1년 형을 받게 된다.

그런데 모두 1년 형을 받게 되는 최종 결과는 표에 있는 경우 중에서 최선의 결과가 아니다. 최선의 결과는 A, B 둘 다 함구하고, 모두 3일 후에 풀려나는 것이다. A, B 두 사람이 각자 자기에게 가장 유리하게 되는 최선의 선택을 했음에도 불구하고 전체적으로 보았을 때 최선의 결과를 얻지 못했다. 우리는 각자가 최선을 다하면 공동체 전체가 최선의 결과를 얻을 것이라 생각한다. 그런데 이 경우는 최선의 결과를 얻지 못했다. 그래서 딜레마이고, 이것을 특별히 죄수의 딜레마라고 부른다.

죄수의 딜레마 극복하기

A, B 두 사람이 각자 최선의 선택을 했음에도 불구하고 결과적으로 두 사람이 최선의 결과를 얻지 못하게 되는 딜레마에 봉착하게 되었다. 그렇다면 어떻게 해야 이 딜레마를 극복하고 최선의 결과를 얻게 될까?

이를 위해서는 우선 죄수의 딜레마의 전제 조건에 주목할 필요가 있다. 두 가지 전제조건이 있다. 첫 번째는 서로 소통하지 않는다는 것이고, 두 번째는 서로 신뢰하지 않는다는 것이다. 경찰이 두 사람을 심문할 때, 두 사람이 서로 소통하지 못하도록 격리시켰다. 그리고 A, B 각자가 자신의 최선의 선택이 무엇인지 생각하는 과정에서 상대방이 배신할 수도 있다고 생각하였다. 이 두 가지가 전제되었을 때에는 각자가 최선의 선택을 하더라도 두 사람이 최선의 결과를 얻지 못할 수 있다는 것이다. 즉, 서로 소통하지 않고 서로 신뢰하지 않는 상태에서는 공동체 구성원 각자가 최선을 다하더라도 공동체 전체의 최선의 결과를 얻지 못할 수 있다는 것이다.

위의 논의에서는 의리, 사랑, 희생과 같은 무형의 요소는 고려하지 않고, 개인의 이익만 고려했다는 점에도 주목할 필요가 있다. 예를 들어, A가 B와의 의리를 매우 소중하게 생각하거나, B를 위해 희생할 각오가 되어 있다면 A의 결정은 달라질 수 있다. 즉, A는 B를 위하여 희생할 마음으로 함구하는 선택을 하고, B 또한 A에 대한 의리를 지키기 위하여 함구하는 선택을 한다면 A, B는 둘 다 무죄로 방면되는 최선의 결과를 얻게 된다.

그런데 서로 소통하고 신뢰하는 것은 어느날 갑자기 되는 것이 아니다. 믿음은 말로 형성되는 것이 아니고 행동으로, 그것도 여러 번의 지속적인 행동으로 형성되는 것이다. 소통 또한 단순한 대화가 아니고 상대방의 입장을 이해하고 배려하는 것이기 때문에 어느날 갑자기 소통이 원활하게 되는 것이 아니다. 따라서 평소에 상대의 마음을 이해하고 배려하며 꾸준히 대화함으로써 믿음과 사랑이 형성되도록 노력해야 된다. 이런 이유로 어느 공동체, 어느 조직을 막론하고 구성원들 간에 서로 신뢰하고 소통하는 것을 강조하는 것이다.

Q 죄수의 딜레마 극복 방안 1 : 주고받기[1]

죄수의 딜레마의 두드러진 특징 중의 하나는 자신의 이익이 최대가 되는 전략을 취하면 결국 자신의 이익이 최소가 되는 전략을 취할 때보다 더 나쁜 결과를 얻는다는 점이다. 개인 간의 상황으로 말하자면, 각자가 더 이익을 얻으려고 욕심을 부리게 되면, 결국 이익을 양보하는 경우보다 더 나쁜 결과를 얻게 된다는 것이다. 자신의 이익을 추구하는 이기심 때문에 최악의 결과를 초래하게 된다.

죄수의 딜레마에 빠져 있는 사람 또는 기업들은 협력하여 딜레마에서 벗어나려고 할 것이다. 그러나 입장에 따라서는 죄수의 딜레마에서 벗어나는 것을 원하지 않는 경우도 있다. 예를 들어, 물건 구매자들은 판매자들이 죄수의 딜레마에서 벗어나는 것을 원하지 않는다. 판매자들이 공모하여 가격을 담합하는 것을 죄수의 딜레마가 막아주고, 물건 가격을 낮게 만들어주기 때문이다. 기업의 독점 금지법이라든가 주유소의 가격담합 금지법 등이 그러한 예이다.

죄수의 딜레마의 근본적인 문제는 합의사상을 교묘히 깨뜨리면 이익이 돌아온다는 점이다. 다른 사람들이 모두 다 합의사항을 지킬 때, 자기만 배반하여 합의사항을 어기면 자신은 큰 이익을 얻게 된다. 예를 들어, 모든 가게에서 물건 가격을 정가대로 판매할 때, 자기만 물건값을 할인하여 팔아서 손님이 많이 오게 되면 큰 이익을 얻게 된다. 그러므로 어떻게 이러한 약속 파기를 간파하느냐 하는 것이 중요한 과제이다. 배반을 발견하고, 배반자를 처벌하여 협력을 유도하는 방안이 필요하다.

이제, 나와 상대방이 어떻게 하느냐에 따라 더 많은 이익을 얻을 수 있는 경쟁적 상황에서 어떻게 양쪽의 협력을 달성하는가에 대하여 알아보자.

미시간 대학 정치학 교수 로버트 악셀로드(Robert Axelrod)는 1980년 컴퓨터를 사용한 2인용 죄수의 딜레마 게임 토너먼트를 주최하였다. 이 토너먼트에는 14개의 전략이 제출되었는데, 제출된 전략에 따라 컴퓨터 프로그램을 만들어 죄수의 딜레마 게임을 200번 반복하도록 2인 1조로 경쟁시켰다. 그 결과 최고 점수는 토론토 대학 수학과 아나톨 래퍼포트(Anatol Rapoport) 교수가 제출한 가장 단순한 전략에 돌아갔다. 이 전략은 주고받기(tit-for-tat) 전략이라 불리는데, 전체 프로그램이 컴퓨터 코드로 4줄에 불과했다.[1]

주고받기(tit-for-tat) 전략

1) 처음에는 협력한다.

2) 그 다음부터는 앞 회전에서 상대 경기자가 한 대로 따라 한다.

주고받기 전략이 시합에서 우승한 이유는 가능한 한 상대방을 배신하거나 이용하지 않고 최대한 협력을 이루도록 하였기 때문이다. 다른 전략들은 지나치게 상대를 신뢰한 나머지 이용당하기도 하고, 반대로 너무 이익을 추구한 나머지 서로가 파멸하기도 한다.

주고받기 전략의 중요한 속성 중의 하나는 자신의 전략을 비밀로 할 필요가 없다는 것이다. 오히려 상대방이 그것을 깨닫기를 바란다. 주고받기 전략과 경쟁할 때에는 협조하는 것 이상의 좋은 방법이 없다. 이런 점이 주고받기 전략을 안정적인 전략으로 만들어준다.

■ 주고받기 전략의 문제점

앞 회전에서 상대 경기자가 한 대로 따라 하는 주고받기 전략은 게임 토너먼트에서 우승하기는 했지만 의외로 결함이 많은 전략이다. 특히 아주 조그만 오인 가능성에 의해 주고받기 전략이 완전히 실패할 수 있다는 문제가 있다. 예를 들어, B가 배반하지 않았는데 B가 배반한 것으로 A가 오해했다고 하면, 다음번에 A는 배반하게 된다. 그러면 A의 배반에 대하여 B가 배반하게 되고, 또다시 A가 배반하게 된다. 그렇게 되면 배반이 연쇄적으로 일어나게 된다.

오인할 가능성은 얼마든지 있기 때문에 배반에 대하여 관대해질 필요가 있다. 또한 배반이 의도적이었다 하더라도 일정 시간 동안 처벌의 과정을 거친 뒤에는 그것을 청산하고 서로 다시 협력하는 것이 필요하다. 따라서 상대의 배반에 대하여 즉각적으로 배반으로 대응하기보다는 어느 정도까지는 관대하게 행동하고 협력을 계속하는 것이 바람직하다. 그러나 너무 성급히 관대하게 처신한 나머지 상대의 이기적 행동에 이용당하는 일이 없도록 주의해야 될 것이다.

죄수의 딜레마 극복 방안 2: 주고받기의 개선안

주고받기 전략은 협력한 적이 있는 상대방이 배반했을 때에도 너무 성급하게 처벌한다는 단점이 있다. 상대가 어쩌다 한번 배반한 경우에는 어느 정도 관대하게 대처하고, 상습적으로 배반하던 사람이 배반한 경우에는 곧바로 처벌하는 것이 합리적일 것이다. 즉, 상대의 신뢰도에 따라 차등적으로 대응하는 전략이 필요하다.

이런 필요성에 맞추어 다음과 같은 수정 전략을 생각할 수 있다.

수정된 주고받기 전략

1) 처음에는 협력하며 시작한다.
2) 협력을 계속한다.
3) 협력을 계속하는 동안 상대방의 배반 횟수를 기록하고 점검한다.
4) 상대의 배반이 허용 범위를 넘어서는 경우, 배반을 처벌하는 주고받기 전략을 실행한다.

위 지침 4)의 배반의 허용범위를 정할 때에는 상대의 행동 내력을 단기, 중기, 장기로 분석하여 관찰할 필요가 있다.

예를 들면 다음과 같은 지침을 고려해볼 수 있다.

상대의 배반에 대한 행동 지침

협력에서 출발하여 다음 네 가지 중 어느 하나에 어긋나지 않는 한 협력을 계속한다.

1) 출발 : 처음부터 배반하는 것은 받아들일 수 없으며 주고받기 전략을 실행한다.
2) 단기 : 연속 3회의 행동 중에 2회의 배반이 일어나면 주고받기 전략을 실행한다.(예:협력–배반–배반, 배반–협력–배반)
3) 중기 : 최근 30회의 행동 중에 4회의 배반이 일어나면 주고받기 전략을 실행한다.
4) 장기 : 최근 90회의 행동 중에 9회의 배반이 일어나면 주고받기 전략을 실행한다.

위 지침에 따라 상대의 배반 행위 때문에 끝없이 주고받기 전략을 계속 사용하는 것은 바람직하지 않다. 일정 횟수만큼 주고받기 전략으로 처벌적 대응을 한 후에는 다시 협력으로 되돌아가는 것이 필요하다. 그리고 이 전략에서 중요하게 기억해야 하는 원칙은 오해의 가능성이 다분히 있을 경우에는 배반이 일어날 때마다 처벌해서는 안 된다는 것이다. 자신에게 또는 상대방에게 오해의 소지가 있는지 늘 살펴볼 일이다.

사랑의 수학

하나!

데이트 주도권

궁금해요!!

여자 친구랑 데이트할 때마다 싸우게 돼요.
영화 보러 갈 때 나는 액션 영화를 보고 싶은데
여자 친구는 멜로 영화를 보고 싶다고 해요.
밥을 먹을 때도 나는 삼겹살을 먹고 싶은데 여자 친구는 피자를
먹자고 해요. 뭔가를 같이 하려고 할 때마다 의견이 충돌해요.
좋은 방법이 없을까요?

Q 음악회와 야구

어떤 남녀 연인이 주말에 데이트를 하기로 했다. 그런데 여자는 음악회를 가고 싶어 하고, 남자는 야구를 보고 싶어 한다. 이처럼 의견이 일치하지 않는 경우에 보통은 남자나 여자 어느 한쪽이 자연스럽게 양보를 해서 잘 해결되었다. 그런데 이번에는 아무도 양보를 하지 않는다. 팽팽한 긴장이 감돈다. 어떻게 해야 될까?

분석을 위해 남자와 여자가 각각 야구와 음악회를 선택했을 때 얻는 만족도를 수치화했더니 다음 표와 같다고 한다. 표에서 (10, 7)이 의미하는 것은 여자가 음악회를 선택하고 남자도 음악회를 선택할 때, 여자의 만족도는 10이고, 남자의 만족도는 7이라는 뜻이다.

여자 \ 남자	음악회	야구
음악회	10, 7	3, 3
야구	1, 1	7, 10

이 경우, 여자의 최선의 선택은 무엇이고, 남자의 최선의 선택은 무엇일까?

최선의 선택은

먼저 남자의 입장에서 최선의 선택이 무엇인지 알아보자. 이를 위해 여자가 음악회를 선택하는 경우와 야구를 선택하는 두 가지 경우로 나누어, 각각의 경우에 남자는 무엇을 선택하는 것이 좋은지 생각해보겠다.

여자가 음악회를 선택한 경우 남자가 음악회를 선택하면 만족도가 7이고, 야구를 선택하면 만족도가 3이다. 따라서 이 경우 남자는 음악회를 선택하는 것이 유리하다.

여자 \ 남자	음악회	야구
음악회	10, **7**	3, **3**

여자가 음악회를 선택한 경우

여자 \ 남자	음악회	야구
야구	1, **1**	7, **10**

여자가 야구를 선택한 경우

여자가 야구를 선택한 경우, 남자가 음악회를 선택하면 만족도가 1이고, 야구를 선택하면 만족도가 10이나. 따라서 이 경우 남자는 야구를 선택하는 것이 유리하다.

결국 남자는 여자가 음악회를 선택하면 같이 음악회를 선택하고, 여자가 야구를 선택하면 같이 야구를 선택하는 것이 유리한 선택이다.[1]

같은 방법으로 여자의 입장에서 최선의 선택이 무엇인지 따져보면, 그 결과는 남자가 음악회를 선택하면 여자도 음악회를 선택하는 것이 유리한 선택이고, 남자가 야구를 선택하면 여자도 야구를 선택하는 것이 유리한 선택이다.

결국 남자와 여자가 각각 최선의 선택을 하게 되면, 둘이 함께 음악회를 같이 가거나, 야구를 같이 가는 것이 된다. 두 가지 모두 정답이 된다.

확언 전략

위의 경우에 남자와 여자가 함께 음악회를 가는 것과 함께 야구를 보러 가는 것 두 가지 모두 정답인데, 두 가지 경우가 동시에 일어날 수는 없다. 둘 중의 어느 한 가지가 일어나는데, 둘 중 어느 경우가 실제로 일어날까? 둘 다 음악회를 보러가게 될까, 아니면 둘 다 야구를 보러가게 될까?

두 가지 중 어떤 것이 실제로 일어나는지는 만족도 표로는 결정되지 않는다. 누가 더 주도권을 갖고 있는지, 누가 더 주장이 강한지, 누가 더 상대방의 의견을 수용하는 편인지와 같은 게임 외적인 요소에 의하여 결정된다. 이 경우에 유용한 전략 중의 하나가 확언전략이다. 확언이란 자기의 최종 주장을 밝히는 것으로서 자기가 선택한 전략을 끝까지 고수하겠다는 것이다.

예를 들어, 남자는 야구를 보러 가자고 하고, 여자는 음악회를 보러 가자고 하며 서로 자기 주장을 할 때, 그리고 어느 누구도 양보하지 않고 타협이 이루어질 기미가 보이지 않을 때, 여자가 "음악회 아니면 안 가!! 음악회를 같이 가든지 아니면 따로 가든지 니 맘대로 해!!" 하면서 뒤도 돌아보지 않고 음악회를 보러 가는 경우이다. 여자의 이런 선언을 확언이라고 한다.

여자가 이렇게 확언을 하게 되면 아래 표처럼 여자가 야구를 선택하는 경우가 없어지고 음악회를 선택하는 경우만 남는다.

여자 \ 남자	음악회	야구
음악회	10, **7**	3, **3**
~~야구~~	~~1, 1~~	~~7, 10~~

여자가 확언한 후의 남녀의 만족도

이 경우에 대하여 남자가 생각해보면, 남자가 음악회를 선택하면 만족도가 7이고, 야구를 선택하면 만족도가 3이다. 따라서 남자는 음악회를 가는 것이 유리한 선택이 된다. 결국 남자는 여자의 확언에 따르게 된다. 이와 같이 확언은 유용한 전략이다.

확언의 다른 예로는, 시장에서 손님이 가게 주인과 물건 가격을 흥정할 때이다. 손님은 가격을 깎고 낮은 가격에 달라고 하는데, 주인은 그 가격에는 밑져서 도저히 안 된다고 하며 서로 팽팽하게 맞설 때이다. 그때 손님이 주인에게 특정 가격을 제시하고 그 가격 아니면 안 사겠다고 선언하고 돌아서서 나가는 척하는 경우이다. 이 경우에 주인은 손님을 다시 붙잡으며 손님이 제시한 가격에 팔게 되는 경우가 많다. 우리 어머니들은 확언전략이란 용어는 모르지만 경험적으로 터득해서 능숙하게 구사하고 있다.

확언전략 성공률 높이는 방법

확언이 실제로 효과를 발휘하려면, 내가 확언을 했을 때 상대방이 이 확언을 받아들여야 된다. 이제, 확언이 받아들여지는 확언 성공률을 높이는 방법에 대하여 알아보자.

첫째, 평판에 의한 방법이다. 평소에 자신의 확언에 대한 평판을 좋게 만드는 방법이다. 예를 들어, 평소에 확언을 하면 그 확언을 끝까지 지킨다는 평판을 쌓아두는 것이다.* 그렇게 되면 그 사람이 확언을 했을 때, 그 확언을 번복할 것으로 기대하지 않게 되어 다른 사람들이 받아들일 가능성이 커진다. 반대로 평소에 확언을 했다가 번복하는 경우가 많으면, 확언을 하더라도 다른 사람들이 받아들이지 않을 가능성이 커진다. 평소에 자신의 언행에 대한 신뢰를 쌓아두는 것이 중요한 이유이다.

둘째, 협상대리인을 고용하는 방법이다. 협상대리인을 통해 절차에 따라 협상을 진행시키는 방법이다. 협상대리인은 자신이 협상조건을 변경할 권한이 없기 때문에 상대방과 협상을 할 때 자신을 고용한 사람으로부터 위임받은 범위 내에서만 협상을 진행할 수밖에 없다. 예를 들어 가게에서 물건을 살 때 가격을 깎아줄 결정권이 없는 직원과는 가격협상을 해도 가격을 깎을 수 없다. 가격을 깎으려면 결정권이 있는 주인과 협상해야 된다.

셋째, 배수진을 치는 방법이다. 즉, 물러설 퇴로를 제거하는 것이다. 물러서거나 도망칠 퇴로를 스스로 제거함으로써 절대로 물러서지 않겠다는 것을 상대에게 확언하는 방법이다.

그런데 확언이 유용하기는 하지만 "누가 확언을 할 수 있는가" 하는 문제가 있다. 즉, 확언을 했는데 상대방이 이를 인정하지 않으면 문제가 발생한다.

심지어는 나의 확언에 대하여 상대방도 확언을 하고, 급기야는 서로 상대방이 받아들일 수 없는 내용을 요구하게 될 수도 있다. 이런 경우 확언전략은 매우 위험한 전략이 되고 만다. 확언을 흥분해서 감정적으로 하면 안 되고 신중하게 해야 되는 이유이다.

따라서 확언하기 전에 먼저 누가 구속력 있는 확언을 할 능력이 있는가를 분석하는 것이 필요하다. 그리고 상대가 나의 확언에 대하여 똑같이 확언을 하였을 경우에 대한 검토와 대응 방안을 마련해 두는 것이 중요하다. 세상 일은 일방적인 경우는 거의 없으며, 확언전략은 이후의 여지를 남기지 않는 극단적인 전략이기 때문이다.

사랑의 수학

둘!

최고의 배우자 찾기

궁금해요!!

얼마 전에 소개받아 지금 사귀고 있는 이성이 있는데
결혼을 해야 할지 말아야 할지 고민하고 있어요.
전체적으로는 마음에 들고 좋은데 어떤 부분들은 저하고 전혀
맞지 않거든요. 그런 부분 때문에 종종 싸워요.
그래서 이 사람과 헤어지고 다른 사람을 만나야 되는지,
아니면 이 사람과 결혼해야 되는지 너무 고민돼요.
좋은 배우자를 선택하는 좋은 방법이 있나요?

결혼 문제

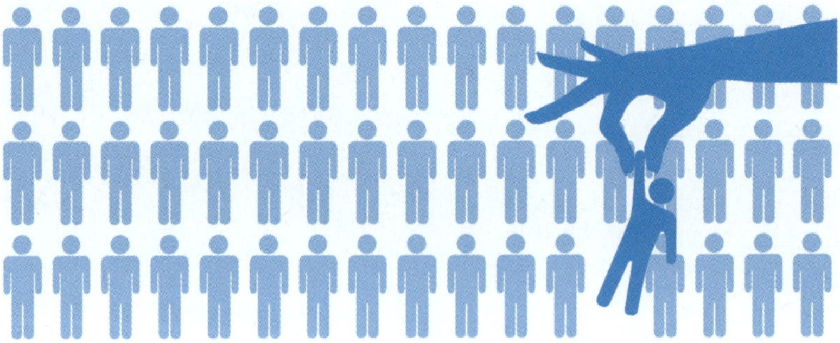

예를 들어 어떤 여자가 100명 중에서 1명을 배우자로 선택하는 경우를 생각해보자. 여자는 남자를 1명씩 순서대로 만날 수 있으며, 만나서 일정기간 사귄 후에 그 남자를 배우자로 선택하거나 선택하지 않을 수 있다. 선택할 경우에는 그 남자와 결혼하게 되고, 선택하지 않을 경우에는 그 남자를 두 번 다시 만날 수 없다. 이때, 여자가 어떻게 하는 것이 가장 좋은 남자를 배우자로 선택할 수 있는 전략일까?

이 질문과 밀접한 관련이 있는 다음과 같은 문제가 있다.

> n장의 카드에 n개의 서로 다른 숫자 $a_1, a_2, \ldots, a_n$이 적혀 있고, $a_1 > a_2 > \ldots > a_n$이라 하자. 이 카드들을 숫자가 안 보이게 뒤집어서 무작위로 한 줄로 나열하였다. 앞에서부터 k장을 뒤집어본 후, 이 중 가장 큰 수가 무엇인지 확인하고, 남은 카드 $n-k$장을 순서대로 한 장씩 뒤집어 나가다가 뒤집어 봤던 수 중 가장 큰 수 보다 더 큰 수가 나타나면, 그 카드를 선택한다. 이렇게 할 때, 가장 큰 수 a_1이 선택될 확률이 최대가 되도록 하는 k의 값은 얼마인가?

위의 문제는 비서문제(the secretary problem) 또는 결혼문제(the marriage problem)라고 불리는 다음 문제와 같은 문제이다.

회사에서 비서를 1명 구하려고 한다. 지원자가 모두 n명이라는 것을 알고 있고, 각 지원자의 점수를 매겼을 때, 점수가 모두 다르다고 하자. 한 명씩 차례대로 면접을 보는데, 처음 k명은 면접 후에 선택하지 않고 그냥 보낸다. $k+1$번째 사람부터는 면접 직후에 그 사람을 선택할 수도 있고, 선택하지 않을 수도 있다. 선택하는 경우에는 그 사람을 비서로 채용하고 면접을 끝낸다. 선택하지 않을 경우에는 그 사람을 다시 선택할 수 없으며, 그 다음 사람을 면접하게 된다. 몇 명을 그냥 보내는 것이 가장 점수가 높은 사람을 비서로 채용할 확률이 최대가 되겠는가?

이 문제에서 가장 큰 수 a_1 또는 가장 점수가 높은 사람을 선택할 확률이 최대가 되도록 하는 k의 값은 $k=[\frac{n-1}{e}]$ 또는 $k=[\frac{n-1}{e}]+1$이다. 이때, e는 자연대수의 밑이라고 하는 무리수인데, 근삿값은 대략 2.718 정도 된다.

이 문제의 기원은 명확하지 않다. 1960년 2월에 가드너(Martin Gardner)가 《사이언티픽 아메리칸(Scientific American)》에 쓴 글에서 이 문제가 처음으로 출판되었고, 1960년 3월 《사이언티픽 아메리칸》에 이 문제 풀이의 개요가 게재되었다. 그리고 1963년에 미국 수학회에서 발행하는 학술지(American Mathematical Monthly)에 문제가 실렸고, 1964년에 풀이가 게재되었다. 그런데 모스텔러(Mosteller)는 1955년에 이 문제를 앤드류 글리슨(Andrew Gleason)으로부터 배웠다고 하니 이 문제의 기원에 대해서는 좀 더 확인되어야 할 것들이 있다. 어쨌거나 이 문제가 출판될 때까지 많은 사람들이 이 문제를 알고 있었던 것은 분명한 것으로 보인다.

최고의 배우자 선택 전략

위의 결과를 활용하여 가장 마음에 드는 배우자를 선택하는 전략을 다음과 같이 세울 수 있다.

> n명 중에서 1명을 선택한다고 할 때,
>
> $$k=[\frac{n-1}{e}]\text{명 또는 } k=[\frac{n-1}{e}]+1$$
>
> 까지는 어느 정도 사귄 후 배우자로 선택하지 않고 헤어진다. 그리고 $(k+1)$번째 사람부터는 이전까지 사귀었던 사람보다 더 마음에 드는 사람을 만나면 배우자로 선택하고, 그렇지 않으면 헤어진다.

위에서 n의 값에 대한 k의 값이 다음 표에 제시되어 있다.[1]

n의 값에 대한 k의 값

n	k	n	k	n	k
5	2	30	11	60	22
10	3	35	13	70	26
15	5	40	15	80	29
20	7	45	16	90	33
25	9	50	18	100	37

예를 들어, 어떤 사람이 앞으로 자신이 만날 수 있는 이성이 대략 50명 정도일 것으로 예상한다고 할 때, 최고의 배우자를 얻을 수 있는 확률이 최대가 되도록 하는 전략은 다음과 같다. 위의 표에서 $n=50$일 때, k의 값이 18이

므로 18명의 이성은 어느 정도 사귄 후에 선택하지 않고 헤어진다. 그 후 19명째 이성부터는 그 이성이 그 이전에 만났던 이성 중 어떤 이성보다도 더 좋으면 배우자로 선택하고, 그렇지 않으면 헤어지고 다른 이성을 만난다.

최고의 배우자를 얻을 수 있는 확률이 최대가 되도록 하는 k의 값은 전체 만나는 사람의 수 n이 충분히 크다고 할 때 $[\frac{n}{e}]$이다. $\frac{1}{e} \approx 0.3679$이므로 전체 인원수의 37% 정도의 사람은 그냥 보내고, 그 이후의 사람 중에서 그때까지의 사람보다 더 좋은 사람을 만나게 되면 무조건 선택하는 전략이 최고의 배우자를 선택할 가능성이 가장 큰 선략이다.

독일의 천문학자 케플러(Johannes Kepler, 1571~1630)의 아내는 1611년에 콜레라로 사망했다. 그의 첫 번째 결혼은 중매결혼이었는데 결혼 생활이 전적으로 행복했던 것은 아니었던 것 같다. 그래서 그는 두 번째 결혼 상대자는 자신이 결정하기로 마음먹었다. 그는 아내 후보와의 면접을 마련해두고, 11명 이상의 후보 중에서 아내를 선택하기로 하였다. 2년여 동안 많은 노력과 정열을 쏟아 후보와의 면접을 모두 마쳤다. 11명의 후보 중에서 케플러가 가장 선호했던 후보는 네 번째 후보였다. 그러나 케플러가 11명의 후보를 모두 면접하느라 시간이 너무 흐른 뒤였으며, 그녀는 다른 사람을 만나고 있었으므로 케플러의 제안을 거절했다. 최종적으로 케플러는 다섯 번째 후보와 결혼을 하게 되었다.

케플러가 만약에 11명의 후보들에 대하여 이 전략을 사용하여 아내를 결정했다면 어떻게 되었을까? 안타깝게도 그렇게 했더라도 네 번째 후보가 아내로 선택되지는 않는다. 왜냐하면 위 전략에서 후보가 11명일 때, 면접하고 그냥 보내는 사람의 수가 4명이기 때문이다. 이런 점에서 네 번째 여성은 수학적으로 보더라도 케플러의 운명의 여인은 아니었다고 할 수 있다. 그러나 케플러의 전기 작가들에 따르면 케플러의 두 번째 결혼 생활은 첫 번째보다 더 행복했다고 하고, 케플러는 두 번째 결혼 후에 뉴턴이 만유인력의 법칙을 구성하는 데 경험적 토대를 제공하는 등 중요한 업적을 이루었다. 그리고 두 번째 아내는 1620년에 케플러의 어머니가 마녀로 화형당할 뻔하는데 구해주었다고 한다. 최고점의 배우자와 결혼하지 못했다고 해서 너무 크게 실망할 필요는 없는 것 아닌가 싶다.

결혼문제 해의 한계 및 대안

위의 결과는 앞으로 만날 사람들에 대한 정보가 전체 인원수밖에 없는 상황에서 어떻게 그 상상 속의 명단 가운데 제일 좋은 사람을 선택할 수 있는가 하는 실용적이지만 매우 어려운 문제에 대한 해법의 실마리를 제시한다는 점에서 값진 결과이다.

그러나 실제로 이 정리를 적용하려고 할 때에는 뜻밖의 심각한 문제에 부딪히게 된다. 위 정리에서 최댓값이 되도록 하는 값은 37%인데, 몇 명을 그냥 보내야 되는지를 알기 위해서는 앞으로 만나게 되는 이성이 모두 몇 명인지, 즉, n의 값을 알아야 된다. 그런데 불행히도 자신이 앞으로 몇 명의 이성을 만나게 될지를 알 수가 없다. 그래서 앞에 나온 정리를 실제 상황에서 사용하기에 곤란한 점이 있다.

그러나 다행히도 이 전략의 두 번째 버전이 있다. 이것은 평생 동안 연애할 이성의 수를 알 필요 없이, 앞으로 얼마나 오래 연애를 할 예정인지만 알면 된다. 이 경우에도 앞의 전략과 같이 간단한 규칙이 존재하는데, 이번에는 37%를 사람이 아니라 시간에 적용하면 된다. 예를 들어 어떤 사람이 20세부터 이성 교제를 시작해서 늦어도 40세에는 결혼을 하고 싶어 한다고 가정하자. 그러면 총 데이트 기간의 처음 37%까지, 즉 27세나 28세까지는 어떤 사람을 만나든 전부 헤어지는 것이다. 그 기간 동안은 연애의 감을 익히고 일생의 동반자에게 필요한 현실적인 기준을 설정하는데 활용한다. 그리고 이 준비 기간이 지나고 나면, 그 다음에 사귀는 이성들 중에서 지금까지 만난 사람들보다 더 낫다고 생각되는 사람이 나타나면 그 사람을 과감하게 배우자로 선택하는 것이다. 이렇게 하면, 자신이 최고의 배우자를 만날 가능성이 최대가 된다. 이때, 연애의 기간은 자신이 어느 정도 선택할 수 있는 것이기 때문에 앞의 경우처럼 만날 이성의 수보다는 좀더 현실성이 있다고 하겠다. 물론 앞의 경우에도 본인이 앞으로 만날 이성의 수를 결정할 수 있다. 예를 들어, 20세인 사람이 앞으로 소개팅 또는 맞선을 통하여 평균 6개월에 1명씩의 이성을 만나고, 아무리 늦어도 40세에는 무조건 결혼하겠다는 식으로 말이다. 이 경우에는 전체 만나는 이성의 수는 총 40명이 되고, $n=40$이므로 40명의 37%인 15명 정도와는 무조건 헤어지는 것이다.

실용적 선택법

최고의 배우자를 선택하기 위한 37% 전략이 앞으로 만날 이성이 몇 명인지 또는 연애할 기간이 얼마나 되는지를 정확하게 알지 못한다는 문제점 때문에 실제로 적용하는 데에 한계가 있기는 하다. 하지만 어느 정도 수긍할 만한 추산과 감각으로 적용할 수 있는 여지가 있고, 또 성공한다면 최고의 배우자를 선택하게 된다는 점에서 매우 매력적인 방법이다. 그러나 이 전략은 결정적인 문제점을 품고 있다. 그것은 이 방법의 성공확률이 37%로 절반도 안 되는 낮은 확률이라는 점이다. 즉, 앞의 37% 전략으로 배우자를 선택하는 시도를 했을 때, 최고의 배우자를 선택하는 데에 성공하는 것은 37%, 즉 3번 중에 1번 정도뿐이라는 점이다. 면접을 통해 아내를 정했던 케플러가 이 전략을 사용했다고 해도 최고점의 배우자를 선택하지 못했다는 역사적인 사례도 있다. 이런 낮은 성공확률은 많은 사람들로 하여금 실제 상황에서 이 전략을 실행하기를 주저하게 만든다. 성공 확률보다 실패 확률이 2배 정도 되기 때문이다. 실제로 적용할 만한 전략이 되기 위해서는 성공 확률이 더 높아야 할 필요가 있다.

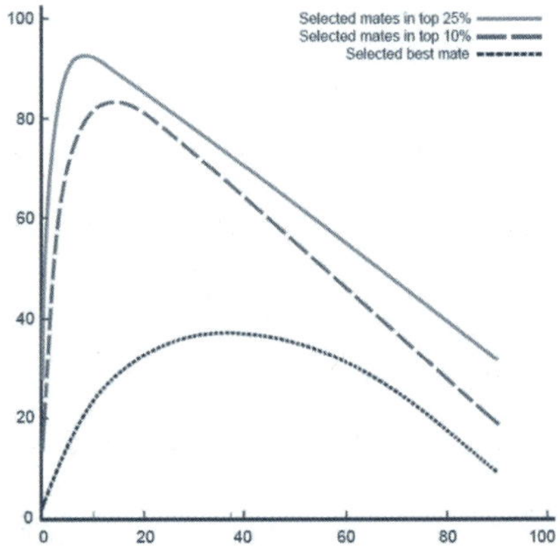

무엇인가를 선택한 결과로 1등, 즉 가장 좋은 것을 얻게 되면 더 없이 좋겠지만, 가치관에 따라서는 어느 정도 이상 좋은 것을 얻게 되면 만족하기도 한다. 가령, 상위 10%에 속하는 것을 얻게 되면 상당히 만족스러워 할 수 있다. 게다가 그 방법이 성공 확률이 높으면 만족도는 더욱 높아질 것이다.

실제로 1997년에 토드(Todd)는 컴퓨터 프로그래밍을 통하여, 상위 10%에 속하는 배우자를 선택하는 것을 목표로 한다면, 14%의 후보를 보낸 후에,

그 후부터는 이전보다 더 좋은 후보가 나타나면 배우자로 선택하는 전략을 택할 때 성공 확률이 83%로 가장 높다는 결과를 얻었다.[2]

그리고 상위 25%에 속하는 배우자를 선택하는 것을 목표로 한다면, 7%의 후보를 보낸 후에, 그 후부터는 이전보다 더 좋은 후보가 나타나면 배우자로 선택하는 전략을 택할 때 성공 확률이 92%로 가장 높다는 결과를 얻었다. 이 결과는 최고의 1명, 즉 상위 1%에 속하는 배우자를 선택하기 위한 37% 전략의 성공 확률과 비교하면 엄청나게 좋은 성공 확률이다. 최고의 배우자를 선택해야 된다는 것을 양보한 대신에 매우 높은 성공 확률을 얻는 것으로, 어쩌면 실제 상황에서의 선호도 면에서 보면 이 전략이 훨씬 더 긍정적이라고 하겠다. 무턱대고 최고만을 고집할 것이 아니라 실현 가능성도 함께 고려하고, 어느 정도 이상이면 자족할 줄 아는 지혜가 중요하다고 하겠다.

사랑의
수학

셋!

안정적 커플 만들기

궁금해요!!

지난 주말에 제가 남자 4명, 여자 4명으로
단체 미팅을 주선했어요. 같이 게임도 하고 노래방도 가고
매우 즐겁게 보냈어요. 헤어지면서 남자들은
여자 4명을, 여자들은 남자 4명을 각자 좋아하는 순서대로
저에게 문자로 보내달라고 했어요. 그러면 제가 커플을 정해주고,
다음 주말에 일대일로 만나게 해주겠다고 했어요.
그런데 문자를 다 받아보니까 너무 복잡한 거예요. 한 여자를
세 남자가 가장 좋아하는 경우도 있고, 한 남자를 두 여자가
가장 좋아하는 경우도 있어요. 어떻게 커플이 되도록 해줘야
나중에 깨지는 커플이 생기지 않도록 할 수 있나요?

안정된 매칭

남자 A, B 두 명과 여자 a, b 두 명이 미팅에 나갔다. 어느 정도 시간이 지난 후에 짝을 정했는데, 남자 A와 여자 a가 짝이 되었고, 남자 B와 여자 b가 짝이 되었다. 그런데 남자 A는 여자 a보다 여자 b를 더 좋아했고, 여자 b도 남자 B보다 남자 A를 더 좋아했다.

이런 경우에는 남자 A와 여자 b가 서로 짝을 이루고 싶어 하기 때문에 A와 a, B와 b가 이룬 짝의 관계는 불안정할 것이다.

불안정 매칭 안정 매칭

위와 같이 불안정한 관계가 있는 짝짓기(매칭)를 불안정 짝짓기 또는 불안정 매칭(unstable matching)이라 하고, 불안정 매칭이 아닌 매칭을 안정 짝짓기 또는 안정 매칭(stable matching)이라 한다.

안정 매칭의 개념에서 주의할 것 중의 하나는 안정 매칭이라고 해도 자신이 가장 원하는 상대와 짝이 되지 못하고 덜 원하는 상대와 짝이 되는 경우가 있을 수 있다는 점이다. 모든 사람이 자신이 가장 원하는 상대와 짝이 되는 것은 불가능한 경우도 있다. 가령, 남자들이 모두 특정의 한 여자와 짝이 되기를 가장 원하는 경우, 한 남자만이 가장 원하는 여자와 짝이 될 수 있기 때문이다.

남자 A가 자신의 현재 짝보다 다른 여자를 더 좋아하는데, 그 여자는 남자 A보다 자신의 현재 짝을 더 좋아하는 경우에는 안정 매칭이다.

이별과 재결합을 통한 안정화

불안정 매칭인 경우 이별과 재결합을 통해 안정 매칭이 되도록 할 수 있다. 다음 예를 통해 확인해보자.

남자들과 여자들의 선호도가 다음 표와 같다고 하자.

남자 A, B, C의 선호도

남자 \ 선호도	1	2	3
A	b	a	c
B	선호도 같음		
C	a	b	c

여자 a, b, c의 선호도

여자 \ 선호도	1	2	3
a	A	C	B
b	C	A	B
c	선호도 같음		

선호도가 위 표와 같을 때 매칭을 { Aa, Bb, Cc }와 같이 했다고 하자. 이때, 남자 C와 여자 b를 보면, 남자 C는 현재 짝인 여자 c보다 여자 b를 더 좋아하고, 여자 b도 현재 짝인 남자 B보다 남자 C를 더 좋아한다. 즉, 남자 C와 여자 b는 현재 자신의 짝보다 서로 더 좋아한다. 따라서 { Aa, Bb, Cc }는 불안정 매칭이다.

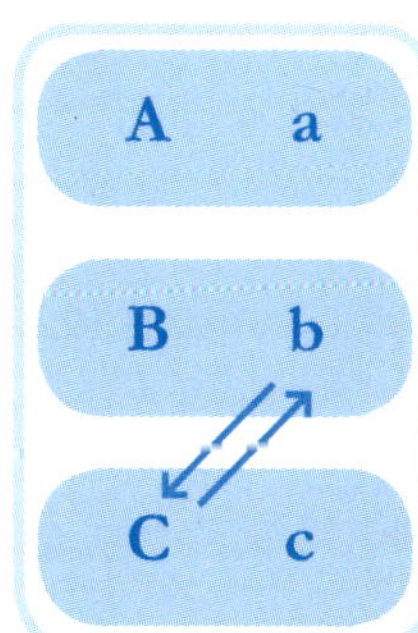

이제 불안정 매칭을 해소하기 위하여, 커플 Cc가 이별을 한다고 하자. 그래서 남자 C는 여자 b와 짝을 맺고, 여자 c는 남자 B와 짝을 맺어서 { Aa, Bc, Cb }를 얻었다고 하자. 이때, 여자 a와 b는 자신이 가장 좋아하는 남자와 짝이 되었기 때문에 이별할 이유가 없다. 따라서 이 매칭은 안정 매칭이다.

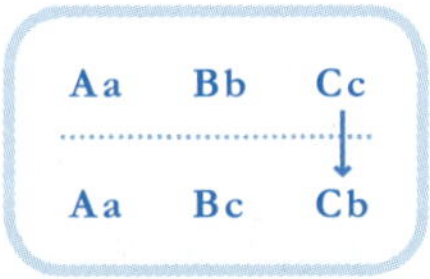

이와 같이 불안정 매칭의 경우에 이별과 재결합을 통해 안정 매칭이 되도록 할 수 있다. 그러나 불안정 매칭인 경우에 이별과 재결합을 아무렇게나 해도 안정 매칭이 되는 것은 아니다. 예를 들어, 오른쪽 그림과 같은 방식으로는 이별과 재결합을 아무리 많이 하더라도 절대로 안정 매칭이 될 수 없다. 안정 매칭이 되기 위해 이별과 재결합을 잘 해야 되는 이유이다.

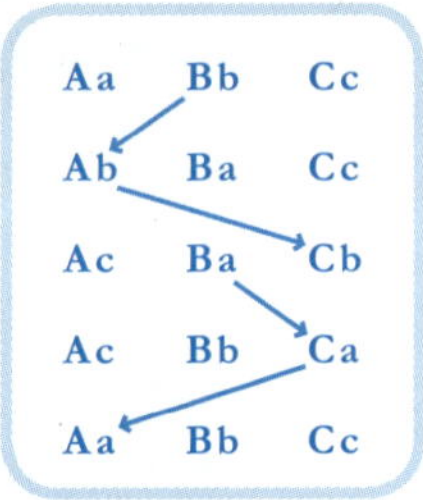

그렇다면 어떠한 경우에도 항상 안정 매칭이 가능한 것일까? 다행스럽게도 안정 매칭이 항상 가능하다는 것이 수학적으로 증명되었다.

어떠한 선호도 순위 행렬에서도 반드시 안정 매칭이 존재한다.[1]

위의 정리가 모든 사람들이 자신이 가장 선호하는 상대와 짝을 맺을 수 있다고 말하는 것은 아니라는 점에 주의할 필요가 있다. 두 남녀가 자신의 짝보다 다른 사람의 짝과 서로 더 좋아하는 경우가 없도록 매칭을 할 수 있다는 의미이다. 안정 매칭이 항상 존재한다는 것은 인류의 평화를 위해 얼마나 다행인지 모르겠다. 안정 매칭이 존재하지 않는 경우가 있다면 그런 사회는 끊임없는 이별과 재결합으로 매우 불안정할 것이기 때문이다.

안정 매칭 만드는 방법

이제 안정 매칭을 만드는 방법에 대하여 알아보자. 먼저 남성의 프러포즈를 중심으로 하는 방법을 소개하겠다.

■ 남성 프러포즈 잠정수락 알고리듬

1단계

❶ 각각의 남자는 자신이 가장 좋아하는 여자에게 프러포즈한다.

❷ 1명에게 프러포즈를 받은 여자는 그 남자와 잠정적으로 매칭(약혼)이 되고, 2명 이상의 남자에게 프러포즈를 받은 여자는 그 중에서 자신이 가장 선호하는 남자하고만 잠정적으로 매칭을 하고 다른 남자는 거절한다.

↓

2단계

❶ 거절당한 남자들은 자신이 두 번째로 좋아하는(지금까지 프러포즈하지 않았던 여자 중에서 가장 좋아하는) 여자에게 프러포즈한다.

❷ 각 여자는 잠정적으로 매칭되었던 남자와 새롭게 프러포즈한 남자 중에서 가장 선호하는 남자하고 잠정적으로 매칭을 하고 다른 남자는 거절한다.

↓

3단계

❶ 위의 2단계를 반복해서 진행하여, 결국 모든 남자와 여자가 잠정적으로 매칭이 되면,* 그것이 매칭의 최종결과가 되며 알고리듬이 끝난다.

* 남자와 여자 각각 n 명씩인 경우, 2단계를 최대 $n^2 - 2n + 2$ 번 반복하면 모든 남자와 여자가 잠정적으로 매칭이 될 수 있다.

위 알고리듬을 다음 예제에 적용해서 안정적 매칭을 만들어 보자.

남여 각 4명의 이성에 대한 선호 순위가 다음과 같다고 한다.

남자 1	여자 4 > 여자 3 > 여자 2 > 여자 1
남자 2	여자 4 > 여자 1 > 여자 3 > 여자 2
남자 3	여자 1 > 여자 2 > 여자 4 > 여자 3
남자 4	여자 2 > 여자 1 > 여자 4 > 여자 3
여자 1	남자 1 > 남자 2 > 남자 3 > 남자 4
여자 2	남자 1 > 남자 3 > 남자 2 > 남자 4
여자 3	남자 1 > 남자 2 > 남자 4 > 남자 3
여자 4	남자 3 > 남자 4 > 남자 2 > 남자 1

알고리듬의 1단계를 적용하여, 첫 번째로 각 남자는 자신이 가장 좋아하는 여자에게 프러포즈한다. 그리고 여자는 자신에게 프러포즈한 남자 중에서 자신이 가장 좋아하는 남자와 잠정적으로 매칭을 한다. 그 결과가 오른쪽 그림과 같다.

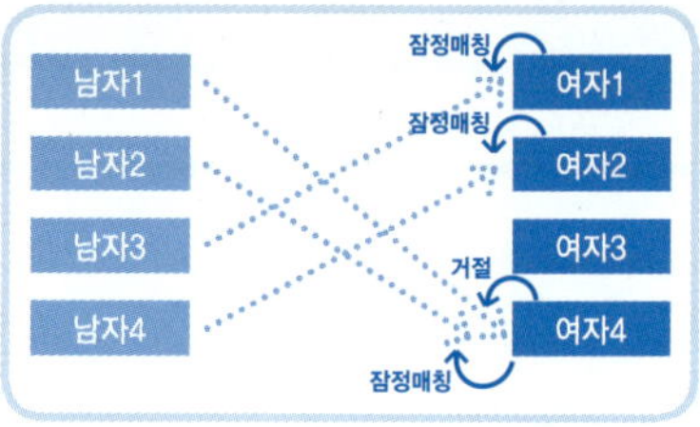

2단계로 거절당한 남자들은(남자 1) 자신이 두 번째로 좋아하는 여자에게(여자 3) 프러포즈하고, 잠정적으로 매칭한다. 그 결과가 오른쪽 그림과 같다.

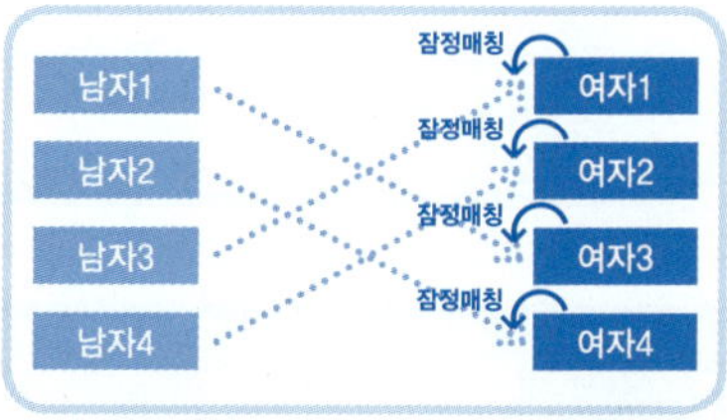

3단계로 이제 모든 남자와 여자가 잠정적으로 매칭이 되었으므로, 잠정적인 매칭이 최종의 매칭 결과로 확정되고 알고리듬이 끝난다. 위의 매칭 결과가 안정성을 만족한다는 것은 확인할 수 있다.

남성의 프러포즈를 중심으로 진행하는 남성 프러포즈 잠정수락 알고리듬은 모든 안정 매칭 중에서 남성에게 가장 유리한 안정 매칭에 이르도록 한다.

■ 여성 프러포즈 잠정수락 알고리듬

앞의 남성 프러포즈 잠정수락 알고리듬의 1, 2, 3단계에서 남자를 여자로, 여자를 남자로 바꾸면 여성 프러포즈 잠정수락 알고리듬이 된다. 이번에는 여성의 프러포즈를 중심으로 진행하는 여성 프러포즈 잠정수락 알고리듬으로 안정 매칭을 만들어보자.

예제 1과 똑같은 선호순위에서 알고리듬의 1단계를 적용하여, 첫 번째로 각 여자는 자신이 가장 좋아하는 남자에게 프러포즈한다. 그리고 남자는 자신에게 프러포즈한 여자 중에서 자신이 가장 좋아하는 여자와 잠정적으로 매칭을 한다. 그 결과가 오른쪽 그림과 같다.

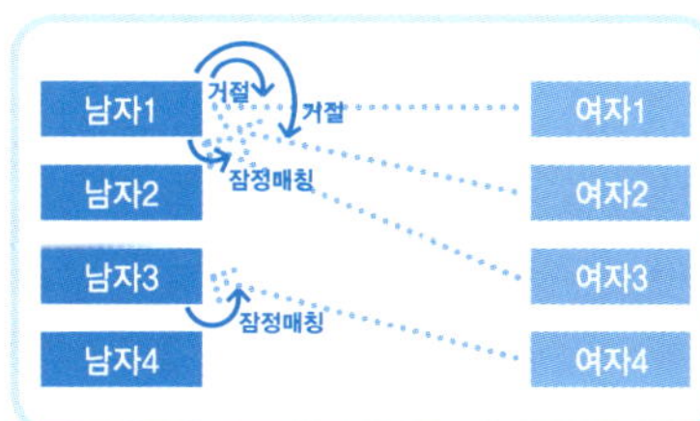

2단계 ❶ 거절당한 여자들은(여자 1, 여자 2) 자신이 두 번째로 좋아하는 남자에게(남자 2, 남자 3) 프러포즈하고 잠정적으로 매칭한다. 여러 명에게 프러포즈받은 남자는 가장 좋아하는 여자와 잠정 매칭하고, 다른 여자의 프러포즈는 거절한다. 그 결과가 오른쪽 그림 과 같다.

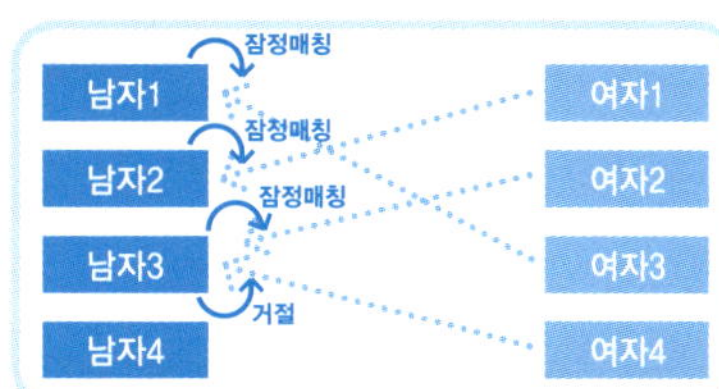

❷ 서설낭한 여자는(여자 4) 자신이 그 다음으로 좋아하는 남자에게(남자 4) 프러포즈한다. 그리고 각자 여자 1명에게서만 프러포즈를 받은 남자들은 잠정 매칭한다.

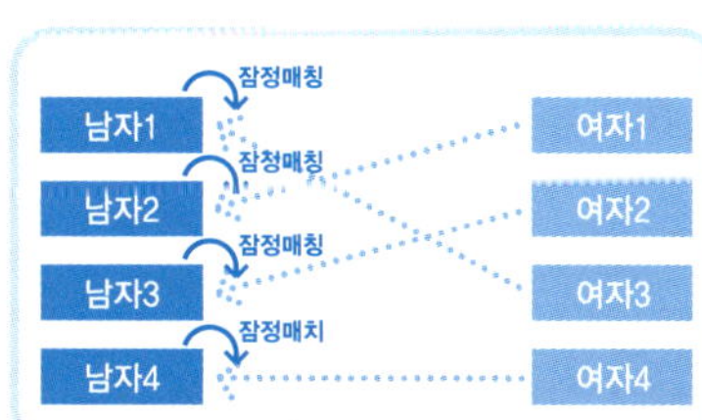

이제 모든 남자와 여자가 잠정적으로 매칭이 되었으므로, 잠정적인 매칭이 최종의 매칭 결과로 확정되고 알고리듬이 끝난다. 위의 매칭 결과가 안정성을 만족한다는 것을 확인할 수 있다.

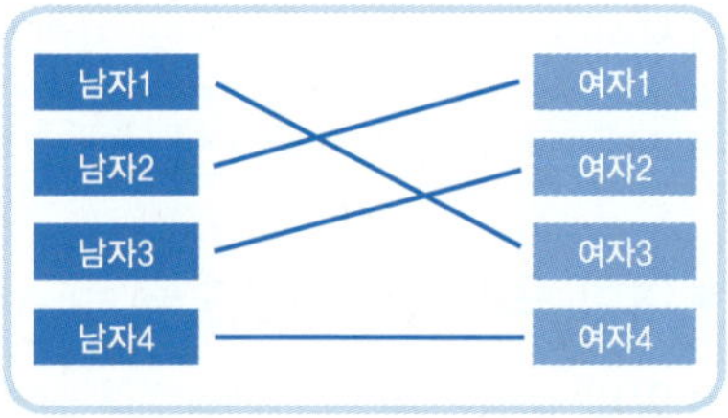

위의 여자의 프러포즈를 중심으로 진행하는 여자 프러포즈 잠정수락 알고리듬은 모든 안정 매칭 중에서 여자에게 가장 유리한 안정 매칭에 이르도록 한다. 똑같은 선호도 순위 행렬로부터 두 가지 다른 알고리듬을 이용하여 안정 매칭을 얻었는데, 두 알고리듬의 매칭 결과가 다르다. 이것으로부터 안정 매칭의 결과는 유일하지 않음을 알 수 있다.

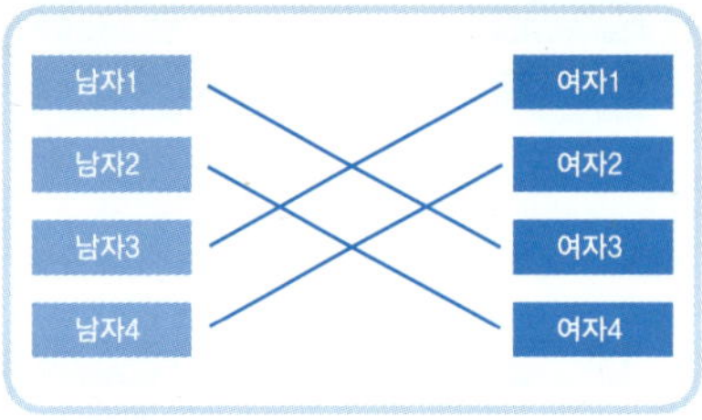

남자 프러포즈 잠정수락 알고리듬

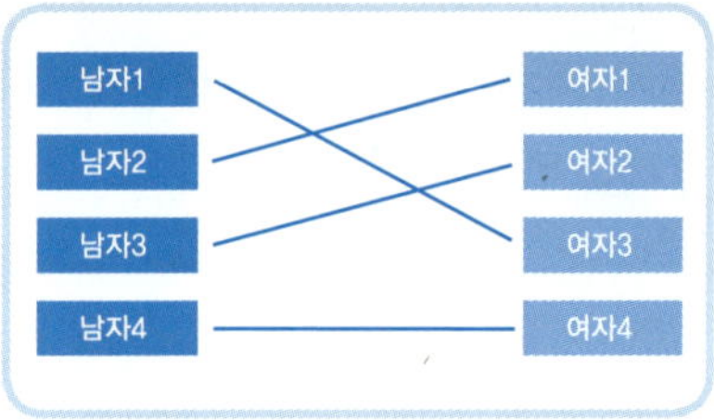

여자 프러포즈 잠정수락 알고리듬

지금까지 잠정수락 알고리듬을 설명하기 위하여 안정 매칭을 만드는 과정을 순차적으로 묘사했지만, 현실에서 양방향 매칭 문제에 잠정수락 알고리듬을 적용할 때에는 중앙 집중적이고 거의 동시적인 과정으로 이루어진다. 즉, 중앙의 운영자가 각 주체들로부터 선호도 목록을 제출받고, 전산화된 알고리듬을 적용하여 결과를 얻은 후, 그 결과를 주체들에게 알려준다.

이때, 만일 어떤 주체가 선호를 거짓으로 보고하여 매칭 결과를 전략적으로 왜곡시키려 할 수 있다. 그러나 다행스럽게도 잠정수락 알고리듬은 선호도를 왜곡시켜 제안하는 주체가 인센티브를 얻도록 하지 않는 것으로 알려져 있다.

즉, 남성이 프러포즈하는 잠정수락 알고리듬을 사용할 때, 각 남성들은 자신의 선호를 정직하게 보고하는 것이 우월한 전략이다. 그러나 프러포즈를 받는 여자의 경우에는 좀 다르다. 여자들은 거짓으로 선호를 보고하여 자신에게 더 좋은 매칭 결과를 얻을 수 있다. 예를 들어, 앞의 예제에서 여자 4가 자신의 선호를 '남성 3 > 남성 4 > 남성 1 > 남성 2' 라고 보고하면, 남성에게 유리한 매칭 결과가 아니라 여성에게 유리한 매칭 결과를 얻게 된다. 안타깝게도 모든 주체들에게 솔직하게 보고하는 것을 우월전략으로 만들면서 동시에 안정적인 결과를 찾아내는 알고리듬은 존재하지 않는 것으로 알려져 있다.

매칭의 응용[2]

앞에서 소개한 잠정수락 알고리듬은 1962년에 데이비드 게일 교수와 로이드 샤플리 교수가 창안한 방법으로 게일-샤플리 알고리듬이라고 부른다. 이 연구 결과를 포함한 자원의 안정적 배분에 대한 업적으로 샤플리 교수는 2012년에 노벨 경제학상을 수상하였다. 그러나 공동 연구자인 게일 교수는 안타깝게도 2008년에 87세로 작고하였다. 그리고 샤플리 교수는 2016년에 향년 92세로 타계하였다.

위의 양방향 매칭 문제는 한 남자와 여러 여자 또는 여러 남자와 한 여자를 매칭하는 다대일 또는 일대다 매칭을 찾는 문제로 일반화될 수 있다. 그리고 이런 다대일 또는 일대다 매칭을 찾는 알고리듬은 실생활에 다양하게 활용된다.

첫 번째로 병원 레지던트 배정 문제로서 의과 대학원 졸업생을 병원에 레지던트로 배분하는 문제이다. 미국에서 의과 대학원을 졸업하는 학생들은 자신이 레지던트로 근무할 병원을 스스로 찾아야 했다. 그래서 많은 학생들이 개인적으로 병원을 찾아다녔는데, 이것은 학생과 병원 모두에게 매우 불합리한 방법이었다. 그러던 중 1950년대 초에 전국 레지던트 매칭 프로그램(National Resident Matching Prog ram, NRMP)이 도입되었다. 학생과 병원이 자율적으로 참여하도록 하였음에도 불구하고 NRMP는 큰 호응을 받았으며, 곧 미국 전역의 거의 모든 레지던트 자리가 이 제도를 통해 배분되기 시작하였다.

두 번째로 고등학교 배정 문제로서 고등학교에 학생들을 배분하는 문제인데, 이 문제도 양방향 다대일 매칭 문제의 실용적 사례 중의 하나이다. 2002년까지 뉴욕시에서는 공립고등학교에 학생들을 배정하기 위하여 학생들에게 가장 선호하는 고등학교 다섯 개를 선택하여 제출하도록 하였다. 그리고 각 고등학교는 학생들의 선호 및 기타 근거(성적, 출석기록, 문화적 배경, 형제, 자매의 재학 여부)를 바탕으로 입학생을 선정하였다. 그러나 이 방식의 고등학교 배정 결과는 만족스럽지 않았다. 해마다 3만 명 정도의 학생이 자신이 선호를 표시하지 않았던 학교에 배정되었기 때문이다. 이 문제를 앨빈 로스 교수가 이끄는 연구진은 학생이 프러포즈하는 잠정수락 알고리듬을 활용하여 연구하였으며, 2003년부터 새로운 배정 알고리듬이 도입되었다.

세 번째로 신장 교환이식 매칭이다. 말기 신장병 환자에게 신장 이식은 최선의 치료법이다. 많은 신장병 환자의 가족이나 가까운 지인들이 환자에게 자신의 신장을 기증하려고 한다. 그러나 기증의사가 있다고 하더라도, 약 $\frac{1}{3}$ 정도의 비율로 환자와 기증자 사이에 신장이식이 불가능한 것으로 판명된다. 따라서 서로 이식이 부적합한 환자와 기증자들에게 가능한 방법은 이식이 가능한 환자와 기증자의 쌍을 찾아 직접 교환하여 이식하는 것이다. 이런 '교환이식'은 1991년 우리나라에서 처음으로 진행되었다. 그리고 교환이식은 높은 이식 성공률, 높은 10년 생존율 등 여러 장점이 있는 것으로 알려지고 있다. 교환이식을 진행하기 위해서는 서로 교환이 가능한 환자와 기증자의 쌍들을 찾아야 한다. 2004년 앨빈 로스 교수가 이끄는 연구진은 교환이식 문제를 단방향 매칭 문제로 보고 선순위 거래 사이클 알고리듬을 적용하여 환자와 기증자 매칭을 찾는 효율적인 방법에 대하여 연구하였다. 교환이식의 풀을 확대하고, 교환이식을 체계적이고 효율적으로 관리하기 위해 2004년 네덜란드를 시작으로 영국, 미국 등에서 교환이식 프로그램을 전국적으로 도입하였다.

복권과 기댓값

하나!

복권

궁금해요!!

복권 1등에 당첨돼서 엄청난 상금을
받은 사람에 관한 기사를 종종 보게 돼요.
혹시나 해서 복권을 사게 되면 나는 당첨이 안 돼요.
어쩌다 당첨이 되더라도 상금이 제일 적은 것만 돼요.
복권을 사는 게 좋은가요 아니면 안 사는 게 좋은가요?

복권은 언제 만들었나

복권은 로마의 폭군 네로 황제(A.D. 37~68)가 처음으로 발행하였다. 그는 로마를 불태운 후 건설 자금이 부족하자 복권을 발행하여 강제로 팔았다.[1] 이보다 앞서 로마의 초대 황제 아우구스투스(B.C. 63 ~ A.D. 14)는 로마의 복구 자금을 마련하기 위해 연회의 음식값 계산서로 추첨을 하여 다양한 상품을 나누어주었다.[2]

동양에서는 기원전 100년경 중국의 진나라에 '키노'라고 하는 복권게임이 있었다. 만리장성 건립 등의 국방비를 충당하기 위해서 만들었는데 국가적으로 유행했다고 한다.

우리나라에서도 복권과 유사한 것이 오래전부터 있었다. 민간 협동체인 '계(契)'모임이 바로 그것인데, 산통계(算筒契)나 작백계(作百契)의 운영이 복권과 비슷했다. 산통계는 통이나 상자 안에 계원들의 이름이 적힌 알을 넣은 뒤, 통을 돌려 나오는 알에 따라 당첨자를 결정했다. 일정 번호를 붙인 표를 100명(작백계)이나 1000명(천인계), 10000명(만인계) 단위로 만들어 팔고, 추첨을 통해 총 판매액의 80%를 당첨자에게 복채금으로 돌려주었다.

1947년 발행된 런던 올림픽 후원권(문화재청)

우리나라 최초의 복권은 1948년 개최된 제16회 런던 올림픽 참가 경비를 마련하기 위해 1947년 12월에 발행된 올림픽 후원권이다. 액면금액은 100원이고, 모두 140만 장이 발행되었으며, 1등 상금 100만원의 당첨자는 21명이었다. 이를 통해 마련한 경비로 선수단은 런던 올림픽에 참가할 수 있었다.

복권이라는 이름이 처음 사용된 것은 1956년 2월 정부가 전쟁 복구비를 충당하기 위해 매달 1회씩 총 10회에 걸쳐 애국복권을 발행하면서부터이다. 이와 같이 복권은 국가적인 목적으로 자금을 마련할 필요가 있을 때마다 수

시로 발행되었는데, 우리나라에서 정기적인 형태로 발행된 최초의 복권은 저소득층 주거 안정사업 지원을 위해 옛 한국주택은행이 발행한 주택복권이다. 주택복권은 1969년 9월부터 2006년 4월까지 약 37년간 판매된 우리나라 복권사의 전설이다.[3]

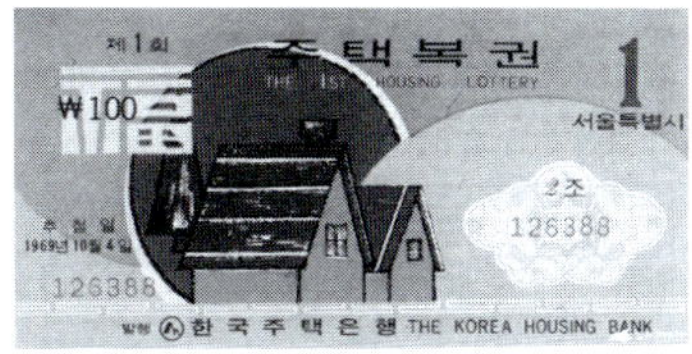

우리나라 최초의 정기복권인 주택복권

1990년대는 주택복권의 독점시대가 저물고 여러 종류의 복권이 춘추전국시대를 열었다. 1990년 9월 1일 한국 1호 추첨복권인 엑스포 복권이 등장했다. 2000년을 앞두고는 주택은행이 사상 최고액의 당첨금을 내건 밀레니엄복권을 시판하면서 복권 열풍에 기름을 부었다.

2002년 12월, 로또 복권이 한국에 처음 상륙했다. 로또 첫 당첨자는 두 번째 추첨에서 나왔고, 로또 평균 1등 당첨 금액은 약 20억원인데, 사상 최고 당첨금은 2003년 4월 12일 19회의 407억 2295만 9400원이다. 현재 우리나라 복권은 로또, 연금복권 등을 포함해 10종류가 넘는다.

기대되는 상금액

주사위를 1회 던져서 나온 숫자에 따라 상금이 오른쪽 표와 같이 주어지는 게임이 있다고 하자. 이 게임을 한 번 하려면 270원을 내야 된다고 할 때 하는 것이 좋을까, 안 하는 것이 좋을까?

주사위 숫자	상금
6	600원
4, 5	300원
1, 2, 3	100원

270원을 내고 이 게임을 하는 것이 유

리한지 불리한지를 알기 위해서는 이 게임을 했을 때 받을 수 있는 상금이 평균 얼마인지를 알아봐야 한다. 상금의 평균이 270원보다 많으면 게임을 하는 것이 유리할 것이고, 270원보다 적으면 게임을 하는 것이 불리할 것이다.

게임을 했을 때 받을 수 있는 상금의 평균을 게임의 기댓값(expectation value)이라고 한다. 기댓값을 계산하기 위해서는 '어떤 사건이 일어났을 때의 상금(x_i)'을 '그 사건이 일어날 확률 (p_i)'과 곱한 값을 모두 더하면 된다.

기댓값의 계산

(어떤 사건이 일어났을 때 상금 x_i) × (그 사건이 일어날 확률 p_i)의 합

$$x_1p_1 + x_2p_2 + \cdots + x_np_n = \sum_{i=1}^{n} x_ip_i$$

이제, 위 게임의 기댓값을 계산하면 다음과 같다.

(6일 때 상금) × (6일 확률) + (4, 5일 때 상금)×(4, 5일 확률)
 + (1, 2, 3일 때 상금) × (1, 2, 3일 확률)

$$= 600 \times \frac{1}{6} + 300 \times \frac{2}{6} + 100 \times \frac{3}{6}$$

$$= 100 + 100 + 50 = 250$$

따라서 이 게임의 기댓값은 250원이다.

상금의 기댓값은 250원이지만, 이 게임을 한 번 했을 때에는 상금으로 250원보다 더 받을 수도 있고 적게 받을 수도 있다. 그러나 큰 수의 법칙(또는 대수의 법칙, law of large numbers)에 따르면, 게임의 횟수가 많아지면 상금의 평균은 기댓값에 가까워진다. 따라서 매번 270원씩 내고 게임을 여러 번 하게 되면, 게임 1회당 평균 20원씩 손해를 보게 된다.

그렇다면 게임할 때 기댓값보다 더 많은 금액을 내고 하면 무조건 손해를

보는 것일까? 그렇지는 않다. 왜냐하면 게임 횟수가 적을 경우에는 기댓값보다 많은 상금을 받을 가능성도 있기 때문이다. 예를 들어, 별생각 없이 복권을 샀는데 운좋게 큰 상금에 당첨되는 경우도 있으니 말이다. 그렇지만 반드시 명심해야 되는 것은, 게임의 기댓값이 게임을 할 때 내는 돈보다 작은 경우, 게임의 횟수가 많아지면 반드시 손해를 보게 된다는 점이다.

게임에서 돈을 딸 수 있는 전략 중의 하나는 적은 횟수의 게임을 하다가 돈을 따게 되면, 그때 바로 게임을 중단하는 것이다. 이때 자신의 실력이 좋다고 오해하고 게임을 계속하게 되면 결국은 돈을 잃게 되고 만다. 게임 횟수가 많아지면 기대값에 가까워지기 때문이다. 게임은 즐기는 것이 중요하고 과욕은 금물이다.

복권과 기댓값

둘!

로또

궁금해요!!

로또는 언제부터 했나요?

외국에도 로또가 있나요?

로또는 하는 게 좋은가요, 안 하는 게 좋은가요?

혹시 당첨 잘 되는 번호가 있나요?

숫자 선택하기

'복권'이란 여러 사람으로부터 금전을 모아 추첨 등의 방법으로 결정된 당첨자에게 당첨금을 지급하기 위하여 발행하는 표권(票券)을 말한다.[1] 즉, 특정한 표를 판매한 후, 추첨 또는 제비뽑기 등의 방법을 통해 당첨 조건을 결정하고, 정해놓은 당첨 조건에 맞는 표를 갖고 있는 당첨자에게 해당 당첨금을 지급한다.

우리나라에서 발행되는 복권 중에 대표적으로 로또가 있는데, 정확한 명칭은 '나눔 Lotto 6/45'이고, 간단히 '나눔로또' 또는 '로또'라고 부른다. 로또는 2002년 12월 2일부터 판매되기 시작하였다. 1부터 45까지의 숫자 중에서 6개의 숫자를 선택하여 당첨 번호를 맞추는 방식이다. 45개 중에서 6개를 맞춘다고 해서 로또 6/45라고 부른다.

로또복권은 우리나라뿐만 아니라 전 세계 여러 나라에서 판매되고 있다. 나라마다 운영 방식은 다르지만, 로또복권의 공통적인 특징은 여러 개의 번호 중에서 몇 개의 당첨번호를 맞추는 방식이다. 즉, N개의 번호 중에서 k개의 번호를 선택하여 당첨번호를 맞추는 방식이다. 선택한 k개의 번호 중에서 당첨번호 k개와 순서에 상관없이 일치하는 번호의 개수에 따라 당첨금액이 차등 지급된다. 예를 들어, 우리나라 로또의 경우 45개의 숫자 중에서 6개를 선택하고, 그 숫자 중에서 당첨번호와 일치하는 번호의 개수에 따라 상금을 지급한다. 3개가 일치하면 5등이고, 4개가 일치하면 4등, 5개가 일치하면 3등이 되고, 모두 일치하면 1등이다.

미국의 '메가밀리언스(Mega Millions)'는 1부터 75까지의 숫자 중에서 5개를 고르고, 1부터 15까지의 숫자 중에서 1개를 골라 당첨번호를 맞추는 방식이다. '파워볼(Powerball)'은 1부터 69까지의 숫자 중에서 5개를 고르고, 1에서

26까지 중에 1개를 골라서 당첨번호를 맞추는 방식이다. 캐나다의 로또 6/49는 1부터 49까지의 숫자 중에서 6개를 고르는 방식이고, 일본의 '로또6'은 1부터 43까지의 숫자 중에서 6개를 고르는 방식이며, '로또7'은 1부터 37까지의 숫자 중에서 7개를 고르는 방식이다.

로또의 기대값

우리나라에서 시행되고 있는 로또 6/45의 등위별 당첨 내용과 당첨확률은 다음과 같다.

당첨구조 및 당첨금 배분

등위	당첨내용	당첨확률	당첨금 배분 비율
1등	6개 번호 일치	$\frac{1}{8,145,060}$	총 당첨금 중 4등과 5등 금액을 제외한 금액의 75%
2등	5개 번호 일치 +보너스 번호 일치	$\frac{1}{1,357,510}$	총 당첨금 중 4등과 5등 금액을 제외한 금액의 12.5%
3등	5개 번호 일치	$\frac{1}{35,724}$	총 당첨금 중 4등과 5등 금액을 제외한 금액의 12.5%
4등	4개 번호 일치	$\frac{1}{733}$	50,000원
5등	3개 숫자 일치	$\frac{1}{45}$	5,000원

www.nlotto.co.kr

그런데 로또 당첨금의 기댓값을 위의 표를 이용하여 구할 수가 없다. 왜냐하면 1등, 2등, 3등의 상금이 얼마라고 정확하게 정해져 있지 않아서 기댓값 구하는 공식을 사용할 수 없기 때문이다. 그러나 로또 전체 판매액의 50%는 당첨금으로 지급되고, 42% 이상은 복권기금으로 활용된다는 당첨금 지급 규정으로부터 기댓값을 간단히 알 수 있다. 전체 판매액의 50%를 당첨금으로 지급하므로 로또 상금의 기댓값은 판매가격의 50%이다. 로또 1게임의 가격이 1000원이므로, 로또 1게임의 기댓값은 500원이다. 로또 1게임을 1000원 주고 살 때마다 평균 500원씩 손해를 본다는 뜻이다.

그러나 현실적으로 1, 2, 3등에 당첨될 가능성은 거의 없으므로 실제 체감하는 기댓값을 계산하려면 1, 2, 3등을 제외하고 기댓값을 계산해야 될 것이다. 이 경우에 기댓값을 계산하면 다음과 같다.

$$\frac{1}{733} \times 50000 + \frac{1}{45} \times 5000 = 179.3$$

따라서 1, 2, 3등이 안 되는 보통 사람들에게 1000원짜리 로또 1게임의 체감기댓값은 180원 정도이다.

로또의 무작위성

로또 1회부터 763회까지의 번호별 당첨 횟수가 아래에 제시되어 있다.

1	2	3	4	5	6	7	8	9	10
112	102	102	110	106	93	105	108	77	105
11	12	13	14	15	16	17	18	19	20
105	100	107	109	103	95	111	104	102	118
21	22	23	24	25	26	27	28	29	30
95	85	93	102	100	103	119	90	93	89
31	32	33	34	35	36	37	38	39	40
101	89	107	119	94	101	112	93	100	118
41	42	43	44	45					
93	93	107	104	104					

위 표에 따르면 각 번호별 당첨 횟수는 9가 77회로 가장 적고, 27은 119회로 가장 많다. 숫자 9와 27이 당첨된 횟수가 77:119로 약 1:1.5로 큰 차이가 난다. 숫자 27이 숫자 9에 비하여 1.5배나 더 많이 당첨 번호가 되었다. 1회부터 763회까지 각 번호의 평균 당첨 횟수는 $\frac{763 \times 6}{45} = 101.7$이다. 따라서 9는 평균보다 매우 적게 당첨번호가 되었고, 27은 매우 자주 당첨번호가 되었다. 이런 차이를 근거로 당첨번호가 조작된 것이라고 의혹을 제기하기도 한다. 그러나 연구 결과 이 당첨번호들은 무작위성을 만족한다는 것이 밝혀졌다.[2]

그렇다면 위와 같이 당첨번호가 된 횟수의 차이가 큰 것은 어떻게 설명할 수 있을까? 그것은 로또를 시행한 횟수가 충분히 많지 않기 때문이다. 시행 횟수가 많지 않기 때문에 당첨번호로 된 횟수의 차이가 큰 것은 전혀 이상한 일이 아니라는 것이다. 예를 들어, 동전을 3회 던졌는데 모두 같은 면이 나왔을 때, 그것을 근거로 동전이 조작된 것이라고 주장하지 않는 것과 같다. 정상적인 동전을 3회 던졌을 때에 모두 같은 면이 나올 확률은 $\frac{1}{4}$이고, 이것은 그리 드문 일이 아니기 때문이다. 그런데 동전을 1000번 던졌는데 모두 같은 면이 나왔다면, 그 동전은 조작된 동전임에 틀림없다. 왜냐하면 1000번 던져서 모두 같은 면이 나올 확률은 거의 0이기 때문이다. 따라서 현재 로또 당첨번호 중 특정 번호가 나온 횟수가 평균보다 많은 것을 로또 번호추첨이 조작된 증거로 삼는 것은 타당하지 않은 일이다.

Q 로또에 대한 Q&A

■ 로또는 어떤 숫자가 좋은가요?

6개의 번호 '1, 2, 3, 4, 5, 6'과 '4, 13, 23, 28, 36, 44' 중에서 1등 당첨 확률이 더 높은 것은 어느 것일까? 앞의 숫자들은 1부터 6까지가 순서대로 나온 것이라서 대부분 실제로 그렇게 6개의 연속된 숫자가 당첨번호가 되는 것은 의도적으로 하기 전에는 있을 수 없는 일이라고 생각할 것이다. 그러나 두 가지

번호가 1등 당첨번호가 될 확률은 똑같다. 연속된 번호라고 해서 특별하다고 생각하는 것은 사람들의 생각일 뿐이다.

■ 로또를 많이 사면 확률이 높아지니까 많이 사는 것이 유리한 것 아닌가요?

로또를 여러 개 살수록 당첨 확률이 높아지니까 로또를 여러 개 구입하려는 사람들이 있다. 그러나 그렇게 하는 것은 매우 어리석은 일이다. 로또를 10개 사면 1개 살 때보다 당첨 확률이 10배가 되는 것은 맞다. 그런데 이때 간과한 것은, 당첨 확률이 10배가 된다고 해도 당첨 확률은 여전히 매우 작다는 점이다.

로또 1개의 1등 당첨 확률은 1/8145060이다. 따라서 10개를 사면 1/814506이 된다. 이렇게 말하면 얼마나 힘든 확률인지 감이 안 올 것이다. 동전 던지기에 비유하자면, 2^{23}=8388608, 2^{19}=524288이므로 로또 1개를 샀을 때 당첨 확률 1/8145060은 동전 24개를 동시에 던져서 모두 같은 면이 나올 확률과 비슷하고, 로또 10개를 샀을 때 당첨 확률 1/814506는 동전 20개를 동시에 던져서 모두 같은 면이 나올 확률보다도 작은 확률이다. 동전 24개 또는 20개를 동시에 던져서 모두 같은 면이 나올 거라 생각하는 사람은 없을 것이다. 그런데 숫자 45개 중에서 6개를 맞추는 것은 도전해볼 만한 일이라고 생각하고 무모한 도전을 하는 사람이 있는 것 같아 염려된다. 로또의 기댓값은 구입 금액의 50%임을 명심하기 바란다. 로또를 살 때에는 꽝이 되어도 좋다는 즐기는 마음으로 사야 된다.

■ 다른 사람들이 많이 선택하지 않는 번호가 유리하다

어떤 6개의 숫자 조합도 1등 당첨 확률이 모두 똑같지만, 가급적 사람들이 잘 선택하지 않는 번호를 선택하는 것이 유리하다. 왜냐하면 로또는 1등 당첨자가 여러 명 나올 수 있고, 그 경우 여러 명이 1등 상금을 나눠 갖도록 되어 있기 때문이다. 따라서 1등 당첨자가 많으면 1등 1인당 지급되는 상금 액수가 줄어들게 된다. 이런 면을 고려하면, 다른 사람들이 잘 선택하지 않는 번호를 선택하는 것이, 그 번호가 1등이 되었을 때 받는 상금 액수가 커지게 되어 유리하다고 할 수 있다.

실제로, 일본의 경우 로또6 제625회(2012년 1월 19일)에서 1등 당첨자는 13명으로 1인당 당첨금액이 16,095,600엔이었고, 2등은 당첨자 7명으로 1인당 당첨 금액이 26,902,500엔이었다. 2등 당첨금액이 1등 당첨금액보다 훨씬 더 많았던 것이다. 이와 같은 상금 역전 현상은 일본 로또에서 가끔 발생하여, 이때가 통산 세 번째였다. 그뿐만 아니라 2등 상금이 3등 상금보다 적은 경우도 있었는데, 로또6 제691회(2012년 9월 6일)의 경우 2등 상금은 57,100엔이고 3등 상금은 338,700엔이었다. 이때의 번호가 미국 인기 드라마 '로스트(LOST)'의 극 중에서 등장인물이 당첨된 복권 번호와 같아서, 당시 드라마에 나온 번호를 선택한 많은 사람들이 모두 2등으로 당첨되었다.[3] 아직 한국 로또에서는 상금액수가 역전되는 경우는 없었지만, 일본의 사례에서도 보았듯이 같은 번호가 많은 경우에는 상금액수가 줄어든다는 점을 고려하는 것이 좋을 것이다.

Japan - Loto 6 Winning Numbers

Draw No. 2012/625 | 19 Jan 2012

5 17 26 37 39 42 20

Japan - Loto 6 Prize Breakdown

Divisions	Match	Payout per Winner
1 Prize	6	¥ 16,095,600.00
2 Prize	5+1	¥ 26,902,500.00
3 Prize	5	¥ 284,200.00
4 Prize	4	¥ 8,000.00
5 Prize	3	¥ 1,000.00

Japan - Loto 6 Winning Numbers

Draw No. 2012/691 | 6 Sep 2012

4 7 8 15 16 42 23

Japan - Loto 6 Prize Breakdown

Divisions	Match	Payout per Winner
1 Prize	6	¥ 134,131,500.00
2 Prize	5+1	¥ 57,100.00
3 Prize	5	¥ 338,700.00
4 Prize	4	¥ 8,000.00
5 Prize	3	¥ 1,000.00

■ 1등 당첨자가 없을 때에는 해볼 만하다

간혹 로또 1등 당첨자가 나오지 않는 경우가 있다. 이런 경우에는 규정상 다음 회차로 1등 당첨금이 이월되어 다음 회차의 1등 당첨금에 포함하여 지급된다. 따라서 1등 당첨자가 나오지 않았을 때, 그 다음 회차의 경우에는 1등 상금 액수가 늘어나게 되어서 자연스럽게 로또의 기댓값이 커진다. 따라서 로또 1등 당첨자가 나오지 않았을 때, 그 다음 회차의 로또는 한번 구입해볼 만하다.

당첨자가 없는 경우에 해당 당첨금은 다음 회차 1등 당첨금으로 이월되며 연속이월은 2회로 제한된다. 그리고 3회째에도 1등 당첨자가 나오지 않을 경우 2등 당첨자들이 1등 당첨금을 나눠 갖게 된다.

실제로 7회(2003년 1월 18일 추첨)에는 1등 당첨자가 나오지 않아서, 8회로 1등 당첨금이 이월되었는데, 8회에서도 1등 당첨자가 나오지 않았다. 그래서 다시 9회로 이월되었는데, 9회에서도 1등 당첨자가 나오지 않았다. 그래서 다시 10회차로 이월되었다. 그래서 10회에서는 7회, 8회, 9회의 3회분의 1등 당첨금에다 10회의 판매량에 따른 1등 당첨금이 더해져서 1등 당첨금이 어마어마한 금액이 되었다. 그래서 당시에 많은 사람들이 로또 '대박꿈'에 사로잡혀 전국이 로또 구입 열기에 휩싸였다. 1등 예상 당첨금이 800억이라는 역대 최대 금액이었다.

드디어 2003년 2월 8일(토) 저녁 8시 45분. 평온한 주말 저녁 대한민국이 일순 숨을 멈췄다. 1등 당첨금이 835억이었다. 그런데 1등 당첨자가 13명이었고, 1등 1인당 당첨금은 64억원이었다. 이후 로또 규정이 바뀌어 이월 횟수를 2회로 제한하고, 한 게임의 금액을 2천원에서 1천원으로 인하하였다.[4]

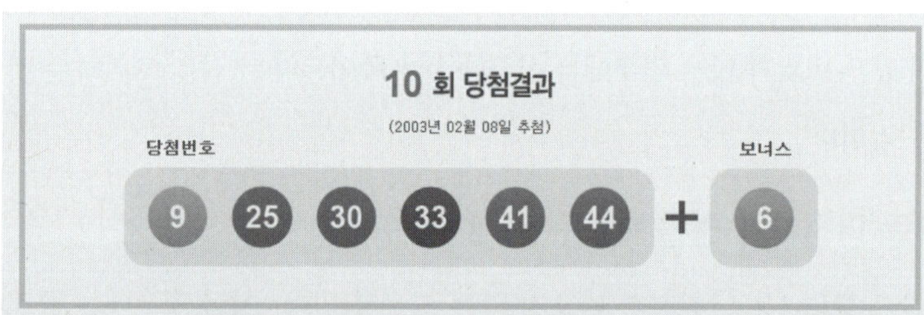

순위	등위별 총 당첨금액	당첨게임 수	1게임당 당첨금액	당첨기준	비고
1등	83,595,692,700원	13	6,430,437,900원	당첨번호 6개 숫자일치	
2등	9,631,962,400원	236	40,813,400원	당첨번호 5개 숫자일치 +보너스 숫자일치	
3등	9,631,930,800원	11,247	856,400원	당첨번호5개 숫자일치	
4등	19,198,288,200원	703,234	27,300원	당첨번호 4개 숫자일치	
5등	34,108,460,000원	3,410,846	10,000원	당첨번호 3개 숫자일치	

■ 돼지꿈을 꾸면 복권에 당첨될 확률이 높을까?

돼지꿈을 꾸면 복권에 당첨된다는데 사실일까? 대답은 "글쎄~~." 조사 결과에 따르면 복권 1등 당첨자들의 꿈 중에서 가장 많은 비율을 차지하는 꿈은 돼지가 아닌 조상 꿈이었다. 2014년 1월 29일 나눔로또 설문조사 결과에 따르면, 응답자 중 17%는 복권 구입 이유로 '좋은 꿈을 꿨기 때문'이라고 응답했다. 특히 1등 당첨자들의 꿈 종류로는 '조상 관련 꿈'이 27%로 가장 많았고, 동물 관련 꿈은 19%이었다. 이외에 대통령에 관한 꿈 11%, 물과 불에 관한 꿈 8%, 재물에 관한 꿈과 숫자에 대한 꿈은 각각 5%로 나타났다.[5] 돌아가신 할아버지, 할머니께서 돼지를 몰고오시는 꿈을 꾸면, 로또를 사보는 것도 괜찮을 것 같다.

복권과 기댓값

셋!

기댓값과 효용가치

궁금해요!!

어떤 게임이 있는데, 기댓값이 무한대예요.

그런데 한번 하는데 100만원씩 내고 하라는 거예요.

기댓값이 무한대이니까

수학적으로는 하는 게 무조건 유리한데

저는 도저히 못하겠더라고요. 친구들도 모두 못하겠다고 해요.

저희 생각이 잘못된 건가요?

기댓값에 대한 역설

다음과 같은 게임이 있다.

> 동전 1개를 앞면이 나올 때까지 던지는데, 한 번 던져서 앞면이 나오면 상금은 2원, 두 번 던져서 앞면이 처음 나오면 상금은 $2^2 = 4$원, 세 번 던져서 앞면이 처음 나오면 상금은 $2^3 = 8$원이다. 이런 식으로 n번 던져서 처음으로 앞면이 나오면 상금이 2^n원이 되는 게임이다.
> 당신은 얼마를 내고 이 게임을 하겠는가?

이 게임의 기댓값을 계산해보자. 기댓값은 (상금)×(상금을 받게 될 확률)의 합이다. 각각의 상금에 대한 기대값은 2원 받을 확률이 $\frac{1}{2}$이고, 4원 받을 확률이 $\frac{1}{4}$이고, 8원 받을 확률이 $\frac{1}{8}$이고, 일반적으로 2^n원 받을 확률은 $\frac{1}{2^n}$이다. 따라서 기댓값을 계산하면 다음과 같이 되고, 그 값은 무한대가 된다.

$$2 \times \frac{1}{2} + 2^2 \times \frac{1}{2^2} + 2^3 \times \frac{1}{2^3} + \cdots + 2^n \times \frac{1}{2^n} + \cdots = \infty$$

게임의 기댓값이 무한대이므로, 이 게임은 얼마를 내고 하든지 이익이 된다고 할 수 있다. 그런데 실제로 사람들에게 얼마를 내고 이 게임을 하겠느냐고 물어보면 10원 이상 내고 하겠다는 사람이 거의 없다고 한다. 수학적으로는 100만원을 내고 하더라도 이익인데 말이다. 그런데 누가 100만원을 내고 이 게임을 하겠다고 하면 주위 사람들이 모두 하지 말라고 말릴 것이다. 이 게임은 18세기 스위스의 수학자 다니엘 베르누이(Daniel Bernoulli, 1700~1782; 오일러의 스승인 요한 베르누이의 아들)에 의하여 제시되었으며, 상트 페테르부르크 역설(St. Petersburg Paradox)이라고 불린다.

흔히 사람들이 기댓값을 의사결정의 지표로 삼는다고 생각하지만 이 패러독스는 꼭 그런 것은 아님을 보여준다. 이 미스터리한 행동에 대한 설명은 통계학, 심리학, 경제학의 영역과 관계된다. 스위스 수학자 크레이머(Gabriel Cramer, 1704~1742)와 다니엘 베르누이는 이 패러독스에 대한 해법을 제시하였다. 그들은 1달러의 효용은 모든 사람들에게 항상 같은 것은 아니라고 상정했다. 1달러의 효용은 백만장자에게보다는 거지에게 더 크다. 그리고 200만 달러의 효용이 명확하게 100만 달러 효용의 2배가 되는 것은 아니다.

이 미스터리를 푸는 결정적인 열쇠는 이 게임의 기대효용(상금의 효용과 확률의 곱)에 있는데, 이때의 기대효용은 기댓값보다 훨씬 적은 금액이다. 예를 들어, 앞면이 나올 때까지 동전을 던진 횟수가 n번이면 작은 원형 초콜릿을 2^n개 먹는 게임을 한다고 하자. 그러면 초콜릿을 처음에 먹을 때에는 먹는 개수에 비례해서 만족도가 늘어나겠지만, 여러 개 먹은 후에는 더 먹더라도 만족도는 거의 늘어나지 않을 것이다. 예를 들어 32개 이상 먹게 되면 더 이상 만족도가 늘어나지 않는다고 하자. 그러면 동전을 던져 초콜릿을 먹은 개수와 만족도와의 관계는 다음과 같다고 할 수 있다.

동전 던진 횟수	앞면 나올 확률	먹은 개수 (상금)	만족도 (효용)	기댓값 (확률×상금)	기대효용 (확률×효용)
1	1/2	2	2	1	1
2	1/4	4	4	1	1
3	1/8	8	8	1	1
4	1/16	16	16	1	1
5	1/32	32	32	1	1
6	1/64	64	32	1	1/2
7	1/128	128	32	1	1/4
8	1/256	256	32	1	1/8
9	1/512	512	32	1	1/16
10	1/1024	1024	32	1	1/32
…	…	…	…	…	…

따라서 기댓값은

$$1+1+1+1+\cdots+1+\cdots=\infty$$

이다. 그러나 기대효용은

$$1+1+1+1+1+\frac{1}{2}+\frac{1}{4}+\frac{1}{8}+\frac{1}{16}+\frac{1}{32}+\cdots=5+1=6$$

이다. 이 게임의 기대효용이 6이므로 이 게임을 통해서 얻을 수 있는 초콜릿의 기대되는 만족도(기대효용)는 6개 먹는 정도의 만족도이다.

위의 예에서는 편의상 32개 이상 먹을 경우에는 효용이 똑같다고 가정하였다. 그러나 실제로는 효용이 똑같지는 않고, 더 먹게 되면 효용이 조금씩 늘어날 것이다. 그러나 1개 더 먹을 때에 효용이 증가하는 양은 이전에 1개 더 먹었을 때에 효용이 증가한 양보다는 작을 것이다. 이것을 한계효용체감의 법칙이라고 한다. 이런 성질을 만족하는 대표적인 함수가 로그함수 $f(n)=\ln n$ 이다. 이 함수를 위 예에 적용하면 다음 표와 같다.

동전 던진 횟수	앞면 나올 확률	상금(원)	효용(원)	기대효용 확률×효용
1	$\frac{1}{2}$	2	$\ln 2 = 0.3010$	$\frac{1}{2} \times \ln 2$
2	$\frac{1}{4}$	4	$\ln(2^2) = 2\ln 2$	$\frac{1}{2^2} \times 2\ln 2$
3	$\frac{1}{8}$	8	$\ln(2^3) = 3\ln 2$	$\frac{1}{2^3} \times 3\ln 2$
4	$\frac{1}{16}$	16	$\ln(2^4) = 4\ln 2$	$\frac{1}{2^4} \times 4\ln 2$
5	$\frac{1}{32}$	32	$\ln(2^5) = 5\ln 2$	$\frac{1}{2^5} \times 5\ln 2$
6	$\frac{1}{64}$	64	$\ln(2^6) = 6\ln 2$	$\frac{1}{2^6} \times 6\ln 2$

7	$\frac{1}{128}$	128	$\ln(2^7) = 7\ln 2$	$\frac{1}{2^7} \times 7\ln 2$
8	$\frac{1}{256}$	256	$\ln(2^8) = 8\ln 2$	$\frac{1}{2^8} \times 8\ln 2$
9	$\frac{1}{512}$	512	$\ln(2^9) = 9\ln 2$	$\frac{1}{2^9} \times 9\ln 2$
10	$\frac{1}{1024}$	1024	$\ln(2^{10}) = 10\ln 2$	$\frac{1}{2^{10}} \times 10\ln 2$
…	…	…	…	…

따라서 기대효용 U를 구하면 다음과 같다.

$$U = \sum_{n=1}^{\infty} \frac{1}{2^n} \times \ln(2^n) = \ln 2 \sum_{n=1}^{\infty} \frac{n}{2^n} = 2\ln 2 \approx 1.386$$

효용함수가 $\ln n$일 때 이 게임의 기대 효용은 $2\ln 2$이다.

1940년에 기대효용의 아이디어는 두 게임이론학자 폰 노이만(John von Neumann, 1903~1957)과 모르겐슈테른(Oskar Morgenstern, 1902~1976)의 주목을 받았다. 이들은 프린스턴 고등연구소(Institute for Advanced Study)에서 함께 연구하였으며, 1944년 연구 결과를 600여 쪽에 달하는 책 《게임이론과 경제행동(Theory of Games and Economic Behavior)》에 소개하였다.

이들의 선구적인 연구는 경제학의 발전에 큰 영향을 끼쳤으며, 베르누이와 크레이머의 효용함수는 '경제적 인간(economic man)'의 행동을 서술하는 데에 공리의 역할을 하고 있다. 그리고 베르누이와 크레이머의 상트페테르부르크 역설에 대한 설명은 보험사업의 이론적 기초를 제공하였다.

확률과 조건부 확률

하나!

확률

궁금해요!!

주사위를 던져서 홀수가 나올 확률이 얼마다,
축구 경기에서 어느 팀이 이길 확률이 얼마다,
이렇게 일상생활 중에 확률이란 말을 많이 해요.
그런데 확률은 누가 언제 처음으로 생각해낸 건가요?
그리고 오늘 학교 등교하다가 돈을 주울 확률은
어떻게 계산하나요?

사건이 일어날 경우의 수

4개 중에서 하나를 고르는 객관식 문제에서 아무렇게나 하나를 선택했을 때 그것이 정답일 확률은 얼마이고, 주사위를 던져서 홀수가 나올 확률은 얼마일까? 그리고 학교에 등교하다가 돈을 주울 확률은 얼마이고, 오늘 만나기로 한 친구가 약속시간에 늦지 않게 올 확률은 얼마일까? 4개의 질문 중 앞의 두 질문은 쉽게 답할 수 있지만 뒤의 두 질문에 대해서는 어떻게 답해야 할지 좀 당황스럽다.

사실 네 질문 모두 확률을 묻고 있지만 앞의 두 질문의 확률과 뒤의 두 질문의 확률은 서로 종류가 다르다. 앞의 두 질문에서의 확률을 수학적 확률이라 하고, 뒤의 두 질문에서의 확률을 경험적 확률 또는 통계적 확률이라 한다. 확률은 우리가 보통 어떤 가능성이라는 의미로 사용하지만 따져보면 위와 같이 수학적 확률과 경험적 확률의 두 가지가 있다.

수학적 확률이란 말 그대로 수학적으로 계산할 수 있는 확률이다. 사건 A가 일어날 수학적 확률은 다음과 같이 정의된다.

$$\frac{\text{사건 A가 일어날 경우의 수}}{\text{전체 경우의 수}}$$

위 정의에서 주의할 사항은 각각의 경우가 일어날 가능성이 모두 같아야 된다는 점이다. 예를 들어, 주사위를 정육면체가 아니라 직육면체로 만들면, 각 면의 넓이가 달라서 주사위를 던졌을 때 각 면이 나올 가능성이 같지 않다. 따라서 이 경우 단순히 면의 개수를 세어서 확률을 계산하면 안 된다.

경험적 확률 또는 통계적 확률은 과거의 경험 또는 통계를 통해서 확률을 구한다. 예를 들어, 학교에 등교한 횟수가 300회였는데, 그 중에서 돈을 주운 횟수가 15회라고 하자. 이때, 오늘 등교하다가 돈을 주울 확률은 $\frac{15}{300}=\frac{1}{20}$ 이다.

확률은 언제, 누가 처음으로 생각했을까?

드 메레

확률의 기원에 대하여 다음과 같이 소개하는 책들이 많이 있다.

"1654년에 프랑스의 도박사 드 메레는 도박 경기를 하다가 경기가 중단되어, 친구인 수학자 파스칼에게 중단된 도박 경기의 우승 상금을 어떻게 분배하는 것이 좋은지에 대하여 자문을 구하였다. 이에 파스칼은 …"

그런데 이런 내용은 잘못된 것이다. 우선, 드 메레(Antoine Gombaud, Chevalier de Méré, 1607~1684)의 주된 직업이 도박사라고 하면 드 메레가 무덤에서 벌떡 일어날 일이다. 그는 문학가이고, 그의 유명한 수필집으로는 《정직한 사람(L'honnête homme)》과 《진정한 정직에 대한 담론(Discours de la vraie honnêteté)》이 있다. 그의 본명은 앙투안 공보(Antonie Gombaud)이고, 드 메레는 메레(Méré)에서 교육을 받았기 때문에 사용된 이름이어서 친구들이 그렇게 불렀다.[1]

그리고 드 메레가 제시한 것으로 알려진 문제도 사실은 그렇지 않을 가능성이 농후하다. 왜냐하면, 그 문제는 그 이전부터 잘 알려진 오래된 문제였기 때문이다. 그 문제는 이미 3세기 동안이나 수학 교재에 있던 전형적인 문제였다.

예를 들어, 파치올리(Fra Luca Bartolomeo de Pacioli, 1447? ~1517)의 저서 《산술, 기하학, 비율 및 비례 요약》(1494)[2]에 있는 여러 가지 재미있는 문제 중에, 다음과 같은 문제가 있다.

두 팀이 어떤 경기를 하고 있었는데, 여러 회(round)로 이루어진 이 경기는 한 회에서 이기면 10점을 얻고, 60점을 얻으면 경기에서 승리한다. 한 팀은 50점을 얻었고, 다른 팀은 20점을 얻은 상황에서, 부득이하게 경기를 중단할 수밖에 없게 되었다. 상금 10 더컷[3]을 어떻게 분배하는 것이 좋을까?

이 문제는 17세기까지 산술 교재에 남아 있었으며, 프랑스어로 된 것도 발견되었으므로 드 메레는 학창 시절에 이 문제를 접했을 것이다.

드 메레가 파스칼에게 질문한 문제는 두 문제이다. 한 문제는 주사위 문제(dice problem)이고, 다른 문제는 점수 문제(points problem)라고 불리는 문제이다. 파스칼은 이 문제를 풀기 위하여 페르마(Pierre de Fermat, 1601~1665)와 여러 차례 편지로 의견을 주고받으며 함께 연구하였고, 마침내 서로 만족할 만한 해법을 얻게 되었다. 이것을 확률의 시작으로 보는 것이 일반적이다. 이제 각각의 문제에 대하여 알아보자.

옛 우표에서 보이는 파스칼

■ 첫 번째 문제: 주사위 문제

드 메레가 파스칼에게 질문한 첫 번째 문제로 알려진 문제는 다음과 같다.

주사위 2개를 한꺼번에 던지는 것을 여러 번 할 때, 2개의 주사위가 적어도 1번 모두 6이 될 확률이 $\frac{1}{2}$ 보다 크려면 최소 몇 번 던져야 할까?

사실 이런 종류의 문제는 중세 시대에 대중적인 문제였던 것이 확실하다. 카르다노는 이 문제를 1세기 전에 다루었고, 프랑스 주사위 문제로 이와 비슷한 문제가 현재에도 있다. 이 문제의 풀이는 다음과 같다.

주사위 문제의 풀이

주사위 2개를 한꺼번에 던지는 것을 n번 했을 때, (6, 6)이 한 번도 나오지 않을 확률을 q_n이라 하고, (6, 6)이 적어도 한 번 나올 확률을 p_n이라 하자. 그러면 $p_n=1-q_n$이다. 주사위 1개를 던졌을 때 6이 나올 확률은 $\frac{1}{6}$이므로, 주사위 2개를 한꺼번에 던졌을 때 2개 보두 6이나 올 확률, 즉 (6, 6)이 나올 확률은 $\frac{1}{36}$이다. 그러므로 주사위 2개를 한꺼번에 던졌을 때, (6, 6)이 아닌 경우, 즉 적어도 1개는 6이 아닐 확률은 $1-\frac{1}{36}=\frac{35}{36}$이다. 그러므로 주사위 2개를 한꺼번에 던지는 것을 n번 했을 때, (6, 6)이 한 번노 나오지 않을 확률 q_n은 $\left(\frac{35}{36}\right)^n$이다. 따라서 (6, 6)이 적어도 한 번 나올 확률 p_n은 다음과 같다.

$$p_n=1-q_n=1-\left(\frac{35}{36}\right)^n$$

따라서 $p_n>\frac{1}{2}$이 되는 최소의 n을 구하면 된다. 계산해보면

$$p_{24}=0.4914, \quad p_{25}=0.5055$$

이다. 그러므로 25번 이상 던지게 되면 (6, 6)이 적어도 1번 나올 확률이 $\frac{1}{2}$보다 크게 된다.

그런데 드 메레는 최소의 횟수가 24번이라고 믿고 있었다. 그 이유를 설명하면, 우선 드 메레는 주사위 1개를 던졌을 때 6이 적어도 1번 나올 확률이 $\frac{1}{2}$보다 크기 위해서는 4번 던지면 된다는 것을 알고 있었다. 주사위 1개를 던져서 6이 나오는 것은 여섯 가지 중에서 한 가지이고, 이 경우에 4회 던지면 6이 적어도 한번 나올 확률이 $\frac{1}{2}$보다 크다. 주사위 2개를 던져서 (6, 6)이

나오는 것은 (1, 1)에 서 (6, 6)까지 모두 36가지 중에서 한 가지이다. 따라서 여섯 가지일 때 4회이면, 36가지일 때에는, 비례식 6:4 = 36:24로부터 24회면 될 것이라고 생각했던 것이다. 그러나 이 계산은 틀린 계산이다.

■ 두 번째 문제: 점수 문제

드 메레가 파스칼에게 질문한 두 번째 문제는 다음과 같은 상금 분배 문제이다.

> 실력이 비슷한 도박사 A와 B는 각각 32피스톨[4]씩 걸고 5판 3승제의 도박을 하였다. 그런데 A가 2번 이기고, B가 1번 이긴 후 도박이 중단되었다. 이때, A와 B가 판돈 64피스톨을 어떻게 분배하는 것이 가장 합리적인가?

파스칼이 페르마에게 1654년 7월 29일 수요일에 보낸 편지의 내용에 따르면, 파스칼은 이 문제를 다음과 같은 방법으로 풀이하였다.

> 두 사람이 게임을 계속 한다고 가정하자. 만일 A가 이기면 64피스톨을 모두 가져간다. 그러나 A가 진다면 A와 B는 2:2로 동점이므로 반반 나눠가 지면 된다. 그러므로 A는 계속하는 게임에서 이기면 64피스톨을 가져가고, 지면 32피스톨을 가져간다. 따라서 A는 다음과 같이 주장할 수 있다.
>
> "나는 이어서 하는 게임에서 이기는 지든 무조건 32피스톨을 가져간다. 그러므로 32피스톨은 무조건 내 몫이다. 그리고 나머지 32피스톨은 서로 반반 나눠가지면 된다. 따라서 나는 32피스톨과 16피스톨을 합한 48피스톨을 가져가고, 너는 나머지 16피스톨을 가져가면 된다."

이 방법에 따른 결과는 A와 B가 이길 가능성의 비율에 따라 나눠 갖는 현대의 계산법과 같은 결과이다. 파스칼은 이 배분 문제의 풀이를 1654년 봄에 발견했던 것으로 추정된다. 그의 방법은 이항계수를 이용하며, 그가 연구한 산술삼각형(Arithmetical Triangle)의 도움을 받았을 것으로 짐작된다.

Q 파스칼 이전의 풀이

이 문제에 대한 파스칼 이전의 해법들은 파스칼의 풀이와는 많이 달랐다. 예를 들어, 1494년 파치올리는 그의 저서에서 각 선수들이 이긴 승수에 따라 배분해야 된다고 하였다. 그래서 위에서 살펴본 예와 같이 5판 3선승제 경기에서 A는 2승을 하고, B는 1승을 하고 중단되었을 때에는 A : B=2 : 1의 비율로 나눠야 한다고 하였다. 이런 비율로 나누는 것은 일견 일리 있어 보이기도 한다. 그러나 1번 경기를 했는데, A가 1승을 하고 B는 0승인 경우에 파치올리의 방식으로 분배하면 A : B=1 : 0이 되어 A가 모두 가져가야 되어 문제가 있음이 드러나게 된다.

16세기 중반에 타르탈리아(Niccolò Tar taglia, 1499~1557)[5]는 파치올리의 방법이 위와 같이 직관과 대립하는 결과를 낳을 수 있음을 알아차렸다. 그는 전체 게임의 횟수에 대하여 두 선수의 승수의 차이에 기초하여 배분하는 방법을 만들었다. 그러나 그 방법도 문제가 있었다. 왜냐하면, 100승 하면 이기는 경기에서 A와 B가 이긴 게임의 횟수가 65 : 55인 경우와 99 : 89인 경우가 상금을 배분하는 비율이 같았기 때문이다. 65 : 55인 경우는 누가 100승을 하여 경기에서

파치올리의 초상화

이길지 불확실하지만, 99 : 89인 경우는 A가 1승을 더 해서 이길 가능성이 매우 높다. 따라서 두 가지 경우에 배분하는 비율이 똑같다는 결론을 주는 타르탈리아의 방법은 합리적으로 보이지 않는다.

이런 이유로 당시의 파스칼의 풀이는 매우 가치 있는 것으로 볼 수 있다. 그러나 게임을 계속한다고 가정했을 때 이길 가능성에 따라 분배하는 파스칼의 해법도 보기에 따라서는 불합리해 보일 수 있다. 예를 들어, 3승 하면 승리하는 경기에서 A가 2승, B가 1승을 하였을 경우와, 100승 하면 승리하는 경기에서 A가 99승, B가 98승을 하였을 경우에 모두 A : B=3 : 1의 비율로 우승 상금을 나눠 갖게 된다. A와 B가 3 : 1로 나눠 갖는 것은 A가 2승, B가 1승인 첫 번째 경우에는 별문제없어 보이지만, A가 99승, B가 98승인 두 번째 경우에 B의 입장에서는 억울하다고 느낄 수 있다. 왜냐하면 A와 B가 치열한 접전을 벌이고 있으며 승부의 차이가 매우 근소하다고 느껴지기 때문이다.

근소한 차이임에도 불구하고 3 : 1의 비율로 우승 상금을 분배한다는 것은 B로서는 선뜻 받아들이기 어려울 수 있다. 그러나 실력 차이는 근소하지만, 우승 가능성은 큰 차이가 있을 수 있다는 점에 주목할 필요가 있다. 이렇게 시작된 확률의 개념은 그 후 크게 발전하였으며, 현재 우리 생활 곳곳에 유용하게 활용되고 있고, 초중고 교육과정에서 중요한 부분을 차지하고 있다.

확률과
조건부 확률

둘!

여러 가지 확률

궁금해요!!

우리 반에 생일이 같은 애들이 있어요.

정말 신기해요. 생일이 같은 사람 찾기가 무척 힘든 것 아닌가요?

설 명절이면 가족끼리 윷놀이를 하는데,

도보다 개나 걸이 더 많이 나와요. 멀리 가는 게 더 적게 나와야

되는 것 같은데 그렇지가 않아요. 왜 그런가요?

야구에서 투수가 퍼펙트게임을 달성하기가 무척 어렵다고 해요.

우리나라 프로야구에서는 한 번도 나온 적이 없다고 하니까요.

그게 얼마나 어려운 건가요?

알아두면 요긴한 확률

■ "오늘 비 올 확률이 70%"의 의미[1]

우리나라에서 비 올 확률을 예보해주는 강수 확률 예보는 1987년부터 시작되었다. 오늘 비가 온다 안 온다가 아니라, 예를 들어, "오늘 강수 확률은 70%입니다."와 같이 확률로 예보한다. "서울의 강수 확률이 70%"라는 말은 "서울에 비가 올 가능성이 70%"라는 뜻이다. 그런데 그 확률은 어떻게 구할까? 과거의 통계 자료를 기초로 확률을 구하는데, 현재와 비슷한 기상 상태가 여러 번 반복될 때 약 70% 의 경우에 비가 온다는 것을 의미한다.

■ 로또 1등 당첨률

1부터 45까지 45개의 수 중에서 6개의 수를 맞추면 1등에 당첨되는 로또의 1등 당첨 확률은 $\frac{1}{8145060}$ 이다. 동전 24개를 한꺼번에 던졌을 때 모두 같은 면이 나올 확률은 $\frac{1}{2^{23}} = \frac{1}{8388608}$ 이고, 이 확률은 로또 1등 당첨확률과 비슷하다. 숫자 45개 중에서 6개를 맞추는 것은 운이 좋으면 될 수도 있다고 쉽게 생각하는 경우도 있는 것 같다. 그러나 동전 24개를 던져서 모두 같은 면이 나오는 것은 대부분 불가능하다고 생각한다. 로또 1등에 당첨되는 것이 얼마나 어려운 일인지 짐작할 수 있다.

■ 쌍둥이 출생률

통계청의 출생 통계에 따르면[2], 2014년 우리나라의 쌍둥이 출생률은 전체 출생수 435435건 중 14898건으로 전체 출생수의 약 3.4%이고, 세쌍둥이 출생수는 282건으로 전체 출생수의 0.065%이다. 한편 1984년의 쌍둥이 출생수는 전체 출생수 665670건 중 6546건으로 전체 출생수의 1.0% 정도였다. 30년 전과 비교하면 쌍둥이 출생률이 3배 이상으로 증가한 것이다. 같은 기간 미국, 프랑스, 일본 등은 다음 표와 같다.

국가	쌍둥이 출생률		
	1984년(A)	2014년(B)	증가율(B/A)
한국	1.0%	3.4%	3.4
미국	2.0%	3.4%	1.7
프랑스	2.0%	3.4%	1.7
일본	1.2%	1.9%	1.5

이와 같이 쌍둥이 출생률이 증가한 원인은 배란유도, 인공수정, 시험관 아기 시술 등 의학적 도움을 받는 출산이 늘어난데 따른 것으로 분석된다.[3]

■ 윷놀이

윷놀이에서 도, 개, 걸, 윷, 모의 각각의 패가 나올 확률은 어떻게 될까? 네 개의 윷이 모두 '평면'이 나오면 '윷'이고, 모두 '곡면'이 나오면 '모'이나.

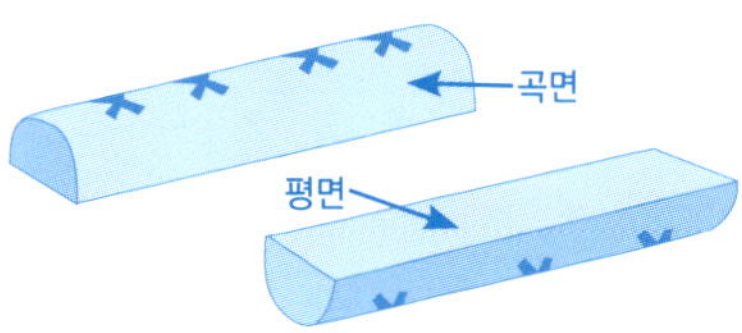

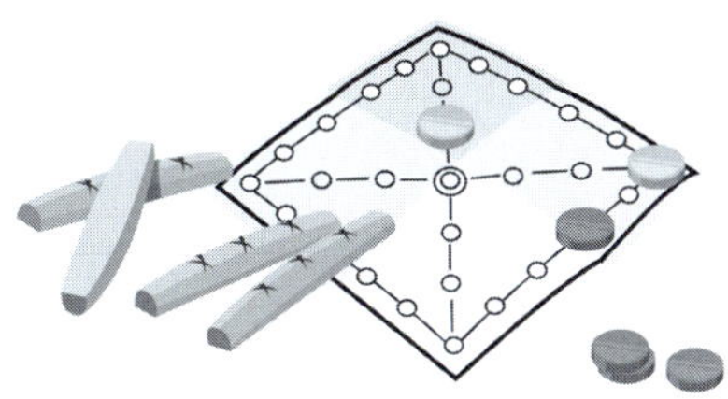

하나의 윷의 평면이 나올 확률을 알면, 도–개–걸–윷–모 각각의 패가 나올 확률을 계산할 수 있다. 그런데 윷의 평면이 나올 확률은 윷의 모양, 던지는 방법 등등에 따라 달라진다. 윷놀이를 해본 경험에 따르면, 윷의 평면이 나올 확률과 곡면이 나올 확률이 같지 않으며, 평면이 나올 확률이 곡면이 나올 확률보다 더 큰 것 같다. 윷놀이에 대한 연구에 따르면, 윷에 따라 다르긴 하지만 보통 윷의 경우 평면이 나올 확률은 대략 0.5에서 0.6 사이의 값이라고 한다.[4] 계산의 편의를 위하여 평면이 나올 확률이 $p=0.6$이라고 할 때, 도, 개, 걸, 윷, 모 각각의 패가 나올 확률을 계산해보면 다음과 같다.

패		확률	계산식
도		15.36%	${}_4C_1 \times 0.6^1 \times 0.4^3 = 4 \times 0.6^1 \times 0.4^3$
개		34.56%	${}_4C_2 \times 0.6^2 \times 0.4^2 = 6 \times 0.6^2 \times 0.4^2$
걸		34.56%	${}_4C_3 \times 0.6^3 \times 0.4^1 = 4 \times 0.6^3 \times 0.4^1$
윷		12.96%	${}_4C_4 \times 0.6^4 \times 0.4^0 = 1 \times 0.6^4 \times 1$
모		2.56%	${}_4C_0 \times 0.6^0 \times 0.4^4 = 1 \times 1 \times 0.4^4$
합계		100.00%	

따라서 위 확률표에 따르면 확률은 개 = 걸 > 도 > 윷 > 모 순이 된다. 평면이 나올 확률 p가 0.5에서 0.6 사이의 값일 때 확률의 크기 순은 다음과 같다.[5]

평면이 나올 확률	확률의 크기 순
$p = 0.6$	개 = 걸 > 도 > 윷 > 모
$0.5 < p < 0.6$	개 > 걸 > 도 > 윷 > 모
$p = 0.5$	개 > 걸 = 도 > 윷 = 모

따라서 보통 윷의 경우 개가 가장 자주 나오며, 모가 나오기 가장 어렵다.

Q 같은 날 태어나다니, 운명이야

여러 명의 사람이 임의로 모였을 때, 그 중에서 생일이 같은 사람이 존재할 확률은 얼마나 될까?

n명의 사람이 있을 때, 모두 생일이 다를 확률은 다음과 같다.

$$\frac{365}{365}\times\frac{364}{365}\times\cdots\times\frac{(365-n+1)}{365}$$

따라서 다음 결과를 얻게 된다.

사람 n명 중에서 생일이 같은 사람이 있을 확률은 다음과 같다.

$$p(n)=1-\frac{365!}{365^n\times(365-n)!}$$

예를 들어, 30명 중에서 생일이 같은 사람이 있을 확률은
$1-\frac{365!}{365^{30}\times(365-30)!}$이고, 이 값은 약 0.7이다.

50명이 있을 때, 생일이 같은 사람이 있을 확률은 약 0.97이고, 100명일 때에는 확률이 약 0.9999996이다. 따라서 100명 중에는 반드시 생일이 같은 사람이 있다고 해도 틀리지 않는다.

이번에는 반대 방향으로 질문을 던져보자. 생일이 같은 사람이 있을 확률이 0.5 이상이 되려면 몇 명이 있어야 할까? 답은 23명이다. 23명 중에서 생일이 같은 사람이 있을 확률이 약 0.507297이다. 따라서 사람이 23명 이상 일 경우에는 생일이 같은 사람이 있다는 쪽에 내기를 거는 것이 유리하다.

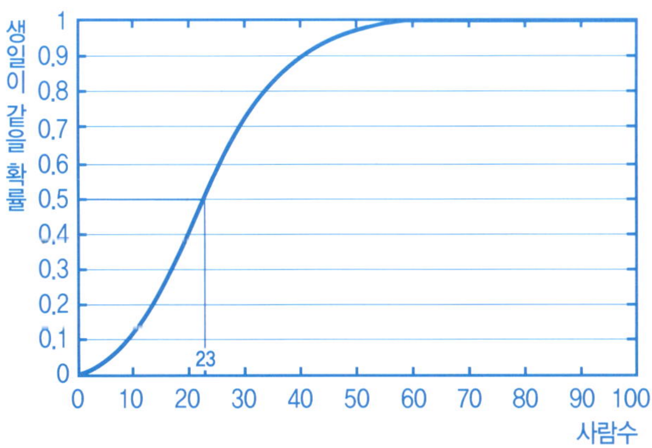

Q 통계의 스포츠, 야구

운동 경기에 확률 또는 통계가 많이 활용되고 있는데, 특히 야구의 경우에는 더욱 그러하다. 야구에서 자주 사용되는 용어에 타율, 장타율, 출루율, 방어율 등이 있다.

타자의 대표적인 기록으로 타율. 장타율, 출루율이 있다. 타율은 '안타/타수'로 계산한다. 타수는 타자가 정규로 타격을 완료한 횟수를 말하는 것으로, 희생번트, 희생플라이, 볼넷(BB), 사구(몸에 맞는 공, HBP), 타격방해 및 주루방해로 출루하는 것은 타석으로만 계산되고 타수에 포함되지 않는다. 2017년 우리나라 프로야구 정규시즌의 최고 타율은 KIA 김선빈 선수의 0.370이다.

장타율은 용어에 비율을 나타내는 '율'이 있어서 장타를 칠 확률을 나타내는 것으로 오해하는 경우가 많은데 확률이 아니다. 장타율은 타자가 타격을 한 뒤 출루 가능한 루가 몇 루인지 기댓값을 나타낸다. 예를 들어, 어떤 선수의 장타율이 0.500이라는 것은, 이 선수가 장타를 칠 확률이 0.5라는 의미가 아니라, 이 선수가 타석에 나갔을 때 0.5루의 출루를 기대할 수 있다는 의미이다. 매 타석마다 1루로 출루했다면 장타율은 1.000이 되고, 매 타석마다 홈런을 쳤다면 장타율은 4.000이다. 어떤 선수가 타수가 n일 때, 1루타 a번, 2루타

b번, 3루타 c번, 홈런 d번 쳤다고 하면 장타율은 다음과 같다.

$$\text{장타율} = \frac{a + 2b + 3c + 4d}{n}$$

2017년 우리나라 프로야구 정규시즌의 최고 장타율은 SK 최정선 선수의 0.684이다.

출루율(On-Base Percentage, OBP)은 타자가 루에 얼마나 많이 출루했는지를 나타낸 수치이다. 총 타수 AB회 중에서 안타 H회, 볼넷 BB회, 사구 HBP회, 희생 플라이 SF회이면, 출루율은 다음과 같다.

$$\text{출루율 (OBP)} = \frac{H + BB + HBP}{AB + BB + HBP + SF}$$

2017년 우리나라 프로야구 정규시즌의 최고 출루율은 KIA 최형우 선수의 0.450이다.

■ 완벽하게 어려운 퍼펙트게임

퍼펙트게임(Perfect Game)은 선발 투수가 9이닝 동안 타자를 단 한 명도 출루시키지 않고 승리한 경기를 말한다. 이 조건을 달성하려면 선발 투수는 안타, 볼넷, 몸에 맞는 볼은 물론 실책, 오심으로 인한 출루 등 어떤 이유로도 상대편 타자를 1루로 보내서는 안 된다. 이때 에러에 의한 출루도 안 되기 때문에 투수의 실력뿐만 아니라 야수들의 수비 지원 또한 뒷받침되어야 한다. 1이닝에 3명씩, 9이닝 동안 27명을 상대하여 27명을 전원 아웃시켜야 하기 때문에 달성하기 매우 어렵다. 투수의 입장에서는 완벽한 투구를 한 것이기 때문에 야구 역사에 남을 최고의 기록이다. 현재까지 미국 메이저리그 역사상 1876년 이래 23차례 달성되었고,[6] 일본 프로야구에서는 통산 15차례 달성되었으며, 한국 프로야구에서는 1982년 출범 이래 이직까지 단 한 차례의 퍼펙트게임도 나오지 않았다.[7]

이제 이렇게 어렵지만 위대한 기록인 퍼펙트 경기를 달성할 확률을 계산해보자.

투수가 한 타자를 상대할 때에, 타자가 1루로 나갈 수 있는 방법은 안타, 볼 넷, 사구를 얻어내거나 수비가 실책을 하는 경우이다. 따라서 투수가 선수 1명에게 출루를 허용할 피출루율(Opponent On-Base Percentage, OOBP)을 구하는 공식은 다음과 같다.

$$\text{피출루율 (OOBP)} = \frac{\text{피안타} + \text{피볼넷} + \text{피사구}}{\text{상대한 타자 수}}$$

그리고 포지션에 따른 수비능력을 보여주는 지표 중의 하나인 평균 수비율(Fielding Average, FA)을 구하는 공식은 다음과 같다.

$$\text{평균수비율 (FA)} = \frac{\text{자살} + \text{보살}}{\text{에러} + \text{자살} + \text{보살}}$$

이때, 1명의 타자가 '1루로 나가지 못하게 할 확률'은 다음과 같다.

$$(\text{1루로 나가지 못하게 할 확률}) = \text{FA} \times (1 - \text{OOBP})^{8}$$

이제, 우리나라 프로야구의 2017년 통계를 조사해보면 다음과 같다.

$$\text{출루율 (OBP)} = 0.353, \quad \text{평균수비율(FA)} = 0.982$$

그리고 리그 전체 타자의 출루율(OBP)과 투수의 피출루율(OOBP)은 같다. 따라서 1루로 나가지 못하게 할 확률을 구하면 다음과 같다.

$$\begin{aligned}(\text{1루로 나가지 못하게 할 확률}) &= \text{FA} \times (1 - \text{OOBP}) \\ &= 0.982 \times (1 - 0.353) = 0.635\end{aligned}$$

즉, 타자 1명이 1루로 나가지 못하게 할 확률이 0.653이다. 퍼펙트 경기가 달성되려면 9이닝 27명의 선수가 모두 1루로 나가지 못해야 하기 때문에, 퍼펙트 경기가 달성될 확률은 다음과 같다.

$$\begin{aligned}\text{퍼팩트 경기 달성 확률} &= (\text{1루로 나가지 못하게 할 확률})^{27} = 0.635^{27} \\ &\approx 0.00000473032 = 0.473032 \times 10^{-5}\end{aligned}$$

퍼펙트 경기 달성 확률은 약 0.00047%이다. 이 확률은 우리나라 평균적인 투수가 100만 번 경기를 했을 때 4~5번 정도 달성하는 확률이다. 2017년 우리나라 프로야구 총 경기수가 720회인데, 계산의 편의상 1년간 1000경기라 하자. 그러면 100만 경기를 하려면 1000년이 걸리는데, 평균적인 투수가 1000년 동안 우리나라 프로야구의 모든 팀의 모든 경기에서 투수를 했다고 할 때, 겨우 4~5번 달성하는 확률이다. 평균적인 투수가 퍼펙트 경기를 달성하는 것은 불가능하다고 해도 틀렸다고 하기 어렵다. 그렇다면 A급 투수가 퍼펙트 게임을 달성할 확률은 얼마나 될까? 투수의 능력을 평가하는 지표 중에 이닝당 출루 허용률(WHIP, Walks Plus Hits Divided by Innings Pitched)이 있다. 말 그대로 투수가 1이닝에 출루시키는 평균 명수이다. 보통 이닝당 출루 허용율이 1.00이면 A급 투수라고 한다. 우리나라 2017년 기록 중 가장 낮은 이닝당 출루 허용율은 1.15이다. 이닝당 출루 허용율이 1.00인 우수한 투수의 경우 퍼펙트 경기 달성 확률을 계산해보자.

이닝당 출루 허용율이 1.00이라는 뜻은 4명 중 1명을 출루시킨 것이므로, 이 투수의 피출루율은 0.250이다.

따라서 이 투수가 퍼펙트게임을 달성할 확률은 다음과 같다.

출루 허용율이 1.00인 A급 선수의 퍼펙트게임 달성확률

$$=(1-0.250)^{27}\approx 0.000423306=0.0423\%$$

A급 투수의 퍼펙트 경기 달성 확률은 약 0.0423%이다. 이 확률은 투수가 1만 번 경기에 출전하면 4~5번 정도 달성하는 확률이다. 즉, 2500 경기에 출전하면 1번 정도 달성하는 매우 작은 확률이다. 우리나라 투수들이 한 해에 약 30경기 출전하는 것을 감안하면, 2500경기에 출전하려면 약 80년이 걸린다. 따라서 A급 투수라 하더라도 매년 30경기씩 80년 이상 출전해야 1번 정도 달성할 확률이다. 퍼펙트 경기를 달성하는 것은 완벽하게 어렵다.

확률과 조건부 확률

셋!

조건부 확률과 오진율

궁금해요!!

병원에서 심각한 병에 걸렸다는 진단을 받았어요.
주위 사람들이 그 소식을 듣고는
그 병원에서 오진했을 가능성도 있으니까
다른 큰 병원에 가서 다시 검사를 받으라고 해요.
저는 병원에서 오진한다는 것이
거의 있을 수 없는 일이라고 생각하고 있었는데요,
병원에서 오진하는 일이 자주 있는 일인가요?

조건부 확률의 뜻

병원에서 병을 진단할 때의 오진율을 계산하기 위해서는 조건부 확률의 개념이 필요하다. 조건부 확률에 대하여 먼저 간단하게 알아보자.

조건부 확률이 조금 생소한 독자도 있을 텐데 기본 개념은 간단하다. 보통의 확률은 '특정 사건이 일어난 확률'을 말하는데, 조건부 확률은 '어떤 사건이 일어났다는 조건하에(일어났다고 가정할 때 또는 일어났을 때) 특정 사건이 일어날 확률'을 말한다.

두 사건 A와 B에 대하여, 사건 A가 일어났다고 가정할 때 사건 B가 일어날 확률을 조건부 확률이라 하고, 기호로 $\Pr(B \mid A)$로 나타내자. A가 일어날 확률을 $\Pr(A)$, B가 일어날 확률을 $\Pr(B)$, A와 B가 동시에 일어날 확률을 $\Pr(A \cap B)$라 할 때, 조건부 확률에 대하여 다음 등식이 성립한다.

$$\Pr(B|A) = \frac{\Pr(A \cap B)}{\Pr(A)}, \text{ 즉 } \Pr(A \cap B) = \Pr(B|A) \cdot \Pr(A)$$

예를 들어, 다음과 같은 예제를 생각해보자

예제

새로 이사 온 옆집 아주머니가 딸과 함께 나오는 것을 우연히 마주쳤다. 반가워서 인사를 나누었는데, 애가 하나 더 있다고 했다. 그 애가 딸일 확률은 얼마일까? 단, 아들과 딸을 낳을 확률은 모두 $\frac{1}{2}$이라고 하자.

그냥 단순하게 생각해서, 아들 아니면 딸이므로 확률은 $\frac{1}{2}$이라고 하면 틀린다. 왜냐하면 딸이 하나 있다는 조건이 있기 때문이다. 애가 2명인 경우 첫째, 둘째의 남녀 구성은 다음과 같이 네 가지 경우가 있다.

아들–아들, 아들–딸, 딸–아들, 딸–딸

그런데 딸이 하나 있으므로, 아들–아들인 경우는 제외된다. 나머지 세 가지 경우 중에서 딸이 2명인 경우는 한 가지이다. 그러므로 나머지 1명도 딸일 확률은 $\frac{1}{3}$이다.

오진 확률

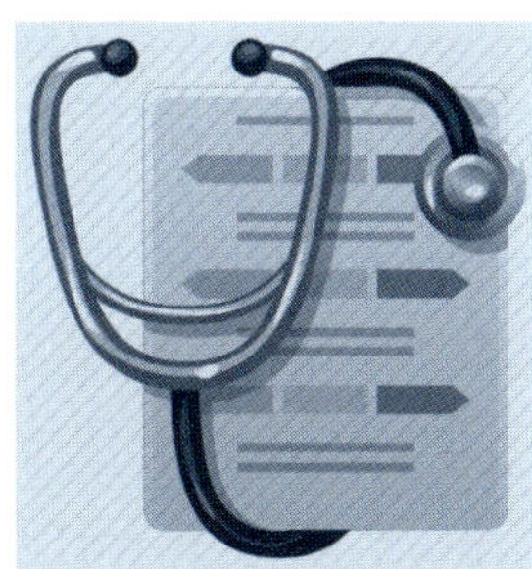

어떤 병에 걸렸는지 정확하게 진단하는 것은 구체적으로 두 가지 경우가 있다. 하나는 실제로 병에 걸렸을 때, 병에 걸렸다고 정확하게 판정하는 것이고, 다른 하나는 병에 걸리지 않았을 때, 병에 걸리지 않았다고 판정하는 것이다. 병 진단의 오진율을 낮추고 정확도를 높이기 위해서는 두 가지 경우의 정확도를 모두 높여야 될 것이다.

이제 조건부 확률 계산의 예제로 병 진단의 오진 확률을 계산해보자.

예제: 어떤 병에 걸릴 확률이 $\frac{5}{1000} = 0.5\%$로 알려져 있다고 하자. A병원에서 이 병에 걸렸는지 혈액 검사로 판정하는 방법을 개발했는데, 이 검사의

정확도는 '실제로 병이 있는 경우에, 병이 있다고 정확히 진단할 확률'이 95%이고, '실제로 병이 없는 경우에, 병이 없다고 정확히 판정할 확률'이 99%이었다고 하자. 이때, 어떤 사람이 혈액 검사에서 병이 있다고 판정을 받았을 때, 실제 병에 걸려 있을 확률은 얼마일까?

우선 병에 걸렸을 사건을 D라 하고, 병에 걸렸다고 판정을 하는 사건을 P라 하고, 병에 걸리지 않았다고 판정을 하는 사건을 N이라 하자. 병이 있을 때 병이 있다고 판정할 확률은 $\Pr(P \mid D)$이고, 병이 없을 때 병이 없다고 판정할 확률은 $\Pr(N \mid D^c)$이다. 따라서 각각의 확률은 다음과 같다.

- 병에 걸릴 확률 $\Pr(D) = \frac{5}{1000} = 0.005$
- 병이 있을 때 병이 있다고 판정할 확률 $\Pr(P \mid D) = 0.95$
- 병이 있을 때 병이 없다고 판정할 확률 $\Pr(N \mid D) = 0.05$
- 병이 없을 때 병이 있다고 판정할 확률 $\Pr(P \mid D^C) = 0.01$
- 병이 없을 때 병이 없다고 판정할 확률 $\Pr(N \mid D^C) = 0.99$

이때, 구하는 확률 '검사결과 병에 걸렸다고 판정을 받았을 때, 실제로 병에 걸렸을 확률'은 병에 걸렸다고 판정을 받았다는 전제하에, 실제로 병이 있을 확률이다. 따라서 구하는 확률은 기호로 $\Pr\left(D \mid P\right)$이다. 이 확률을 위의 값을 이용하여 구하면 다음과 같다.

$$\Pr(D \mid P) = \frac{\Pr(D \cap P)}{\Pr(P)} = \frac{\Pr(\mathrm{P} \mid \mathrm{D}) \cdot \Pr(D)}{\Pr(D \cap P) + \Pr(D^C \cap P)}$$

$$= \frac{\Pr(\mathrm{P} \mid \mathrm{D}) \cdot \Pr(D)}{\Pr(\mathrm{P} \mid \mathrm{D}) \cdot \Pr(D) + \Pr(\mathrm{P} \mid \mathrm{D}^C) \cdot \Pr(D^C)}$$

$$= \frac{0.95 \times 0.005}{0.95 \times 0.005 + 0.01 \times 0.995}$$

$$= 0.323129$$

따라서 구하는 확률 $\Pr(D \mid P)$는 약 32%이다. 즉, 이 병원에서 병이 있다는 판정을 받았다고 하더라도 실제로 환자가 그 병에 걸렸을 확률은 32%로 반도 안 된다. 이 예제는 병에 걸릴 확률이 0.5%로 낮은 경우에 대한 것이지만, 확률이 낮지 않더라도 중대한 병에 걸렸다는 판정을 받았을 경우에는 다른 병원에서도 검사를 받을 필요가 있다고 하겠다.

위의 진단율에 대하여 조금 더 설명하자면, 위의 예에서 주목해야 되는 것은 이 병에 걸릴 확률이 0.5%밖에 안 된다는 점과 '병이 없을 때 병이 있다'고 판정하는 비율이 상대적으로 크다는 점이다. 위의 예에서 '병이 없을 때 병이 없다'고 정확하게 진단할 확률이 99%이었다. 따라서 '병이 없을 때 병이 있다'고 잘못 진단할 가능성이 1%이다. 이 1%의 부정확할 확률이 전체 진단율의 정확도에 큰 영향을 미친다. 만약 이 1%의 부정확할 확률을 $\frac{1}{10}$로 낮춰서 0.1%로 개선하면, 전체 병 진단의 정확도는 32%에서 83%로 대폭 개선된다.

반면에 '병이 있을 때 병이 있다'고 정확하게 진단할 확률이 95%이었으므로, '병이 있을 때 병이 없다'고 잘못 진단할 가능성은 5%이다. 그런데 이 5%의 부정확할 확률이 전체 진단율의 정확도에 미치는 영향은 그리 크지 않다. 왜냐하면 이 5%의 부정확할 확률을 $\frac{1}{100}$로 낮춰서 0.05%로 개선해도 전체 병 진단의 정확도는 32%에서 33.4%로 개선되는 정도가 크지 않기 때문이다. 따라서 희귀병 진단의 정확도를 높이기 위해서는 '병이 없을 때 병이 있다'고 잘못 판정하는 비율을 줄이는 것이 중요하다.

암호

하나!

다양한 암호

궁금해요!!

친구와 비밀로 얘기를 주고받고 싶어요.
우리끼리만 알 수 있는 암호를 만들고 싶은데,
다른 사람들이 알 수 없으면서도
만들기 쉬운 암호는 어떻게 만드나요?
좋은 방법이 있으면 알려주세요.
만들어서 사용해보고 싶어요.

암호의 뜻과 예

다음 암호문은 무슨 뜻일까?

EH FDUHIXO IRU DVVDVVLQDWRU

위 암호문은 카이사르(Julius Caesar, B.C. 100~B.C. 44)가 사용했던 방법으로 작성되었다. 이 암호문을 해독하려면 각각의 알파벳 철자를 왼쪽으로 3자씩 이동시키면 된다. 아래 표를 참고하여 해독하면 다음과 같다.

BE CAREFUL FOR ASSASSINATOR (암살자를 조심해라)

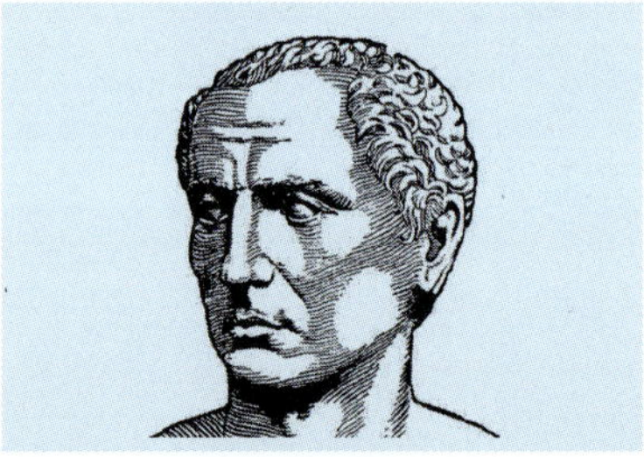

암호문	D	E	F	G	H	I	J	K	L	M	N	O	P
평문	A	B	C	D	E	F	G	H	I	J	K	L	M
암호문	Q	R	S	T	U	V	W	X	Y	Z	A	B	C
평문	N	O	P	Q	R	S	T	U	V	W	X	Y	Z

암호(cryptography; cryptology)의 어원은 그리스어로 '비밀'이란 뜻을 가진 크립토스(Kryptos)로 알려져 있다. 보통의 평문을 해독 불가능한 형태인 암호문으로 변형하는 것을 암호화(encryption, encoding)라 하고, 암호문을 원래의 해독 가능한 상태로 변환하는 것을 복호화(decryption, encoding)라 한다. 암호화하고 복호화하는 원리, 수단, 방법 등을 취급하는 기술 또는 과학을 암호라고 한다. 즉, 암호란 중요한 정보를 다른 사람들이 알 수 없도록 변형하거나 알 수 없도록 변형된 것을 알아내는 것을 말한다.

치환암호와 전치암호

위에서 소개한 카이사르가 사용했던 암호와 같이 메시지의 각 문자 위치는 바꾸지 않고 각 문지 지체를 다른 형태의 요소(문자)로 내치시켜 암호화하고, 역의 방향으로 변형하여 복원(복호화)하는 방법을 치환암호(substitution cipher)라고 한다. 치환암호의 예로는 돼지우리 암호가 있다. 돼지우리 암호는 1700년대 프리메이슨에서 사용한 암호로서, 글자를 다른 글자로 대체하는 것이 아니라 그림 또는 기호로 대체하는 것이다. 다음은 돼지우리 암호를 이용하여 만든 암호문의 예이다.[1]

위 암호는 다음과 같은 방식으로 암호화된 것이다.

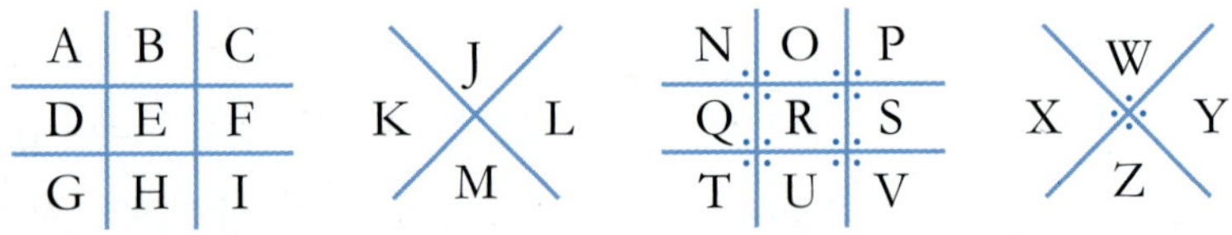

위 표를 참고하여 암호문을 해독하면 다음과 같다.

YOU ARE THE ONE

반면에 메시지의 문자는 변경하지 않고 문자가 배열된 위치를 바꾸는데, 특히 KEY를 이용하여 재배열하는 방법을 전치암호(transposition cipher)라고 한다. 예를 들면 다음과 같다.

킷값이 'CANDY'일 때, 다음 평문을 암호화해보자.

GO TO SEOUL STATION

우선, 킷값이 'CANDY'라는 것의 의미는, 킷값 CANDY의 알파벳의 순서가 2–1–4–3–5이므로 문자의 순서를 2–1–4–3–5의 순서로 재배열한다는 뜻이다(키의 순서는 2열, 1열, 4열, 3열, 5열의 순서로 재배열).

C	A	N	D	Y
2	1	4	3	5
G	O	T	O	S
E	O	U	L	S
T	A	T	I	O
N				

위 표를 통해 암호문을 구하면 다음과 같이 된다.

OOA GETN OLI TUT SSO

역으로 킷값 “CANDY”를 이용하여 암호문 “OOA GETN OLI TUT SSO”를 해독해보자. 해독하는 방법은 우선, 킷값에 따라 아래 왼쪽 표를 만든 후, 세로줄(열)의 순서대로 “OOA GETN OLI TUT SSO”를 적어 넣은 후, 가로줄(행)의 순서로 읽으면 된다.

C	A	N	D	Y
2	1	4	3	5
	O			
	O			
	A			

▶

C	A	N	D	Y
2	1	4	3	5
G	O	T	O	S
E	O	U	L	S
T	A	T	I	O
N				

조선시대의 암호

우리나라의 조선시대에도 암호가 사용되었다. 예를 들어 궁녀들의 낙서수다가 있다. 궁녀들은 궁중의 일을 발설하는 것이 금지되어 있었기 때문에 암호를 사용하여 비밀 소통을 했다. 궁녀들이 사용한 암호는 한글의 자음은 순서대로 숫자에 대응시키고, 모음은 그대로 사용하였다. 예를 들어 다음 암호문을 해독해보자.

六ㅏ一七ㅏ八 ㅓ八八ㅣ二ㅐ七ㅣ八ㅚ七七ㅓ五十二ㅏ二ㅡ二九ㅜ八

아래 한글 암호표를 참고하면, ‘八’은 자음 ‘ㅇ’에 해당되고 모음 ‘ㅣ’는 그대로 사용하면 '八ㅣ'는 '이'가 된다. 이런 방식으로 위 암호를 해독하면 다음과 같은 문장이 된다.

> 박상궁 이내시와 썸타는 중

■ 한글암호표

ㄱ	ㄴ	ㄷ	ㄹ	ㅁ	ㅂ	ㅅ
一	二	三	四	五	六	七
ㅇ	ㅈ	ㅊ	ㅋ	ㅌ	ㅍ	ㅎ
八	九	十	十一	十二	十三	十四

■ 암호의 필요성

암호는 고대 그리스 시대 군주와 교황이 주로 사용하였으며 암호 담당 부서를 별도로 둘 정도였다. 주로 군사, 외교적인 목적으로 사용하였다.

산업사회의 발전과 전기 통신의 발달에 따라 유통되는 정보의 양이 급증하면서 정보 보호를 위해 암호 사용이 급증하였다. 20세기 현대사회에서는 무선통신의 발달로 암호 사용이 더욱 가속화되고 있으며, 특히 전자상거래 등에 널리 사용되고 있다.

미국 인터넷 서비스업체 AOL은 인터넷 보안업체 '스플래시데이터'의 자료를 인용해 2012년 최악의 비밀번호를 공개하였다.

1위: password	6위: monkey
2위: 123456	7위: letmein
3위: 12345678	8위: dragon
4위: abc123	9위: 111111
5위: qwerty	10위: baseball

암호

둘!

암호문의 해독 방법

궁금해요!!

다음과 같이 복잡한 암호문은 어떻게 해독하나요?

황금벌레

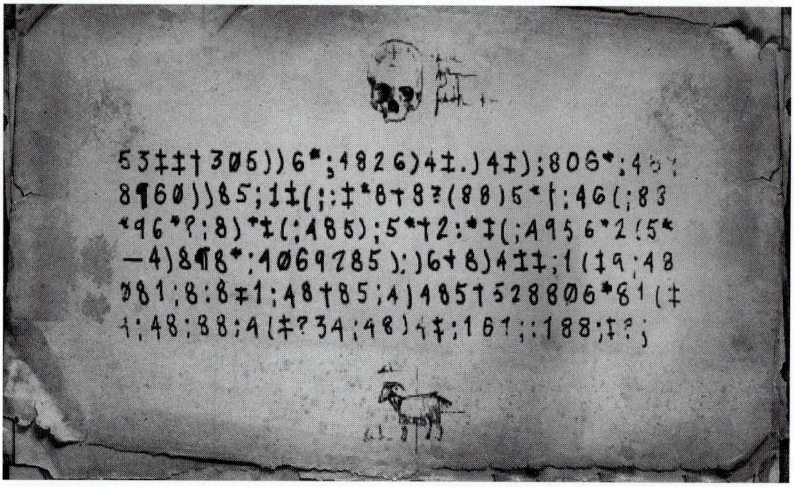

위의 암호문은 애드가 앨런 포(Edgar Allan Poe, 1809~1849)의 소설 《황금벌레》에 등장하는 암호문이다. 복잡해 보이는 이 암호문을 어떻게 해독하는지 알아보자.

이 암호문은 알 수 없는 기호들로 이루어져 있는데, 차근히 살펴보면 여러 개의 기호들이 반복해서 나타나고 있다. 각각의 기호들이 사용된 횟수를 조사해보면 다음과 같다.

기호	8	;	4	‡)	*	5	6
횟수	33	26	19	16	13	12	11
기호	†I	0	92	:3	?	¶	----
횟수	8	6	5	4	3	2	1

영어 알파벳 중 가장 사용 빈도가 높은 문자는 'e'이고, 다음으로 a, o, i, d, h, n, r, s, t, u, y, c, f, g, l, m, w, b, k, p, q, x, z 순이다. 그러므로 위

암호문에서 가장 많이 사용된 '8'이 'e'라고 가정해보자. 그리고 영어에서 'e'는 meet, fleet, speed, been과 같이 쌍으로 사용되는 경우가 많으니까, 이 암호문에서 88이 있는지 살펴보자. 이 암호문에서 88은 무려 5군데나 있다. 따라서 '8'을 'e'라고 해도 될 것이다.

이번에는 영어에서 'the'가 자주 사용되니까, 암호문에서 세 글자가 중복되지 않으면서 마지막 문자가 '8'로 끝나는 단어를 찾아보자. 그런 배열이 일곱 군데 있는데, 그 문자는 ';48'이다. 따라서 ';'는 t, '4'는 'h'라고 할 수 있다.

이제 암호문 맨 아래 줄 가운데 부분에 있는 the 부분을 보면, 문장이

the t ee th

인 것을 알 수 있다. 빈칸에 어떤 철자가 들어갈지 생각해보면, 'r' 일 것으로 짐작된다. 따라서 그 부분의 문장은 다음과 같이 된다.

the tree thr‡?3h the

이제 'thr‡?3h'가 무슨 단어일지 짐작해보면, 가장 먼저 'through'가 떠오른다. 따라서 '‡'는 'o'이고, '?'는 'u'이고, '3'은 'g'일 것으로 보인다.

이와 같은 방식으로 하나하나 추리해보면,

5 = a, † = d, 8 = e, 3 = g, 4 = h,

6 = i, * = n, ‡ = o, (= r, ; = t

임을 알 수 있다. 조금 더 추리해보면 모든 철자를 모두 알아낼 수 있다. 암호문을 해독하면 다음과 같다.

A good glass in the bishop's hostel in the devil's seat forty-one degrees and thirteen minutes northeast and by north main branch seventh limb east side shoot from the left eye of the death's-head a bee line from the tree through the shot fifty feet out.

주교청 악마의 의자에서 좋은 안경 41도 13분 북에서 북동 큰 줄기 일곱 번째 가지 동쪽 해골 왼쪽 눈에서 사격 나무에서 직선 바깥 50피트.

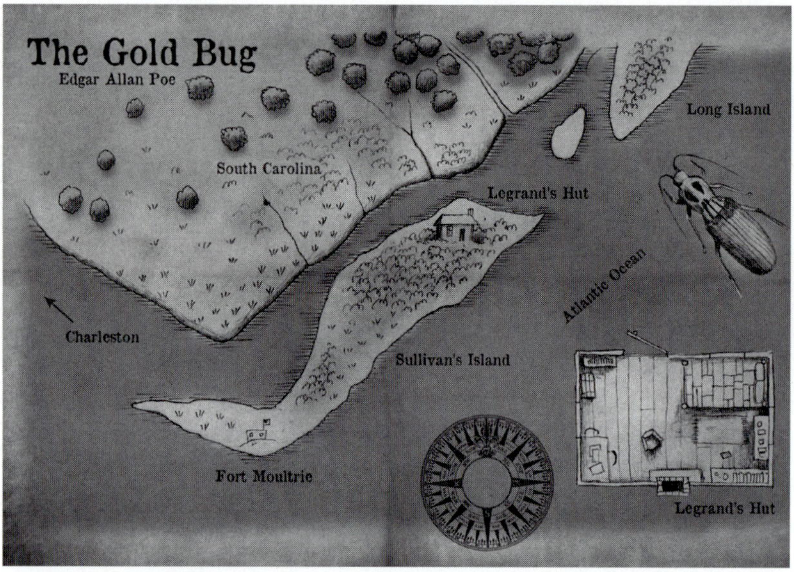

소설에서는 이렇게 암호문 해독에 성공한 후, 암호문에 적힌 장소로 가서 어마어마한 보물을 얻게 된다는 내용으로 이어진다. 소설에서의 암호 해독 과정은 실제 암호 해독 과정을 잘 설명해준다.

참고로 영어 알파벳 사용 빈도를 소개하면 다음과 같다.

■ 알파벳 사용 빈도(알파벳순, %)

A	B	C	D	E	F	G	H	I	J	K	L	M
8.2	1.5	2.8	4.3	12.7	2.2	2.0	6.1	7.0	0.2	0.8	4.0	2.4
N	O	P	Q	R	S	T	U	V	W	X	Y	Z
6.7	7.5	1.9	0.1	6.0	6.3	9.1	2.8	1.0	2.4	0.2	2.0	0.1

■ 알파벳 사용 빈도(빈도순, %)

E	T	A	O	I	N	S	H	R	D	L	C	U
12.7	9.1	8.2	7.5	7.0	6.7	6.3	6.1	6.0	4.3	4.0	2.8	2.8
M	W	F	Y	G	P	B	V	K	X	J	Q	Z
2.4	2.4	2.2	2.0	2.0	1.9	1.5	1.0	0.8	0.2	0.2	0.1	0.1

공통쌍	TH, EA, OF, IN, IT, IS, BE, AS, AT, SO, WE, HE, BY, OR, ON, IF, ME, MY, UP
공통 반복문자	SS, EE, TT, FF, LL, MM, OO
공통 세쌍	THE, EST, FOR, AND, HIS, ENT, THA

암호

셋!

현대의 암호

궁금해요!!

현대에 많이 사용되는 암호는 어떤 것들이 있나요?

행렬로 만드는 암호 소개

미국 수학자 힐(Lester S. Hill, 1891~1961)은 1929년 행렬을 이용한 암호체계를 만들었다. 이 암호체계로 암호문을 만드는 방법은 우선 알파벳을 숫자로 대응시키는 표를 만들고, 열쇠가 되는 행렬을 하나 정한다. 그리고 암호화하려고 하는 글자를 행렬의 차수와 같은 수만큼씩 나눈 후, 글자에 대응되는 수를 이용하여 행렬을 만든다. 그리고 행렬의 곱을 계산하고, 계산 결과로 얻은 행렬로부터 암호문을 만든다. 구체적으로 다음 예제를 보자.

먼저 알파벳과 숫자를 대응시키는 표를 다음과 같이 정하자.

a	b	c	d	e	f	g	h	i	j	k	l	m
0	1	2	3	4	5	6	7	8	9	10	11	12
n	o	p	q	r	s	t	u	v	w	x	y	z
13	14	15	16	17	18	19	20	21	22	23	24	25

열쇠행렬(key matrix)을 $K=\begin{pmatrix}1 & 2\\ 2 & 5\end{pmatrix}$라 하자. 이제 단어 'MATH'를 암호화하여 정보원 은영이에게 보내자.

우선, 단어를 두 글자씩 나누어서 다음과 같이 행렬 A를 만든다.

$$A=\begin{pmatrix}M & T\\ A & H\end{pmatrix}=\begin{pmatrix}12 & 19\\ 0 & 7\end{pmatrix}$$

열쇠행렬 K와 행렬 A와의 곱 KA를 계산한 후, 행렬의 원소 중 26 이상인 수가 있으면 26으로 나눈 나머지를 적고, 그것으로부터 암호문을 얻는다.

$$KA=\begin{pmatrix}1 & 2\\ 2 & 5\end{pmatrix}\begin{pmatrix}12 & 19\\ 0 & 7\end{pmatrix}=\begin{pmatrix}12 & 33\\ 24 & 73\end{pmatrix}\equiv\begin{pmatrix}12 & 7\\ 24 & 21\end{pmatrix}=\begin{pmatrix}M & H\\ Y & V\end{pmatrix}$$

따라서 암호문은 'MYHV'가 된다. 이 문장을 은영이에게 보내면 된다.

이제 암호문 'MYHV'를 받은 정보원 은영이가 어떻게 해독하는지 알아보자. 먼저 암호문을 2글자씩 나누어 행렬 B를 만든다.

$$B=\begin{pmatrix} M & H \\ Y & V \end{pmatrix}=\begin{pmatrix} 12 & 7 \\ 24 & 21 \end{pmatrix}$$

열쇠행렬 K의 역행렬 $K^{-1}=\begin{pmatrix} 5 & -2 \\ -2 & 1 \end{pmatrix}$을 이용하여, 행렬의 곱 $K^{-1}B$를 계산한다. 계산한 행렬의 성분의 숫자가 0 이상 25 이하의 값이 아니면 26으로 나눈 나머지를 구한다.

$$K^{-1}\mathrm{B}=\begin{pmatrix} 5 & -2 \\ -2 & 1 \end{pmatrix}\begin{pmatrix} 12 & 7 \\ 24 & 21 \end{pmatrix}=\begin{pmatrix} 12 & -7 \\ 0 & 7 \end{pmatrix}\equiv\begin{pmatrix} 12 & 19 \\ 0 & 7 \end{pmatrix}=\begin{pmatrix} M & T \\ A & H \end{pmatrix}$$

따라서 암호문을 해독한 결과 "MATH"를 얻는다.

에니그마

제2차 세계대전 당시에 독일군이 사용했던 것으로 유명한 암호로 에니그마(Enigma)가 있다. 에니그마는 1918년에 아르투르 슈르비우스(Arthur Scherbius)가 발명한 암호장치로서 암호화와 복호화를 모두 할 수 있다.

에니그마의 크기는 34cm×28cm×15cm로 보통의 배낭이나 가방 크기이고 휴대와 이동에 편리하다. 에니그마를 소재로 한 영화도 여러 편 제작되었는데, 대표적으로 'U−571'[1]을 들 수 있다.

제2차 세계대전 당시 연합군에서는 독일군의 에니그마 암호를 해독하기 위하여 많은 노력을 하였으나 번번이 실패하였다. 영국에서 작전 암호명 〈울트라〉로 암호를 풀기 위해 큰 노력을 기울였고, 이때 수학자 튜링(Alan Turing, 1912~1954)이 중심적인 역할을 하였다. 그는 암호를 해독하기 위해 대규모

연산을 할 수 있는 세계 최초의 연산 컴퓨터 콜로서스(Colossus)를 발명하였고, 이를 통해 에니그마를 해독하는데 성공했다. 튜링의 에니그마 해독의 성공은 연합군이 독일을 이기고 제2차 세계대전을 승리하는 데에 결정적인 역할을 하였다. 그러나 이후 튜링은 동성애 혐의로 재판을 받고 형을 받았으며, 마침내 독 사과를 먹고 자살하였다. 영화 '이미테이션 게임(The Imitation Game)'[2]은 이런 튜링의 삶을 다룬 영화이다.

현대의 암호: RSA

RSA 암호는 공개키, 비대칭형 암호 시스템 중의 하나이다. 로널드 라이베스트(Ronald Rivest), 아디 샤미르(Adi Shamir), 레너드 애들먼(Leonard Adleman)의 공동 연구 논문 "A Method for Obtaining Digital Signatures and Public-Key Cryptosystems"가 1978년 발표되었으며, 이 논문에서 제안된 암호 시스템을 세 연구자 성의 머리글자를 따서 RSA라고 부른다. 이 암호화 알고리듬은 1983년 연구자들의 소속 대학인 매사추세츠 공과대학교(MIT)에 의하여 미국 특허로 등록되었고, 2000년 9월 21일에 특허가 만료되었다. 그리고 이들 세 발명자는 2002년 튜링상을 수상하였다.[3]

그러나 RSA 방식을 제일 먼저 개발한 사람은 영국 GCHQ(Government Communications Headquarters)에 근무하던 엘리스(James Ellis), 콕스(Clifford Cocks), 윌리엄슨(Williamson)이었다. 이들이 1973년에 이미 개발하였으나, 그 개발 내용은 24년간 GCHQ에서 비밀로 취급되었다. 그러나 1997년 세상에 공개되면서 비로소 알려지게 되었다.

RSA 암호체계는 현재 가장 널리 쓰이고 있는 공개키 알고리듬이며, 특히

RSA가 갖고 있는 전자 서명기능은 전자상거래에서 널리 사용되고 있다. 이 알고리듬의 안정성은 큰 숫자를 소인수분해하는 것이 어렵다는 것에 기반을 두고 있으며, 300자리 두 소수의 곱으로 소인수분해되는 600자리 숫자가 이용되기도 한다.

다음 수를 소인수분해 해보실래요?

114381625757888867669235779976146612010218296721242362562561
842935706935245733897830597123563958705058989075147599290026
879543541

위 수를 소인수분해하면 다음과 같은 두 소수의 곱이 됩니다.

114381625757888867669235779976146612010218296721242362562561
842935706935245733897830597123563958705058989075147599290026
879543541

=

349052951084765094914784961990389813341776463849338784399082
0577 ×

327691329932667095499619881908344614131776429679929425397982
88533

디지트 세상

하나!

지하철과 버스

궁금해요!!

지하철역 출구마다 번호가 있어서 편리하게 사용하고 있어요.
예를 들어, "강남역 12번 출구에서 만나자" 또는
"우리 회사는 사당역 2번 출구에서 100미터쯤 가면
왼쪽에 있습니다."와 같이 말이에요.
그런데 지하철 출구번호는 어떤 규칙으로 번호를 붙였나요?
그리고 지하철을 타면 옆 차량으로 가는
통로 위에 "2312"와 같이 4자리 숫자가 적혀 있어요.
그 숫자는 무슨 의미가 있는 건가요?

수로 이루어진 세상

우리는 일상생활 중에 숫자를 많이 사용한다. 집 전화번호, 아파트 동 호수, 자동차 번호판, 전철 출구번호, 도서관의 도서번호 등등 일상생활에서 사용하는 많은 것들이 숫자로 이루어져 있다. 그런데 이런 숫자들이 대부분 어떤 구조를 갖고 있으며, 그 숫자로부터 많은 정보를 알 수 있다.

예를 들어, 친구의 집이 ㅇㅇ아파트 1201호라고 하면, 그 친구의 집이 12층 맨 끝에 있는 집이라는 것을 알 수 있다. 물건에 인쇄되어 있는 바코드의 왼쪽 3자리 숫자가 880이면 그 물건이 우리나라 제품임을 알 수 있고, 핸드폰에 걸려온 전화의 발신자 번호가 043으로 시작하면 충청북도에서 걸려온 전화라는 것을 알 수 있다. 이렇게 주변에서 접하는 숫자들의 구조를 알게 되면 편리할 때가 많다.

구조를 이해하고 있는 사람에게는 복잡한 현실 세계도 반듯하게 이해되고, 구조를 이해하지 못하는 사람에게는 반듯한 현실도 뒤죽박죽으로 보이게 된다.

많은 사람들이 매일 이용하는 지하철과 관련된 숫자, 특히 지하철 출구 번호는 어떤 규칙으로 붙여졌는지 알아보자.

지하철은 언제 만들었을까

지하로 운행하는 지하철은 서울철도 1호선이 가장 먼저 만들어졌다. 1974년 8월 15일에 서울역에서 청량리역까지의 서울 지하철 1호선이 첫 운행을 시작하였다. 이후 1980년 10월 31일에 2호선[1]이 개통되었고, 이후 계속 추가 건설되어 서울 지하철[2]은 9호선까지 운행되고 있다.

서울뿐만 아니라 지방에서도 지하철이 개통되었다. 부산광역시는 부산 도시철도 1호선이 1985년 7월 19일 최초로 개통한 이래 부산교통공사에서 1,

2, 3, 4호선의 네 노선을 운영하고 있다. 대구는 1997년 11월 26일에 1호선 첫 운행을 시작하였고, 현재는 2, 3호선까지 모두 세 노선이 운영되고 있다. 대전 도시철도는 1호선이 2006년 3월 16일에 최초로 운행을 시작하였으며, 현재 1개 노선 22개 역을 운행하고 있다. 광주 도시철도 1호선은 부산, 대구에 이어 세 번째로 수도권을 제외한 지역에 건설된 노선이다. IMF 구제금융사건의 여파로 2단계로 나누어 건설되었는데, 1호선 1구간은 1996년 8월 28일에 기공하여 2004년 4월 28일에 개통되었으며, 2구간은 2000년 4월에 기공하여 2008년 4월 11일에 개통되었다.

지역	1호선 개통일	노선 수
서울	1974년 8월 15일	9개
부산	1985년 7월 19일	4개
대구	1997년 11월 26일	3개
대전	2006년 3월 16일	1개
광주	2004년 4월 28일	1개

이와 같이 지하철이 오랜 기간에 걸쳐서 개통되다보니 지하철의 호선 간에 서로 다른 점들이 많이 있다. 예를 들어, 서울 지하철 1호선은 전기를 110볼트를 사용하지만 다른 호선들은 220볼트를 사용한다. 서울 지하철 2호선을 비롯한 대부분의 전철은 우측운행을 하지만 서울 지하철 1호선과 분당선은 좌측운행을 한다.

출구번호에 규칙이 있다

지하철역의 출구는 여러 개이고, 각각의 출구에 번호가 매겨져 있다. 출구번호는 전철역 주변의 길 안내를 할 때나 전철역에서 만나기로 약속 장소를 정할 때에 매우 유용하게 활용된다. 예를 들어, “우리 매장은 ○○역 ○번 출구에서 30미터 직진하면 오른쪽에 있습니다.” 또는 “2시에 □□역 2번 출구에서 만나자"와 같이 말이다. 그런데 이렇게 편리한 지하철역 출구번호는 어떤 방식으로 매겨졌을까? 지하철 출구에 번호를 부여하는 방식은 전체적으로 서울(수도권), 대구, 대전, 광주는 비슷하고, 부산 지하철은 많이 다르다.

■ 서울(수도권) 지하철

서울(수도권) 지하철 출구번호는 특정 출구번호를 1번으로 지정하고, 1번 출구를 시작으로 시계방향으로 돌면서 2, 3, 4, 5, …순으로 번호를 붙인다. 따라서 예외적인 경우가 일부 있기는 하지만, 기준이 되는 1번 출구번호가 어떻게 지정되는지만 알게 되면 나머지 출구의 번호를 자동으로 알게 된다.

각각의 호선별로 1번 출구를 정하는 기준은 다음과 같다.

• 수도권 1호선의 출구번호는 상행선(소요산) 방향 왼쪽 맨 뒤쪽 출구를 1번으로 하고, 시계방향으로 돌면서 출구번호를 2, 3, 4, …순으로 붙인다.

• 수도권 2호선은 외선방향(시청 → 신촌, 공중에서 내려 봤을 때 또는 지도에서 봤을 때 반시계방향) 오른쪽 맨 앞쪽 출구를 1번으로 하고, 시계방향으로 출구번호 2, 3, 4, …순으로 붙인다.

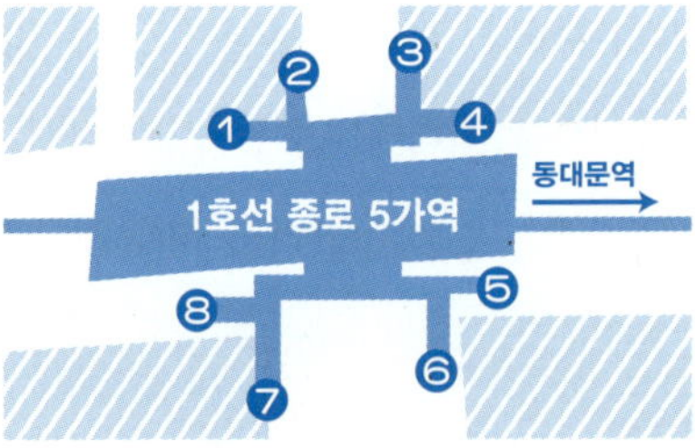

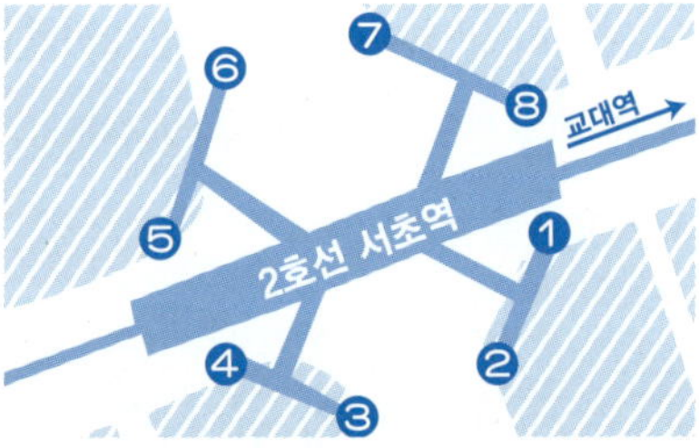

• 그 외의 수도권 지역 노선들은 상행선 방향 오른쪽 맨 앞쪽 출구를 1번으로 하고, 시계방향으로 출구번호 2, 3, 4, …순으로 붙인다.

• 환승역의 경우에는 호선이 빠른 노선의 1번 출구를 기준으로 해서 시계방향으로 출구번호를 매긴다. 예를 들어, 2호선과 4호선 환승역인 사당역의 경

우, 2호선의 외선방향(반시계방향)의 오른쪽 맨 앞 출구를 1번 출구로 하고, 시계방향으로 2, 3, 4, …순으로 출구번호를 매긴다.

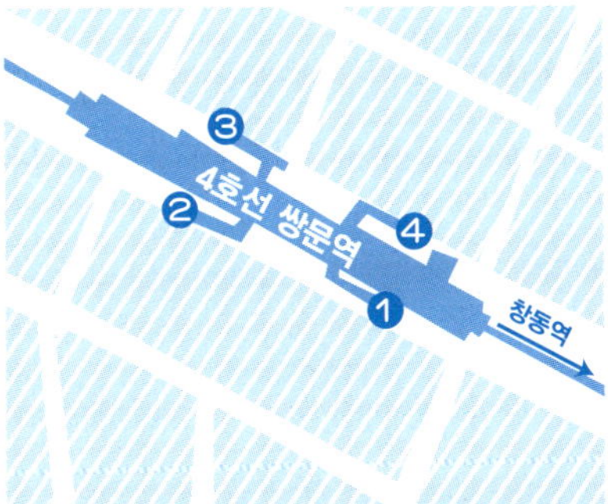

■ 지방 도시 철도

부산을 제외한 지방도시철도의 경우 서울과 비슷한 방식을 따르지만 지역미다 약간의 차이가 있나. 내선 1호선과 광수 1호선은 상행선 방향 오른쪽 맨 앞 출구를 1번으로 하고, 시계방향으로 돌면서 출구 번호를 2, 3, 4. …순으로 붙인다. 그러나 대구 도시철도는 상행선 방향 오른쪽 맨 앞 출구를 1번으로 하고, 반시계방향으로 홀수 번호를 매긴다는 차이점이 있다.

■ 부산 지하철

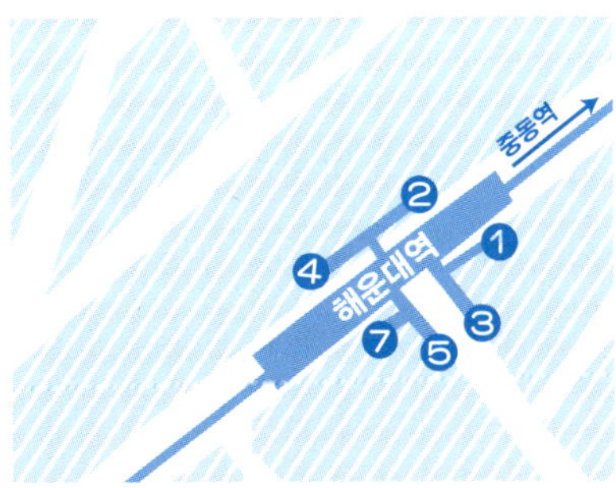

부산 지하철의 출구번호 배열 방식은 서울과 완전히 다르다. 부산은 상하 홀짝수 방식으로 출구번호를 매기고 있다. 즉, '상행선 방향'은 '홀수'로, '하행선 방향'을 '짝수'로 하여 출구번호를 매기며, 1번 출구는 '상행선 오른쪽 맨 앞 출구'이다. 오른쪽 그림의 해운대역에서 상행선 오른쪽 출구는 1, 3, 5, 7로 홀수이고, 왼쪽 출구는 2, 4로 짝수이다.

지하철 칸에도 번호가 있다

지하철 열차의 차량번호는 보통 4자리 숫자로 이루어져 있는데, 천의 자리 숫자는 '호선'을 의미하고, 백의 자리 숫자는 '칸'을 의미하고, 남은 두 자리 숫자는 '편성번호'를 의미한다. 예를 들어, 차량번호가 '4509'라면, 4호선, 5번째 칸, 09편성 열차, 즉 4호선 09편성 5번째 칸에 타고 있다는 뜻이다.

두 사람이 타고 있는 지하철 차량번호가 백의 자리 이외의 숫자가 모두 같으면, 같은 지하철에 타고 있다는 뜻이다. 예를 들어 두 사람이 전철을 타고 있는데, 한 사람은 차량번호가 4509이고 다른 사람은 4609이면, 두 사람은 모두 4호선 09편성 같은 열차에 타고 있고, 5번째 칸과 6번째 칸에 각각 타고 있는 것이다. 따라서 한 사람이 옆 칸으로 가면 만날 수 있다.

지하철과 더불어 많은 사람들이 매일 이용하는 버스에도 숫자가 많이 사용되고 있다. 특히 버스마다 번호가 있는데, 2자리 숫자, 3자리 숫자, 4자리 숫자로 다양하다. 게다가 버스의 색깔도 파란색, 빨간색, 초록색, 노란색 등등 여러 가지이다. 버스에 있는 이런 여러 가지 숫자들과 색깔에 각각 어떤 의미가 담겨 있는지 알아보자.

시내버스

우리나라의 노선버스는 크게 고속버스, 시외버스, 시내버스 세 가지로 구분된다. 고속버스는 장거리로 대도시와 지방도시, 소도시를 연결하여 직통으로 운행되는 경우가 대부분이고, 시외버스는 대부분 중간 지역을 정차해서 운행하지만 고속버스처럼 직통으로 운행하는 경우도 있다. 시내버스는 말 그대로 하면 시내를 운행하는 버스이지만, 광역버스, 간선버스, 지선버스, 순환버스, 마을버스 등으로 구분된다.

종류	버스색	노선	번호 구조
광역버스	빨강	• 대도시와 위성도시를 연결한다. • 수도권과 도심[3]을 연계하며, 서울의 경우 서울과 수도권 도시를 급행으로 연결한다.	4자리수, 맨 앞자리 : 9
간선버스	파랑	• 시 외곽, 도심, 부도심[4] 등 지역 간 연계 • 지역 간 중장거리 운행	3자리수
지선버스	초록	• 간선버스와 지하철 간의 연계 환승 • 지역 내의 통행 수요 처리 • 간선버스보다 가까운 거리 운행	4자리수
순환버스	노랑	• 도심과 부도심 내에서 단거리 순환 운행 • 도심 내의 업무, 쇼핑 등 통행수요 처리	2자리수
마을버스	초록	• 지선버스의 보조역할 수행 • 지역에서 가까운 정류소, 지하철역 연계 • 환승역, 아파트 단지 내 수요 처리	

서울 시내버스 노선번호의 의미

서울 시내버스는 출발지와 도착지를 알 수 있도록 2~4자리의 노선번호를 지정하고 있다. 이를 위해 우선 서울시와 경기도를 8개 권역으로 다음 그림과 같이 구분하였다.

■ 광역버스(빨간색) 9 1 0 1

광역버스의 번호는 4자리이며, 다음과 같은 구조로 이루어져 있다.

9 + 출발권역 + 일련번호(00~99)

첫 자리의 수 9는 광역버스임을 나타내는 광역버스 표기번호이다. 예를 들어, 9707번 버스는 광역버스이고, 출발권역이 7권역이라는 것을 알 수 있다. 실제로 이 버스는 출발지가 일산 가좌동인 광역버스이다.

■ 간선버스(파란색) 1 0 1

간선버스의 번호는 3자리이며, 다음과 같은 구조로 이루어져 있다.

출발권역 + 도착권역 + 일련번호(0~9)

예를 들어, 146번 버스는 1권역에서 출발해서 4권역에 도착하는 간선버스임을 알 수 있다. 실제로 이 버스는 출발지가 상계동이고 도착지가 강남역이다.

■ 지선버스(초록색) 1 2 1 1

지선버스의 번호는 4자리이며, 다음과 같은 구조로 이루어져 있다.

출발권역 + 도착권역 + 일련번호(11~99)

예를 들어, 5613번 버스는 5권역에서 출발해서 6권역에 도착하는 지선버스임을 알 수 있다. 실제로 이 버스는 출발지가 서울대이고 도착지가 여의도이다.

■ 순환버스(노란색) 0 1

번호가 2자리이며, 다음과 같은 구조로 이루어져 있다.

권역번호 + 일련번호(1~9)

예를 들어, 41번 버스는 4권역을 순환하는 버스임을 알 수 있다. 실제로 이 버스는 고속터미널이 출발지이고 서초역, 강남역, 선릉역, 코엑스, 압구정동, 신반포 등을 경유하고 도착지는 고속터미널이다.

내가 사는 지역 버스번호를 알면 어떤 점이 좋을까 싶지만 예를 들어, 집까지 한 번에 가는 마지막 버스를 놓치고 택시비는 아슬아슬할 때, 노선을 정확하게 알지 못하는 버스일지라도, 버스번호의 앞자리가 자신이 사는 동네의 권역번호인 버스를 타고 가면 자기 동네로 갈 수 있다. 그 후 택시를 이용하면 택시비를 아낄 수 있다.

Q 다른 지역 버스번호

부산, 대구, 대전, 광주 등의 광역시의 시내버스 번호도 각각의 체계에 따라 정해져 있다. 예를 들어, 부산의 도시형버스는 1번 ~ 300번이고, 순환버스는 500번 단위, 광역버스는 2000번 단위이다.[5] 대구의 간선버스는 세 자리 숫자로 되어 있는데, 출발지 + 경유지 + 도착지를 의미한다.[6] 예를 들어 704번 버스는 7번 권역에서 출발하고, 0번 권역을 경유하며, 4번 권역에 도착하는 버스이다. 실제로 이 버스는 칠곡에서 출발해서 중·남구를 경유한 뒤 수성구 방향으로 운행한다. 그리고 간선버스의 경우 번호 끝에 '–1'이 붙으면 '시계반대방향'으로 이동한다는 뜻이다. 이와 같이 자기가 살고 있는 지역의 버스 번호 체계를 알고 있으면 일상생활에 도움이 된다.

디지트 세상

둘!

자동차 번호판

궁금해요!!

자동차 번호판을 보면 숫자도 있고 한글도 있는데,

숫자와 한글은 각각 무슨 의미가 있나요?

Q 언제부터 자동차에 번호를 붙였나

우리나라 자동차의 앞, 뒷면에 부착되는 직사각형 모양의 금속판을 자동차 번호판이라 하는데, 정식 명칭은 '자동차등록번호판'이다. 자동차등록번호판은 한글과 아라비아 숫자의 조합으로 이루어져 있는데, 조합 방식은 등록 자동차 수의 급격한 증가와 함께 여러 차례 바뀌어 왔다.

우리나라 자동차 번호판은 일제강점기인 1914년에 처음 도입되었다. 마차 단속 규칙이 있어서 영업용차에 번호판이 붙기 시작했는데, 그 당시에는 일정한 규격이 없이 차번호와 허가증, 요금표 같은 것을 게시했다.[1] 이를 시작으로 1921년에 본격적으로 번호판 규격이 정해지기 시작했는데, 네모난 표지판에 흰색 숫자를 기입하기 시작했다. 이렇게 시작된 번호판은 1973년에 지역과 함께 번호를 넣는 방식으로 변경되어 2003년까지 써왔다. 이 당시에는 전입 신고로 자동차 주소가 변경되어 이사를 가게 되는 경우, 번호판을 교체해야만 했다. 그러다 2004년 지역명이 빠진 전국 번호판이 시행되었고, 2006년에 한 번 더 개정된 후 지금의 번호판 모습이 되었다.

자동차 번호판의 바탕색과 문자에 사용되는 색깔은, 운수사업용 차량은 황색 바탕에 검정색 문자가 사용되며, 운수사업용이 아닌 일반 자동차에는 분홍빛 흰색 바탕에 보랏빛 검정색 문자가 사용되며, 외교용 차량은 감청색 바탕에 흰색 문자가 사용된다.

자동차 번호판의 구조

우리나라의 자동차 번호판은 1973년, 1996년, 2004년 세 번에 걸쳐서 큰 변화가 있었는데, 현재 사용되고 있는 번호판은 보통

두 자리 숫자 + 한글 한 글자 + 네 자리 숫자

의 형태이다.

번호판에서 앞의 두 자리 숫자는 차종을 나타내고, 한글 한 글자는 차의 용도를 나타내고, 그 다음 네 자리 숫자는 일련번호이다.

■ 앞 두 자리 숫자의 의미

차의 종류를 나타내는 앞의 두 자리 숫자는 차의 종류를 나타내는데 차종에 따라 다음과 같이 사용된다.

- 승용차: 01~69
- 승합차: 70~79
- 화물차: 80~97
- 특수차: 98, 99

승용차와 승합차는 어떻게 다른가요?

- 승용차와 승합차는 탑승인원에 따라 구분된다.
- 탑승인원이 10명 이하이면 승용차이고, 11명 이상이면 승합차이다.
- 승합차는 보통 버스라고도 부르고, 화물용으로 쓰이는 것도 있는데, 이것을 밴이라고 부른다.

■ 한글 한 글자의 의미

앞 숫자가 차종을 구분했다면 그 다음 한글 한 글자는 차량의 용도를 구분한다. 용도 구분은 크게 일반인들이 사용하는 자가용과 자동차 운수사업용으로 구분하고, 운수사업용은 다시 택시, 버스, 택배와 같은 일반용과 렌터카와 같은 대여사업용으로 구분하여 사용한다. 구체적으로는 다음 표와 같다.

<table>
<tr><td>자가용 (관용포함)</td><td colspan="2">가~마(5개), 거~저(9개), 고~조(9개),
구~주(9개), 총 32개</td></tr>
<tr><td rowspan="2">자동차 운수 사업용</td><td>일반용(택시, 버스, 택배)</td><td>택시, 버스 : 바, 사, 아, 자,
택배 : 배</td></tr>
<tr><td>대여사업용(렌터카)</td><td>허, 하, 호</td></tr>
</table>

자동차의 용도에 따른 구분

렌터카는 '허'만 사용하다가 차량이 많아져 '하'와 '호'를 추가했다. 특히, '하'의 경우는 장기 렌터차량에 부여된다. 택배 배송차량의 경우에는 '택' 자로 하려고 했는데 받침 있는 글자는 단속 카메라에 찍히지 않아 '배' 자를 사용하고 있다.[2]

> 택시 번호판은 한글이 〈바, 사, 아, 자〉로 지정되어 있다. 따라서 어떤 택시 번호판의 한글이 〈바, 사, 아, 자〉가 아닌 다른 글자로 되어 있는 경우에는 불법 개조한 택시임이 분명하다. 따라서 이런 택시는 타지 않고 신고해야 한다. 간단하게 "아빠사자"로 외우면 편리하다.

■ 뒤 네 자리 숫자의 의미

나머지 숫자 네 자리는 차량 고유의 일련번호이다. 원래는 맨 앞자리의 수가 0인 수는 사용하지 않고 1000~9999까지의 숫자를 사용하였다. 그러나 사용할 수 있는 번호가 고갈되는 이유로 2015년부터 0으로 시작하는 번호도 배정하여 사용하기 시작하였다. 자동차의 네 자리 일련번호는 보통의 경우 자동차를 등록할 때 제시되는 번호들 중에서 등록하는 사람이 하나를 골라서 정하게 된다.

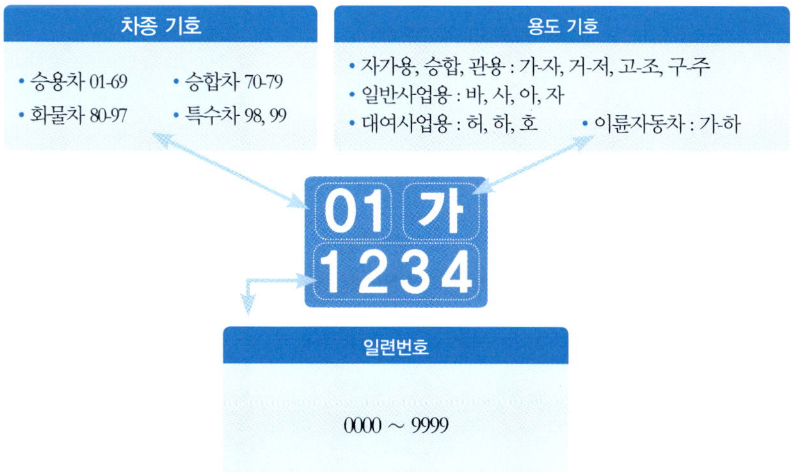

예를 들어, 차량 번호가 '05 바 1234'이면 이 차량은 승용차이고 일반사업용 차이다. 따라서 택시임을 알 수 있다. 그리고 차량번호가 '05 수 1234'이면, 이 차량은 승용차이고 자가용 차임을 알 수 있다.

현재의 자동차 번호 체계로 사용할 수 있는 자동차의 대수를 알아보자.

승용차의 경우 두 자리 숫자는 01에서 69까지 가능하므로 69가지이고, 한글 한 글자는 32가지이고, 네 자리 숫자는 0000부터 9999까지 10,000가지이다. 따라서 현재의 번호 체계로 사용할 수 있는 자가용 승용차의 최대 대수는 다음과 같다.

두 자리 숫자(69가지)×한글 한자리(32가지)×네 자리 숫자(10,000가지)

즉, 69×32×10000=22080000대이다. 그런데 국토교통부의 자료에 따르면 2016년 말 이 번호들이 모두 소진되었으며, 기존에 사용했던 자동차 등록번호 중 회수된 것을 다시 사용하고 있는 중이다. 그러나 이 번호마저도 곧 소진될 것으로 예상되어 새로운 자동차 번호판을 검토 중이다.[3]

디지트 세상

셋!

도로 번호

궁금해요!!

도로표지판을 보면 숫자가 적혀 있어요.

도로 번호인 것 같은데, 그 숫자는 무슨 의미가 있나요?

그리고 국도와 지방도로는 어떻게 다른가요?

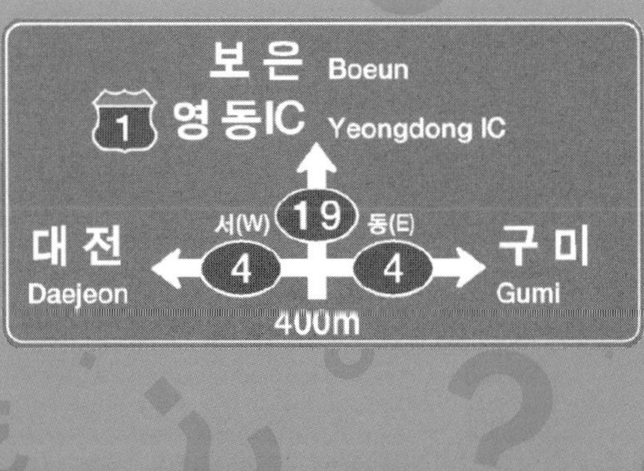

도로 번호

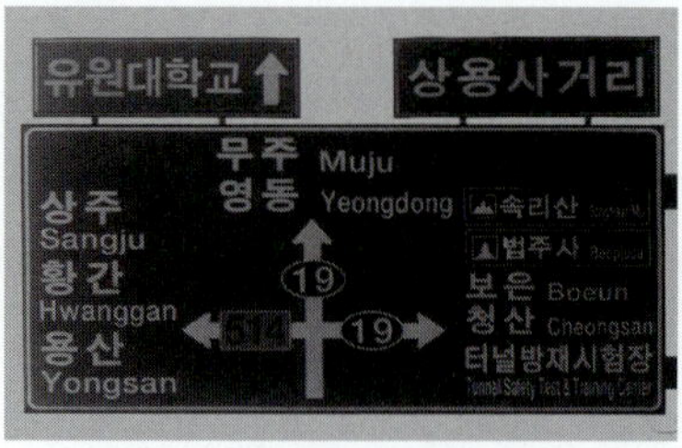

차를 운전하면서 도로 이정표를 자주 보게 되는데, 이정표에 적혀 있는 번호와 기호는 대부분 별로 관심 있게 보지 않는 것 같다. 그러나 도로 종류와 번호를 알면 어디로 가고 있는지, 어디에 있는지를 대략 짐작할 수 있는데, 이것을 아는 운전자는 많지 않은 것 같다. 이미 알고 있는 길을 갈 경우에는 굳이 도로 번호나 이정표를 볼 필요가 없겠지만 잘 모르는 지역에 갈 경우에는 도로 번호에 주목할 필요가 있다. 요즘 차량용 내비게이션이 많이 보급되어 지도와 도로 번호를 보면서 운전할 일은 드물겠지만, 알아두면 비상시에 유용하게 쓸 수 있는 중요한 정보이다.

도로는 크게 고속도로, 국도, 지방도로로 구분된다. 고속도로는 방패 모양 안에 도로 번호가 표기되어 있고, 국도는 파란색 타원에 도로 번호가 표기되어 있으며, 지방도는 노란색 사각형 안에 도로 번호가 표기되어 있다.

고속도로, 국도, 지방도로에는 일정한 규칙에 따라 번호가 붙여져 있다. 따라서 규칙을 알면 많은 정보를 알 수 있으며 일상생활에 편리할 때가 많다.

도로 번호 규칙 중 가장 기본적인 것은 도로 번호가 홀수이면 남–북 방향의 도로이고, 짝수이면 동–서 방향의 도로라는 것이다. 예외가 있는데, 부산과 경기도 파주를 잇는 77번 국도는 이런 법칙에서 조금 벗어난다. 경기도 파주에서 부산까지 도로가 'ㄴ'자 모양으로 연결되어 있기 때문이다. 77번 국도는 우리나라에서 가장 긴 국도이다.

도로종류	노선마크	주요내용
고속도로	1 45	방패모양 청색 바탕 흰색 글씨
국도	21 49	타원형 청색 바탕 흰색 글씨
지방도	23 719	직사각형 황색 바탕 청색 글씨
시도 (일반)	21	팔각형 흰색 바탕 청색 글씨
시도 (자동차 전용)	88	팔각형 흰색 바탕 청색 글씨 상단 붉은띠

고속도로

먼저 고속도로 번호에 대하여 알아보자.

고속도로는 거의 모든 도로가 서로 연결되어 있고, 주(간선)도로의 번호는 동서를 연결하면 끝자리가 0이고, 남북을 연결하면 끝자리가 5로 되어 있다. 단, 경부고속도로는 우리나라 최초의 고속도로라는 상징성을 감안하여 도로 번호 부여 체계와 상관없이 1번이 부여되었다.

동서를 연결하는 고속도로(끝자리가 0번)의 경우, 남쪽에서 북쪽으로 가면서 10번, 20번, 30번, 40번, …번 순으로 번호가 붙여진다. 구체적으로 가장 남쪽에 있는 남해고속도로가 10번이고, 익산–포항선이 20번, 영동선은 50번으로 되어 있다.

반면, 남북을 연결하는 고속도로(끝자리가 5번)는 서쪽에서 동쪽으로 가면서 15번, 25번, 35번, 45번, …순으로 번호가 붙여진다. 구체적으로 가장 서쪽에 있는 서해안선이 15번, 호남선이 25번, 통영대전·중부선이 35번이다. 그리고 남북 방향 고속도로는 남쪽을 기점으로 하고 북쪽을 종점으로 하며, 동서 방향

고속도로는 서쪽을 기점으로 하고 동쪽을 종점으로 한다.[1]

번호	노선명	구간	길이(km)
60	서울양양선	강원도 춘천~강원도 양양군	88.8
50	영동선	인천 남동구~강원 강릉	234.4
40	평택제천선	경기 평택~충북 제천	109.4
30	당진영덕선	충남 당진~경북 영덕군	278.6
20	익산포항선	전북 익산~경북 포항 * 장수~대구 구간은 장래 계획만 수립되어 있음	130.3
10	남해선	전남 영암~부산 북구	273.1

동서간 고속도로

번호	노선명	구간	길이(km)
1	경부선	부산 금정구~서울 서초구	416.05
15	서해안선	전남 무안~서울 금천구	340.8
25	호남선	전남 순천~충남 논산	194.2
35	통영대전•중부선	경남 통영~경기 하남	332.5
45	중부내륙선	경남 창원~경기 양평군	301.7
55	중앙선	부산 사상구~강원 춘천	288.8
65	동해•울산포항선	강원 삼척~강원 속초 울산 울주군~포항 남구	122.16 (남삼척~속초) 53.7 (울산~포항)

남북간 고속도로

이렇게 고속도로 번호의 끝자리가 0인지 5인지를 보고, 고속도로의 방향을 알 수 있으며, 첫 번째 자리 숫자를 보고 이 고속도로가 한반도의 상 – 하, 좌 – 우 어느 지역을 통과하는 것인지 알 수 있다.

고속도로 노선도

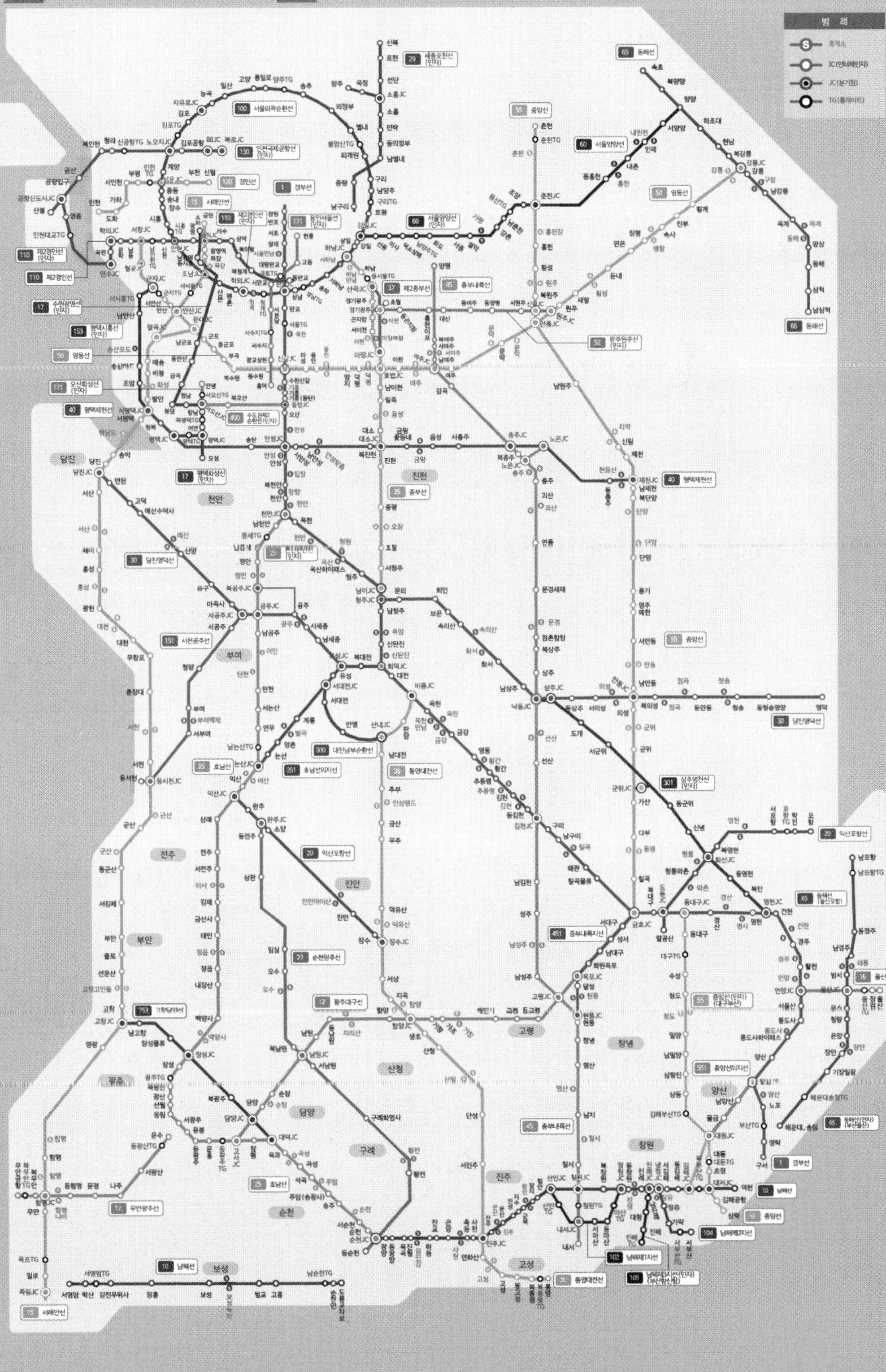
범례
휴게소
JC(인터체인지)
JC(분기점)
TG(톨게이트)
1 경부선
10 남해선
12 무안광주선
12 광주대구선
15 서해안선
16 울산선
17 평택화성선(민자)
17 수원광명선(민자)
20 익산포항선
25 호남선
27 순천완주선
29 세종포천선(민자)
30 당진영덕선
35 중부선
35 통영대전선
37 제2중부선
40 평택제천선
45 중부내륙선
50 영동선
52 광주원주선(민자)
55 중앙선
55 중앙선(민자)(대구부산)
60 서울양양선(민자)
65 동해선
65 동해선(민자)(부산울산)
100 서울외곽순환선
102 남해제1지선
104 남해제2지선
105 남해제3지선(민자)(부산신항선)
110 제2경인선(민자)
110 제2경인선
120 경인선
130 인천국제공항선(민자)
151 서천공주선
153 평택시흥선(민자)
171 오산화성선(민자)
171 용인서울선(민자)
251 호남선의지선
300 대전남부순환선
301 상주영천선(민자)
400 수도권제2순환선(민자)
451 중부내륙지선
551 중앙선의지선
700 고창담양선

고속도로 번호

0과 5로 끝나지 않는 고속도로 번호도 있고, 세 자리 숫자로 된 고속도로 번호도 있는데, 그것들 또한 위에서 설명한 0과 5로 끝나는, 가장 기본이 되는 고속도로들의 배열을 토대로 하여 규칙성을 가지고 부여된다.

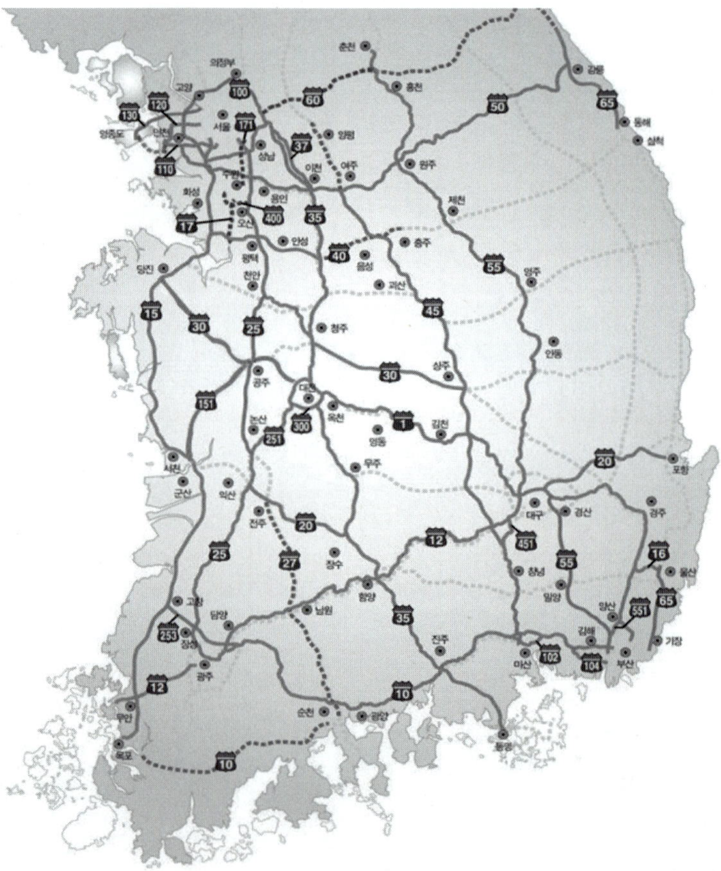

간선도로를 연결하는 보조간선노선은 남북간 도로이면 홀수, 동서간 도로이면 짝수가 붙여져 있다. 예를 들어 17번 고속도로(평택–화성)에 있다면 15번 도로(서해안고속도로)보다 동쪽에 있으면서 서로 연결되어 있다는 의미다.

단거리 지선은 간선축이나 보조축에 맞추어 세 자리로 표기된다. 예를 들어 251번은 25번(호남고속도로)의 지선이라는 뜻이고, 104번은 10번(남해고속도로)의 지선이라는 뜻이다.

대도시 순환선은 100단위로 표기되는데 앞자리는 해당 지역의 우편번호 첫자리가 부여된다. 예를 들어, 서울외곽순환선은 서울시 우편번호 첫자리 1을 따서 100번이고, 대전남부순환선은 대전 우편번호인 첫자리 3을 따서 300번 도로이다.

일반국도 79

국도는 국가의 행정목적상 중요하다고 인정되는 도로를 말하며, 국토해양부가 관리 운영한다. 국도는 표지판에서 파란색 타원 안에 하얀 글씨로 표기되어 있다. 일반국도는 오토바이도 운행할 수 있으며, 갓길로 사람이 걸어갈 수 있다. 따라서 지도에 대한 정보 없이 여행할 경우에는 지방도로보다 국도를 따라가면 무난하다.

국도 또한 고속도로와 마찬가지로 남–북 도로에는 홀수를, 동–서 도로에는 짝수를 붙인다.

대표적으로 국도 1호선은 목포에서 신의주까지 총 1068.3km로 이뤄져 있고, 2호선은 전남 신안에서 부산까지 476.2km를 연결하고 있다. 이 두 노선은 전남 목포에서 교차한다.

국도 1호선

국도 또한 고속도로와 마찬가지로 서쪽에서 동쪽 방향으로 갈수록, 남쪽에서 북쪽 방향으로 갈수록 숫자가 커진다.

2017년 현재 일반국도에는 56개의 노선이 있으며, 남북방향으로 된 노선은 홀수 번호(1번, 3번, 5번, 7번, 13번 등등)가, 동서방향으로 된 노선은 짝수 번호(2번, 4번, 6번, 12번, 22번 등등)가 부여되어 있다.

국도 번호 중에 한 자리 수로 된 번호는 우리나라 도로망에 있어서 기본이 되는 축의 역할을 하며, 두 자리 번호는 한 자리 번호인 도로를 바탕으로 양 지역 간을 이어주는 간선도로이다.

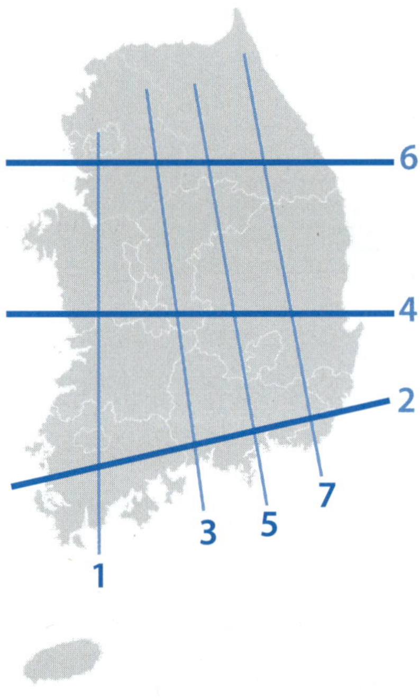

한 자리 수로 된 국도 번호는 위와 같이 우리나라 지도상에서 격자상의 배열을 하고 있어 기본 도로축이 된다.

지방도 1001

표지판에서 노란색 사각형 안에 숫자가 표기된 지방도로는 지방의 간선망 도로로 관할 광역단체장이 노선을 인정하도록 규정되어 있다.

현재 지방도는 400개가 약간 안 되는 노선이 있으며, 번호는 세 자리 또는 네 자리 수로 구성되어 있다. 여기서 백 단위 이상 숫자는 도의 구분을 나타내는데, 경기도는 3XX, 강원도 4XX, 충북 5XX, 충남 6XX, 전북 7XX, 전남 8XX, 경북 9XX, 경남 10XX, 제주도 11XX로 각각 부여되어 있다. 따라서 지방도로 번호만 봐도 자신이 어디에 있는지 대략 알 수 있다.

뒷자리 번호 XX는 도 단위의 행정구역 내에서 남북 방향은 홀수, 동서 방향은 짝수 번호를 사용하여 서쪽에서 동쪽으로, 남쪽에서 북쪽으로 부여하고 있다. 노선번호 중 1~50까지는 관할지역 내부만을 연결하는 노선에, 51~99까지는 인접도 등 타 지역과 연결되는 노선에 사용한다. 단, 타 지역의 지방도와 연결·접속될 경우 앞부분의 지역고유번호는 관할 도별로 상이하다. 그러나 뒤의 두 자리는 동일한 번호를 부여하고 있다. 예를 들어, 경남지방에 1059번 지방도가 있고, 이 길이 경북으로 이어진다면 경북 구간으로 넘어가면서 959번 도로가 되어 계속 이어지게 된다.

그런데 간혹 지방도 표지판에 두 자리 숫자가 적혀 있는 도로가 있는데 이는 국가 지원 지방도로라 해서 보통 '국지도'라고 부르는 도로다. 이 도로는 지방자치단체뿐만 아니라 국가에서도 지원을 해주는 도로라는 의미이다.

국지도는 보통 공항, 항만, 산업단지, 주요 도서, 관광지 등 주요 교통유발 시설이나 지역을 연결하고 고속국도와 일반국도로 이루어진 국가 기간도로망을 보조하는 도로이다.

한붓 그리기

하나!

그래프

궁금해요!!

다음 달에 우리 집이 이사를 가요.
작은 집이지만 부모님께서 엄청 고생하시면서 저축하신
돈으로 처음 사는 집이라 너무 감사하고 자랑스러워요.
이사 가기 전에 우리 식구들끼리 미리 그 집을
수리도 하고 대청소도 하려고 해요.
그런데 할 일을 적어보니 일이 엄청나게 많은 거예요.
게다가 어떤 일은 다른 일을 먼저 해놓은 다음에야
할 수 있더라고요. 해야 되는 전체 일을 일목요연하게
정리해서 볼 수 있는 방법이 없나요?

복잡한 상황을 그림으로 요약 정리하기

일이나 상황이 간단한 경우에는 굳이 정리하지 않아도 되는데, 복잡한 경우에는 정리하지 않으면 전체적인 상황을 이해하는 것이 쉽지 않다. 복잡한 상황을 간단하게 요약, 정리할 수 있는 방법에 어떤 것이 있는지 알아보자.

다음 달에 이사 갈 집을 미리 수리하고 청소를 하려고 한다. 할 일들을 적어보니 다음 표와 같았다. 일의 전체 상황을 일목요연하게 볼 수 있었으면 좋겠다.[1]

작업 기호	작업 내용	작업 시간	먼저 해야 되는 작업
B	화장실 청소	8	P
C	거실 청소	4	S, W
F	각종 필터 교환	1	P
G	침실 청소	8	B, F, K
K	부엌 청소	12	P
L	전구 청소 및 교환	1	없음
P	페인트 작업	32	L
S	각종 전기 시설 청소 및 전지 교환	1	G
W	창문 닦기	4	G

할 일이 무려 아홉 가지나 되고, 게다가 대부분의 작업들이 그 일을 하기 전에 먼저 해야 되는 작업이 있다. 해야 되는 작업들 전체를 간단하게 요약, 정리해서 한눈에 파악할 수 있으면 좋을 것 같은데, 어떤 방법이 있을까?

앞의 할 일들을 그림으로 다음과 같이 간단하게 나타낼 수 있다.

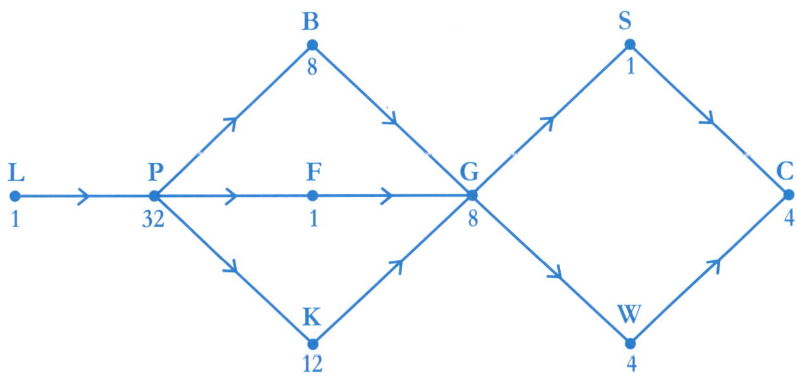

위 그림에서 점 위의 영어 알파벳은 작업기호이고, 점 아래 숫자는 작업 시간이고, 왼쪽에서 오른쪽으로 작업을 진행한다. 이렇게 그림으로 간단하게 나타내고 보니, 전체 작업 상황이 한눈에 일목요연하게 파악되어 좋다! 작업의 순서는 작업 L을 제일 먼저 하고, 맨 마지막에는 작업 C를 하면 된다. 그리고 작업 B, F, K와 작업 S, W는 동시에 진행할 수 있으므로 전체 일을 마치는데 걸리는 시간은 다음 순서로 했을 때 걸리는 시간이다.

L — P — K — G — W — C

이때 걸리는 시간은 쉬는 시간 빼고 총 1+32+12+8+4+4=61시간이다.

위 그림과 같이 점과 선으로 이루어진 도형을 그래프(Graph)* 라고 한다. 이제 수학의 한 분야인 그래프 이론에 대하여 알아보자.

*이때의 그래프는 함수의 그래프와는 다른 것이다. 일종의 동명이인인 셈이다.

그래프 이론의 역사

유한 개의 점으로 이루어진 집합과 점들 사이의 관계를 연구하는 그래프 이론의 시작은 약 300년 전 프로이센의 오래된 도시인 쾨니히스베르크(현재 러시아의 칼리닌그라드)로 거슬러 올라간다. 쾨니히스베르크에는 아래 그림과 같은 모양의 도로가 있었다.

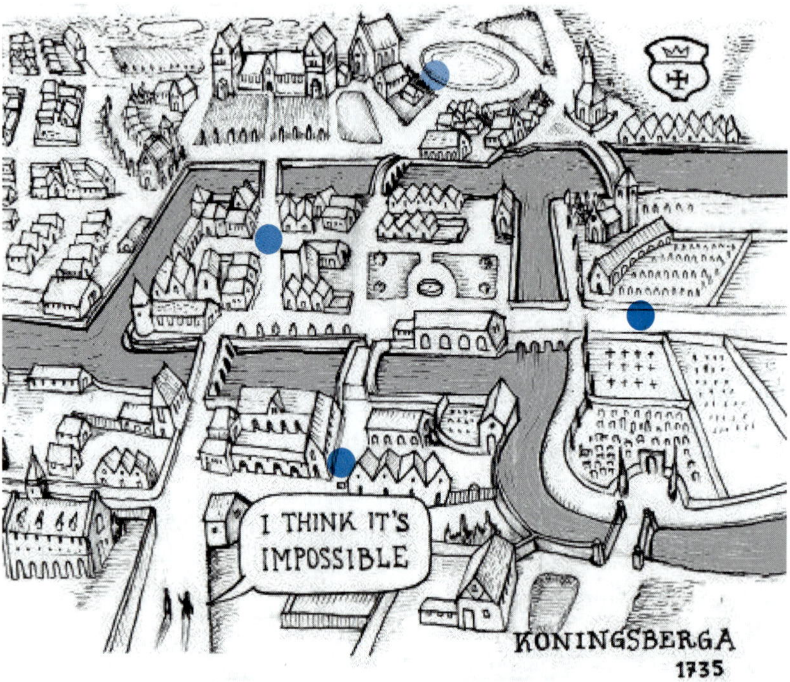

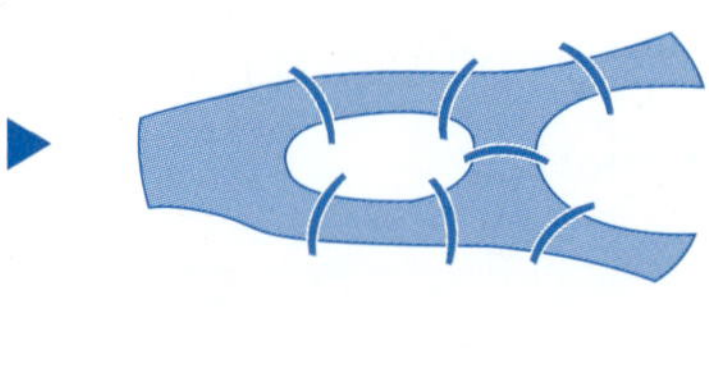

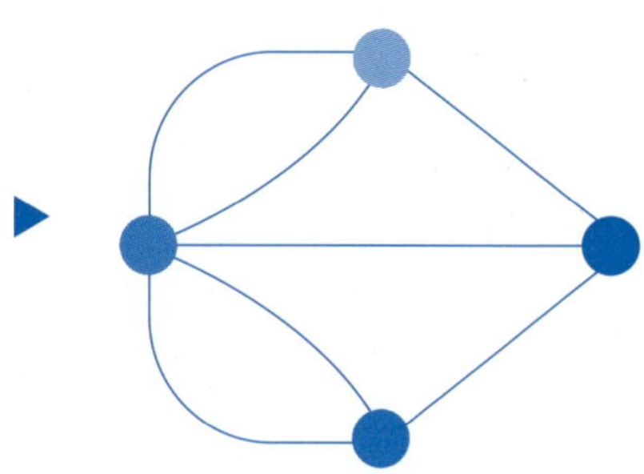

당시 그 도시에 유명한 수학자 오일러가 살고 있었다. 그 도시의 중앙을 가르며 흐르는 프레겔 강에는 7개의 다리가 있었다. 7개의 다리를 각각 단 한 번씩만 지나면서 모두 건너갈 수 있느냐는 문제가 그 도시 사람들에게 유명한 문제였다. 사람들은 이 문제를 해결하지 못하고 있었는데, 마침내 수학자 오일러(Euler, 1707~1783)에게 물어보게 되었다.

오일러가 그려진 스위스 지폐

오일러는 그렇게 하는 것이 불가능함을 증명하였고, 그것이 계기가 되어 점과 선분으로 이루어진 그래프에 대한 연구가 이어지고 발전하였으며, 현재의 그래프 이론으로 자리 잡게 되었다.

그래프 이론은 수학의 중요한 분야 중의 하나이고, 실생활의 많은 문제를 해결하고 편리하게 해주는 유용한 분야이다.

한붓 그리기

둘!

한붓그리기 : 오일러 경로

궁금해요!!

도로를 청소하는 청소차로 아래 그림과 같은 모양의 도로를 모두 청소하려고 한다. 각각의 도로를 어떤 순서로 가면서 청소하는 것이 가장 짧은 거리를 가는 것일까?

한붓그리기와 오일러 정리

아래 그림과 같은 모양의 도로를 A에서 출발하여 모두 청소하려고 할 때 어떤 길을 따라 도로를 청소하는 것이 가장 짧은 거리일까?

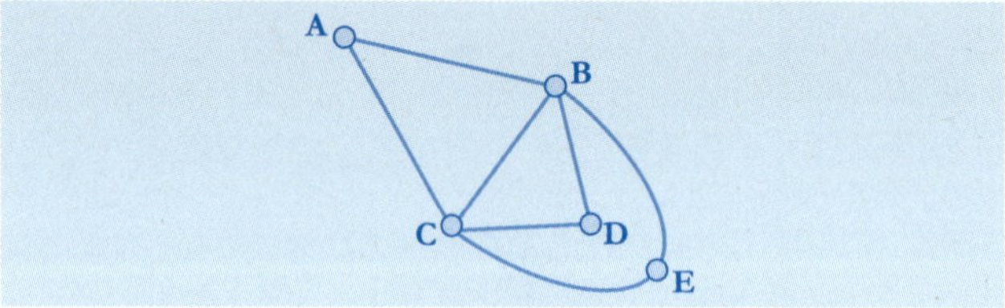

두 번 지나는 도로가 없으면서, 즉 각각의 도로를 한 번씩만 지나면서 모든 도로를 다 지나는 길이 가장 짧은 거리가 될 것이다. 즉, 각각의 도로를 한 번씩만 지나면서 모든 도로를 지나는 길을 찾으면 된다. (이런 길이 없는 경우도 있다. 가장 짧은 길을 찾는 문제를 중국인의 우편배달부 문제라고 한다. 289쪽 참고)

이와 같이 그래프의 모든 변을 단 한 번씩 지나는 경로를 오일러 경로(Euler trail)라고 부른다. 특히 오일러 경로 중에서 시작점과 끝점이 같은 것을 오일러 회로(Euler circuit)라고 부른다. 여기서 경로란 그래프의 꼭짓점에서 꼭짓점으로 그래프의 각 변을 따라 가는 길을 말한다.

아래의 두 그림은 모두 오일러 경로이고, 특히 오른쪽 그림은 오일러 회로이다.

오일러 경로

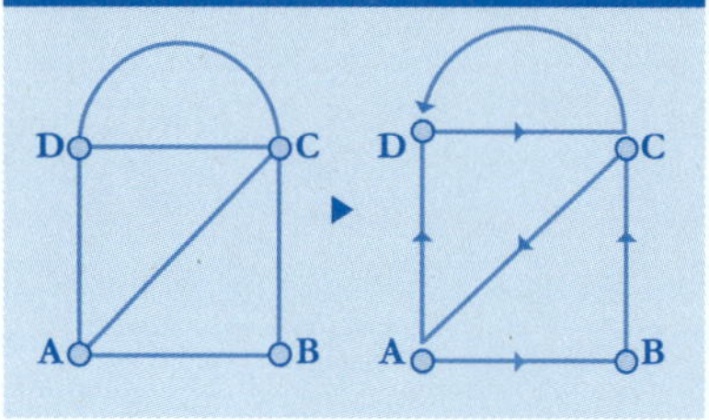

오일러 회로

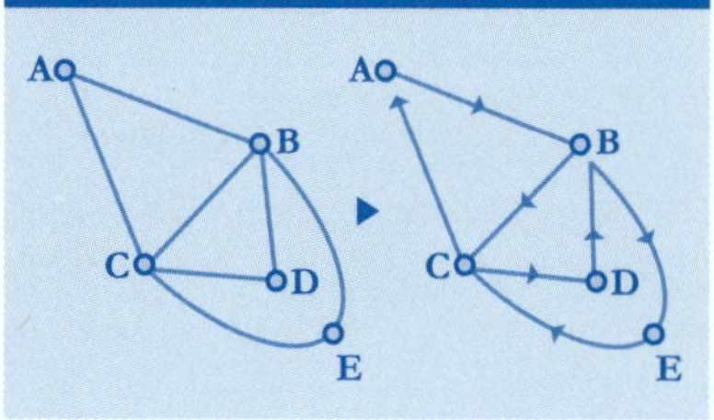

그래프가 있을 때, 그 그래프를 연필을 떼지 않고 한 번에 그리는 한붓그리기는 그래프의 오일러 경로를 찾는 문제이다.

다음 그래프는 오일러 경로가 존재하지 않음을 쉽게 확인할 수 있다.

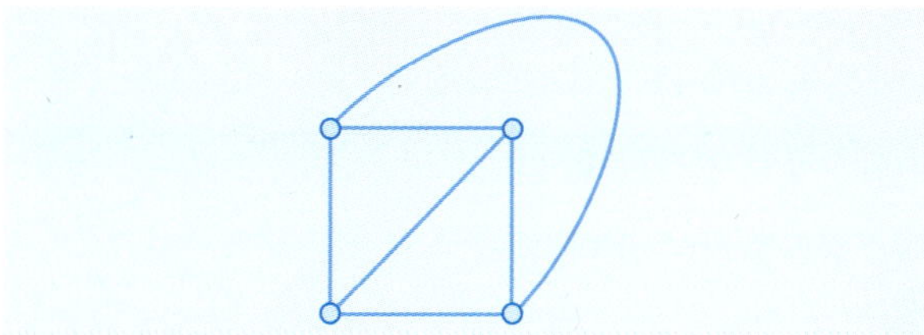

점에 연결된 선의 개수를 그 점의 차수(degree)라고 한다. 한붓그리기에 대한 연구 결과, 점에 연결된 선이 짝수 개인지 홀수 개인지가 큰 차이를 낳는다는 것을 알았다. 그래서 점에 연결된 선이 짝수 개이면 그 점을 짝수점이라 하고, 홀수 개이면 홀수점이라고 이름 붙였다.

주어진 그래프가 한붓그리기가 가능한지 불가능한지 판별할 수 있는 정리로 다음과 같은 오일러 정리가 있다.

오일러 정리

1) 연결된 그래프가 오일러 경로를 가질 필요충분조건은 홀수점이 없거나 2개인 것이다.
2) 연결된 그래프가 오일러 회로를 가질 필요충분조건은 모든 점이 짝수점인 것이다.

오일러 정리에 따르면, 그래프가 주어져 있을 때 그 그래프가 한붓그리기가 가능한지 다음 사항을 알아보아야 한다. 즉, 각 점의 차수가 홀수점이 없거나 2개 있으면 한붓그리기가 가능한 것이고, 그렇지 않으면 불가능한 것이다. 그리고 한붓그리기가 가능한 경우에도, 홀수점이 없는 경우에는 아무 점에서 그리기 시작하더라도 한붓그리기가 가능하다. 그러나 홀수점이 2개인 경우에는 반드시 어느 한 홀수점에서 시작해야 되고 다른 홀수점에 도착하면서 한붓그리기가 완성된다.

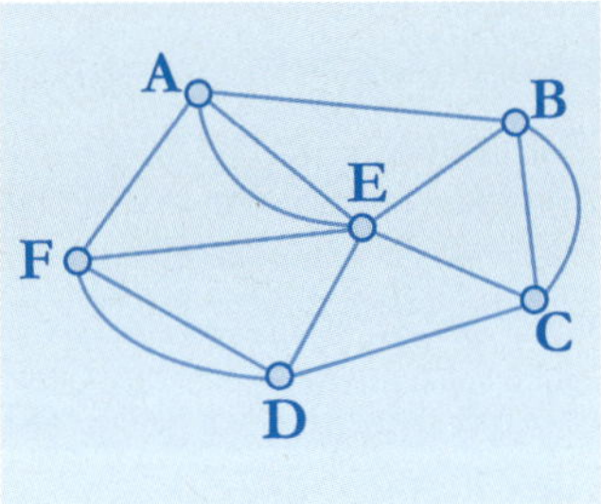

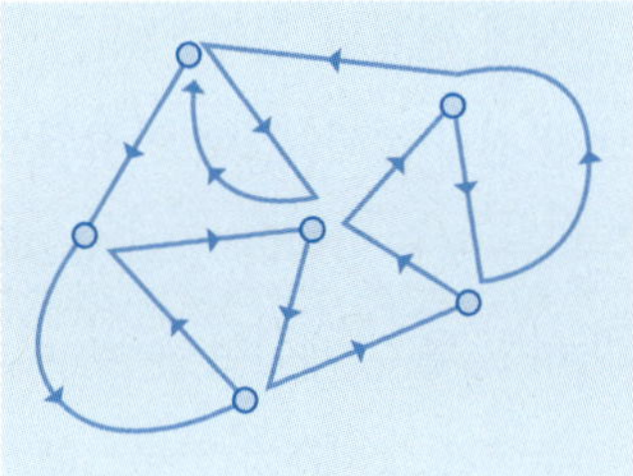

연습 삼아 오른쪽 그래프가 한붓그리기가 가능한지 알아보자. A에서 F까지 6개의 점이 홀수점인지 짝수점인지 각각 확인해 보면, 모든 점이 짝수점임을 알 수 있다. 따라서 위의 오일러 정리에 의하여 오른쪽 그래프는 오일러 회로를 갖고 있으며(한붓그리기가 가능하고), 아무 점에서 시작하더라도 오일러 회로를 그릴 수 있다(한붓그리기가 가능하다). 실제로 점 A에서 시작한 한붓그리 기는 오른쪽 그림과 같다.

쾨니히스베르크 다리 문제의 경우에는 홀수점이 4개이다. 따라서 오일러 정리에 의하여 오일러 경로가 존재하지 않는다.

한붓그리기 알고리듬

홀수점이 없거나 2개이면 한붓그리기가 가능하다는 것은 알았다. 그렇다면 한붓그리기를 실제로 어떻게 하면 될까? 그래프가 간단하면 몇 차례 시행착오를 거쳐 어떻게 하는지 알아낼 수 있지만, 그래프가 복잡한 경우에는 시행착오의 방법이 간단한 일이 아니다. 그리고 컴퓨터 프로그래밍을 하기 위해서는 일반적으로 어떻게 하면 한붓그리기를 할 수 있는지 그 절차적 방법이 필요하다. 그런 방법 없이 모든 가능한 경우를 다 해보는 방식으로 프로그램을 짤 수는 없는 일이니까 말이다. 그런 절차적 방법을 알고리듬

(algorithm)이라고 한다.

우선 필요한 용어 하나를 정의하겠다. 연결된 그래프가 있다고 하자. 그 그래프의 선분 중에서 한 선분을 제거하면 그래프가 연결되지 않게 될 때, 그 선분을 다리(bridge)라고 한다. 오른쪽 그래프에서 굵게 되어 있는 선분이 다리이다. 이제 한붓그리기를 할 수 있는 알고리듬을 알아보자.

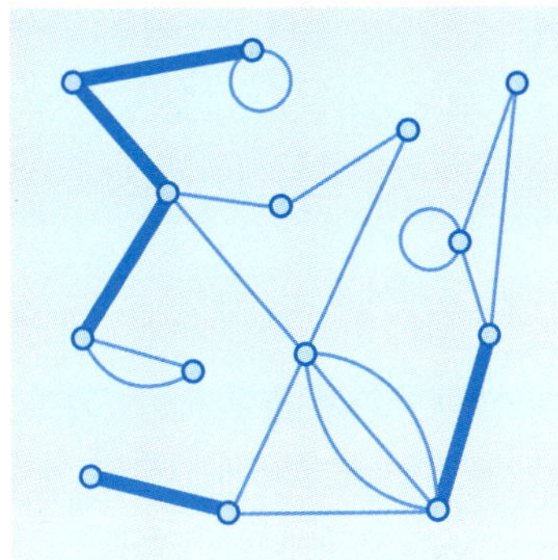

❶ 한붓그리기 알고리듬 I

한붓그리기를 하기 위한 플루어리(Fluery) 알고리듬

(0) 홀수점의 개수가 0인지 2인지 확인한다. 이때, 홀수점의 개수가 0개이면 아무 점에서나 시작하고, 2개이면 한 홀수점에서 시작한다.

(1) 한 점에서 연결된 선분 중에서 다리가 아닌 선분이 있으면 그 선분으로 지나가서 다른 점으로 간다.

(2) 한 점에서 연결된 선분이 다리밖에 없으면 다리로 간다.*

(3) 위의 (1), (2)의 과정을 계속하다보면 유한한 과정에서 모든 선분과 점을 지나게 되어 한붓그리기가 완성된다.

* 한붓그리기하는 과정에서 어떤 선분이 다리인지 아닌지를 판정할 때에는, 이전에 지났던 선분은 없는 것으로 간주하고 판정한다.

예를 들어 오른쪽 그래프의 한붓그리기를 위의 알고리듬을 적용하여 해보자. 우선 그래프에서 홀수점을 찾아보면 홀수점이 A와 F로 2개이다. 따라서 한붓그리기의 시작을 A와 F 중의 한 점에서 해야 된다.

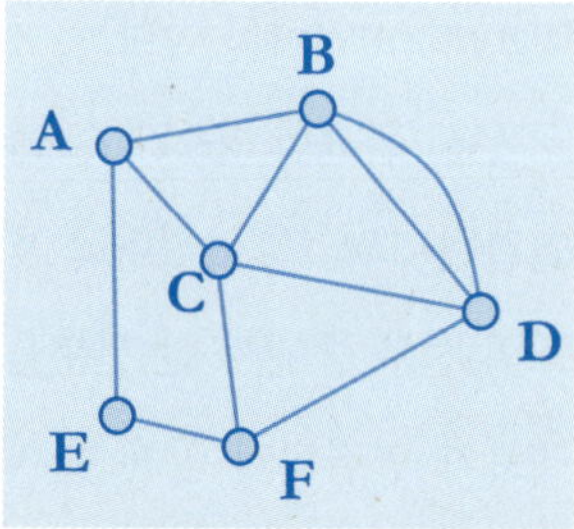

• A에서 시작하자.

• A에서 생각: A에서 연결된 세 선분이 모두 다리가 아니므로 아무 선분으로 가도 된다. 예컨대 B로 가자.

• B에서 생각: B에서 연결된 세 선분*이 모두 다리가 아니다. 다리가 아닌 선분 아무 데로 가면 되니까, 예컨대 D로 가자.

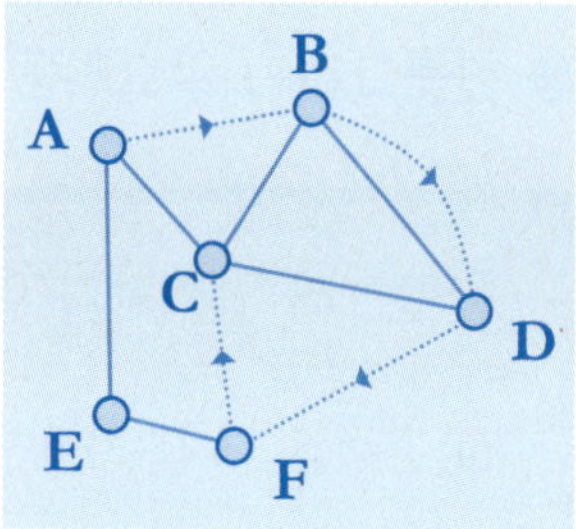

같은 방법으로 D에서 F로 가고, F에서 C로 가자. 이제 C에서 생각해보자. 우선 지금까지 지나온 변을 없는 것으로 간주하고 그래프를 그리면 오른쪽 그림과 같다. 이때, C와 A를 잇는 선분은 다리이다. 그러므로 C에서는 다리가 아닌 B 또는 D로 가야 된다. D로 가자.

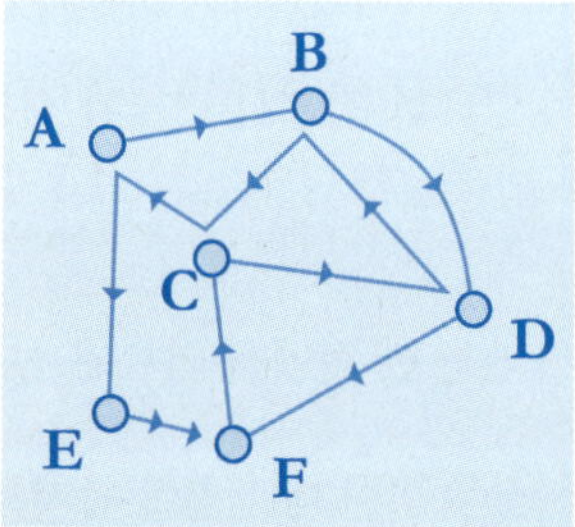

D에서 B로 가고, B에서 C로 가고, C에서 A로 가고, A에서 E로 가고, E에서 F로 가면 한붓그리기가 완성된다.

지금까지의 한붓그리기의 과정을 나타내면 다음과 같다.

A → B → D → F → C → D → B → C → A → E → F

다음과 같은 방법으로 한붓그리기를 할 수도 있다.

A → B → C → D → B → D → F → C → A → E → F

* A에서 B로 지나왔으므로, 지나왔던 선분은 없는 것으로 간주하고 생각한다.

위의 알고리듬을 적용해서 한붓그리기를 했을 때 한붓그리기 하는 방법이 여러 가지가 나올 수 있음을 알 수 있다.

한붓그리기를 할 수 있는 알고리듬은 여러 가지인데, 위의 알고리듬보다 설명이 조금 복잡하지만, 더 효율적인 알고리듬을 하나 소개하겠다.

❷ 한붓그리기 알고리듬 II

한붓그리기를 위한 히어홀저(Hierholzer) 알고리듬

(0) 홀수점의 개수가 0인지 2인지 확인한다. 이때, 홀수점의 개수가 0개이면 아무 점에서나 시작하고, 2개이면 한 홀수점에서 시작한다.

(1) 시작하는 점 v_1을 위의 (0)에 따라 선택한 후, v_1에서 시작하는 오일러 회로 C_1을 임의로 하나 그린다.

(2) 만일 C_1이 전체 그래프 G와 같으면 알고리듬이 끝난다. 아니면, C_1의 점 중에서 C_1 이외의 점과 연결되어 있는 점이 적어도 하나 있을 텐데, 그 점을 v_2라 하자. 그리고 v_2에서 시작해서 C_1의 선분을 하나도 지나지 않는 오일러 회로 C_2^*를 하나 그린다.

(3) 이제 v_1에서 시작해서 v_2까지 갔다가, C_2^*를 돌아서 다시 v_2으로 왔다가, C_1의 나머지 부분을 따라 v_1로 가는 회로를 C_2라고 하자.*

(4) C_2가 G와 같으면 알고리즘은 끝난다. 아니면 다시 (2)와 (3)의 과정을 거친다. (2)와 (3)의 과정은 회로를 늘려가는 과정, 즉 회로가 지나는 선분과 점이 늘어나는 과정이므로, 유한한 과정에서 그래프의 모든 선분과 점을 지나게 된다. 그래서 한붓그리기는 완성되고, 알고리듬은 끝난다.

* 이 과정은 두 회로 C_0과 C_0^*를 더한 것으로 볼 수 있다.

예를 들어 오른쪽 그래프의 한붓 그리기를 히어홀저 알고리듬을 적용하여 해보자.

우선, 홀수점을 확인해보면 홀수점은 없다. 따라서 아무 점에서 시작해도 된다. 1번 점을 시작점으로 하자.

1번에서 시작하는 회로를 하나 만들어야 되는데, 다음과 같이 만들고, 그 회로를 C_1 이라 하자.

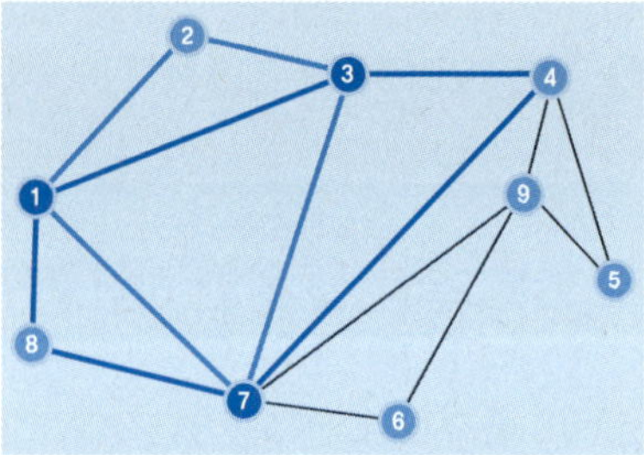

C_1 : 1–3–4–7–8–1

이제 C_1의 점 중에서 C_1 이외의 점과 연결되어 있는 점을 하나 선택해야 되는데, 예컨대 3을 선택하자.

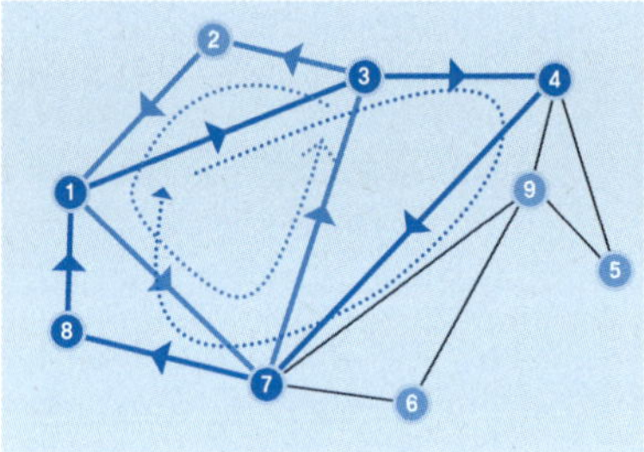

3에서 시작하는 오일러 회로를 하나 만들어야 되는데, 다음과 같이 만들고, 그 회로를 C_2^* 라고 하자.

C_2^* : 3–2–1–7–3

이제 C_1과 C_2^*를 연결한 오일러 회로 C_2는 다음과 같이 된다.

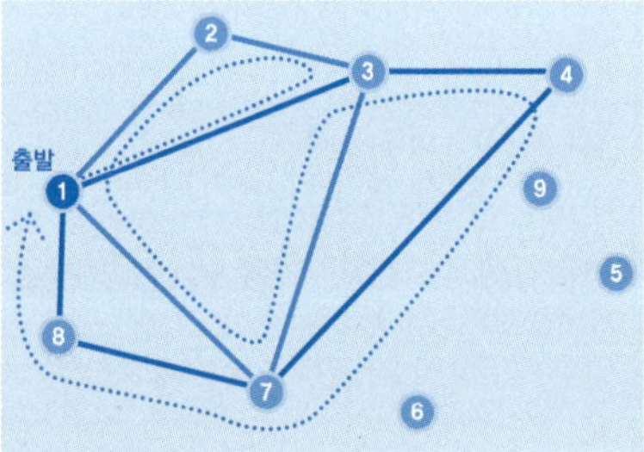

C_2 : 1–3–2–1–7–3–4–7–8–1

이제 C_2에 있는 점 중에서 C_2 이외의 점과 연결되어 있는 점을 하나 선택해야 되는데, 예컨대 7번 점을 잡자.

7번 점에서 시작해서 C_2 이외의 점 들을 지나는 오일러 회로를 하나 잡아야 되는데, 다음과 같이 잡고, 그 회로를 C_3^* 라 하자.

C_3^* : 7–6–9–7

이제 C_3^*와 C_2를 연결한 오일러 회로 C_3는 다음과 같이 된다.

C_3 : 1–3–2–1–7–3–4–7–6–9–7–8–1

이제 C_3에 있는 점 중에서 C_3 이외의 점과 연결되어 있는 점을 하나 선택해야 되는데, 예컨대 4번 점을 잡자. 4번 점에서 시작해서 C_3 이외의 점들을 지나는 오일러 회로를 하나 잡아야 되는데, 다음과 같이 잡고, 그 회로를 C_4^*라 하자.

$$C_4^* : 4-9-5-4$$

이제 C_4^*와 C_3를 연결한 오일러 회로를 C_4는 다음과 같이 된다.

$$C_4 : 1-3-2-1-7-3-4-9-5-4-7-6-9-7-8-1$$

C_4가 전체 그래프와 같으므로 C_4가 구하는 오일러 회로이고, 한붓그리기가 끝났다.

중국인의 우편배달부 문제

그래프의 한 점에서 출발하여 모든 선분을 (적어도 한 번씩) 모두 지나고 처음 출발했던 점으로 돌아오는 가장 짧은 회로를 찾는 문제를 중국인의 우편배달부 문제(Chinese Postman Problem)라고 한다. 이 문제는 중국 수학자 콴 메이코(管梅谷, Kwan Mei-ko, 1934~)가 1960년 당시 26세의 나이에 중국 학술지에 처음으로 제시하였으며, 그 논문에서 이 문제를 해결하는 알고리듬도 함께 발표하였다.

그의 논문은 중국어로 된 것이었으나 2년 후인 1962년에 영어로 번역되었고 미국 수학자 에드몬즈(Jack Edmonds)가 이 문제를 중국 외부 사회로 알리면서 중국인의 우편배달부 문제라고 불리게 되었다. 이후 1973년에 에드몬즈와 존슨(E. L. Johnson)은 이 알고리듬을 다항식 시간 내에 찾아내는 알고리듬을 개발하였다. 그 결과 콴 메이코도 세계적인 명성을 얻어 중국의 여러 대학에서 학장, 총장을 역임하였으며, 호주 로열 멜버른 공과대학의 교수로도 재직하였다.[1, 2]

한붓 그리기

셋!

방문 판매원 문제 : 해밀턴 경로

궁금해요!!

엄마 심부름도 있고 내가 살 물건도 있고 해서,
이따가 문방구, 서점, 화장품가게, 약국, 그리고 제과점을
다녀오려고 해요. 어떤 순서로 다녀오는 것이 좋을까요?

방문 판매원 문제

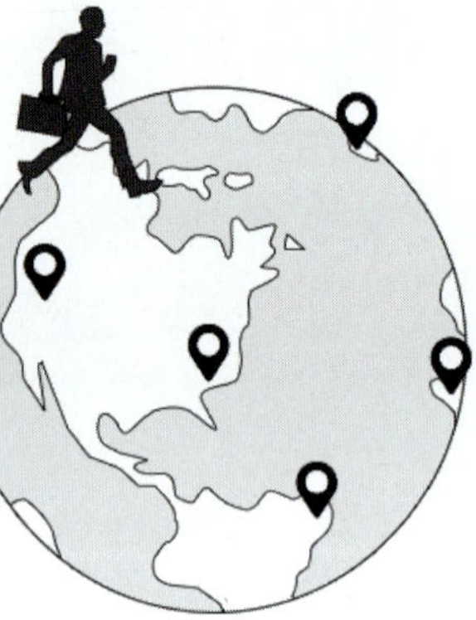

여러 지점을 들렀다가 돌아오는 일은 일상생활 중에 매우 자주 생기는 일이다. 이때, 여러 지점을 어떤 순서로 들르는 것이 최단거리인지 구하는 문제는 매우 자연스러우면서도 실용적인 문제이다. 이 문제는 여러 곳에 있는 공중전화기의 동전을 수거하고 돌아오는데, 여러 지점을 어떤 순서로 어떤 길로 다녀오는 것이 최단거리가 되는지 구하는 문제와 똑같은 문제이다. 그리고 여러 지점을 들러서 학생들을 태우고 오는 통학버스의 노선을 정하는 문제도 같은 문제이다.

이 문제를 여러 가지 이름으로 부르지만, 보통 방문 판매원 문제(Traveling Salesman Problem)라고 부르며, 어느 한 도시에서 출발해서 모든 도시를 정확하게 한 번씩만 방문하고, 마지막으로 출발했던 도시로 다시 돌아오는 경로를 찾는 문제이다.

각각의 도시를 점으로 나타내고, 도시 간의 도로를 선분으로 나타내면, 이 문제는 주어진 그래프의 모든 점을 모두 지나는 경로를 찾는 문제가 된다. 그래프의 모든 점을 단 한 번씩 지나는 경로를 그 그래프의 해밀턴 경로(Hamiltonian Path)라고 한다. 그리고 해밀턴 경로 중에서 시작점과 끝점이 같은 것을 해밀턴 회로(Hamiltonian Cycle)라 한다. 이 명칭은 영국의 수학자 해밀턴(WilliamR. Hamilton, 1805~1865)의 이름을 따서 붙인 것이다.

해밀턴이 그려진 아일랜드 우표 (2005년경)

아이코시안 게임

영국의 수학자 해밀턴은 1857년에 아이코시안(Icosian) 게임을 발명했다.[1] 이 게임은 20개의 꼭짓점으로 이루어진 그래프의 모든 꼭짓점을 단 한 번씩 지나고 처음 출발점에서 끝나는 회로를 찾는 게임이다.

해밀턴 회로 찾기 문제 : 아이코시안 게임

정12면체의 한 점에서 시작하여 모든 점을 단 한 번씩 지나서 처음 점으로 되돌아 올 수 있는 길이 있는가?

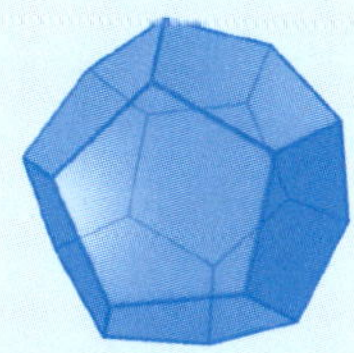

해밀턴 회로 찾기 풀이

다음 그림과 같이 해밀턴 회로가 존재한다.

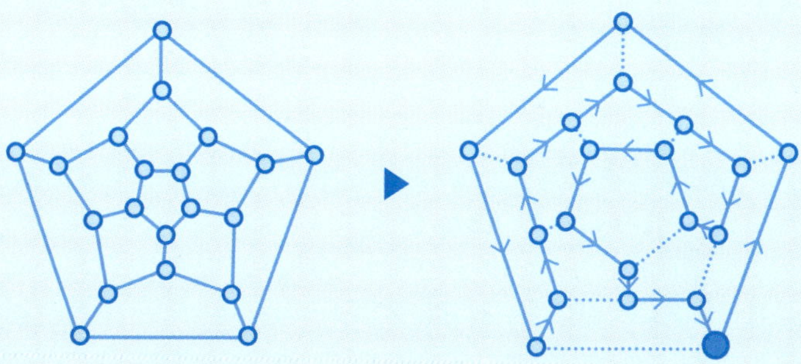

위 문제에서는 정12면체에 대하여 해밀턴 회로가 존재함을 알았는데, 다른 정다면체의 경우에는 어떨까? 정다면체는 정4면체, 정6면체, 정8면체, 정12면체, 그리고 정20면체의 다섯 가지가 있고, 아래 그림에서 알 수 있듯이 모든

정다면체에 해밀턴 회로가 존재한다.

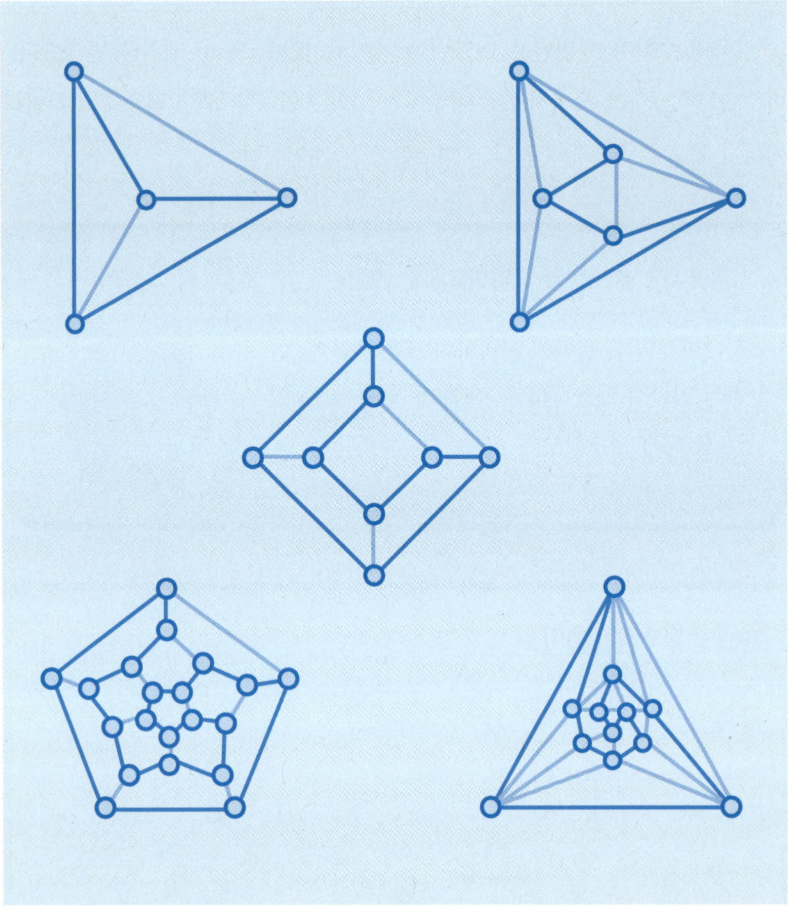

해밀턴 경로와 오일러 경로

오일러 경로와 해밀턴 경로는 몇 가지 면에서 서로 다르다. 오일러 경로는 주어진 그래프의 각각의 변을 모두 지나야 되지만, 해밀턴 경로는 각각의 변을 모두 지날 필요는 없다. 오일러 경로와 해밀턴 경로 모두 각각의 점을 모두 지나야 된다. 그러나 오일러 경로는 같은 점을 2번 이상 지나도 되지만, 해밀턴 경로는 한 점을 2번 지나면 안 된다.

	오일러 경로(회로)	해밀턴 경로(회로)
꼭지점	모든 꼭짓점 지남 한 꼭짓점 2번 이상 지나도 됨	모든 꼭짓점 지남 각각의 꼭짓점을 단 한 번만 지남
변	모든 변을 단 한 번씩 지남	모든 변을 다 지날 필요 없음
예	한붓그리기 도로청소	공중전화기 동전 수거 여러 도시 여행

예를 들어, 한붓그리기는 오일러 경로를 찾는 문제이고, 배낭여행으로 여러 도시를 방문할 경우 각 도시를 단 한 번씩만 방문하는 경로를 찾는 것은 해밀턴 경로를 찾는 문제이다. 아래 그림은 미국의 고속도로를 따라 모든 주의 주도를 한 번씩 방문하는 해밀턴 회로이다.

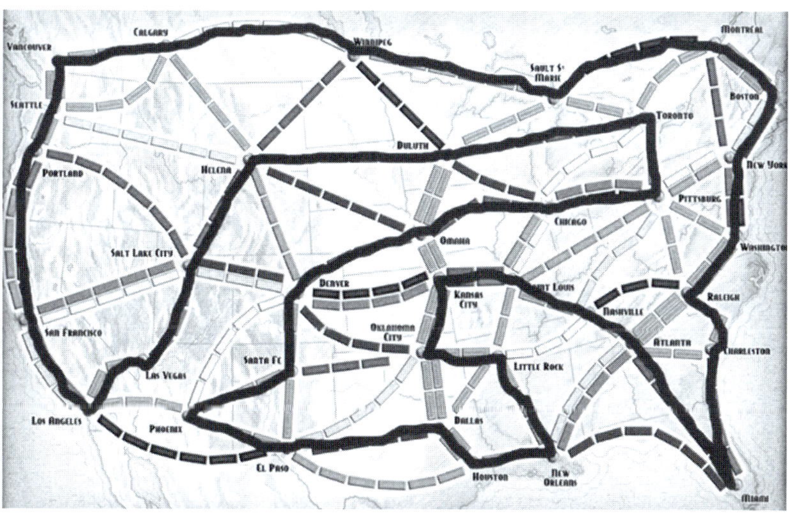

해밀턴 경로의 존재성

주어진 그래프에 대하여 오일러 경로가 존재하는지 판별하는 필요충분조건이 있지만, 해밀턴 경로가 존재하는지 판별하는 필요충분조건은 아직 밝혀지지 않았다. 다만, 특수한 경우에 대하여 해밀턴 경로의 존재성을 보장하는 다음과 같은 정리가 있다.

디랙*의 정리

꼭짓점이 $n\,(>2)$개인 연결그래프에 대하여 모든 꼭짓점의 차수가 $\frac{n}{2}$ 이상이면 이 그래프는 해밀턴 경로를 갖는다.

* Gabriel Andrew Dirac, 1925~1984

아래 그래프는 모두 점의 개수가 5개인 그래프이다, 아래 왼쪽의 (a) 그래프는 모든 점의 차수가 3으로 위의 해밀턴 정리의 조건을 만족한다. 따라서 해밀턴 경로를 갖는다.(독자가 직접 구해보기 바란다.) 아래 가운데의 (b) 그래프는 모든 점의 차수가 2이고, 디랙의 정리의 조건을 만족하지 않는다. 그러나 해밀턴 경로를 갖는다. 아래 오른쪽의 (c) 그래프는 점의 차수가 2인 것도 있다. 따라서 디랙의 정리의 조건을 만족하지 못한다. 실제로 이 그래프에는 해밀턴 경로가 존재하지 않는다.

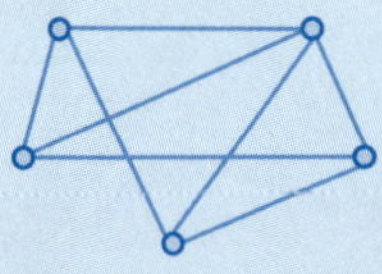
(a)

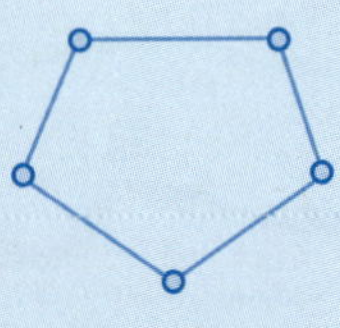
(b)

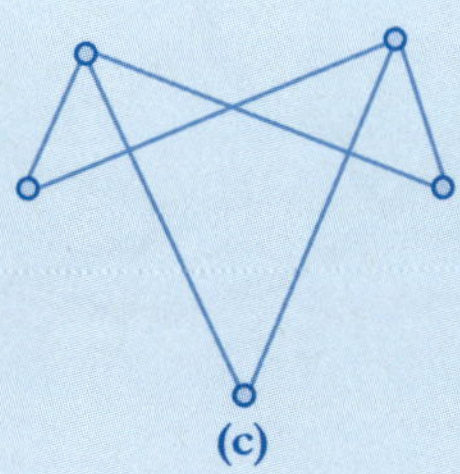
(c)

위 디랙의 정리는 해밀턴 경로가 존재함을 말해주지만 불행하게도 해밀턴 경로를 찾는 방법은 알려주지 않는다는 한계가 있다. 그래프가 주어졌을 때, 그 그래프의 해밀턴 경로를 구하는 문제는 아직 좋은 방법이 알려지지 않은 매우 어려운 문제이다.

마방진

하나!

마법의 사각형

궁금해요!!

마방진은 언제 처음 만들어졌나요?

우리나라에서 만든 독창적인 마방진이 있나요?

네모난 마방진 말고 다른 것도 있나요?

마방진의 역사: 낙서의 전설

약 4000년 전 중국의 하나라 우왕 시절 낙양(옛 중국의 서울) 남쪽에 있던 낙수(洛水, 황하의 지류)가 범람하였다. 물길을 정비하는 토목공사를 감독하고 있었는데 강 속에서 큰 거북이가 나타났다. 그런데 이상하게도 그 거북이의 등 위에 무늬가 새겨져 있었다. 무늬에 있는 점의 개수를 세어보니 가로, 세로, 대각선 방향의 수의 합이 신기하게도 모두 15로 똑같았다. 이것이 마방진에 관한 가장 오래된 기록이다. 마방진은 4000년이 넘는 매우 오랜 역사를 갖고 있다.

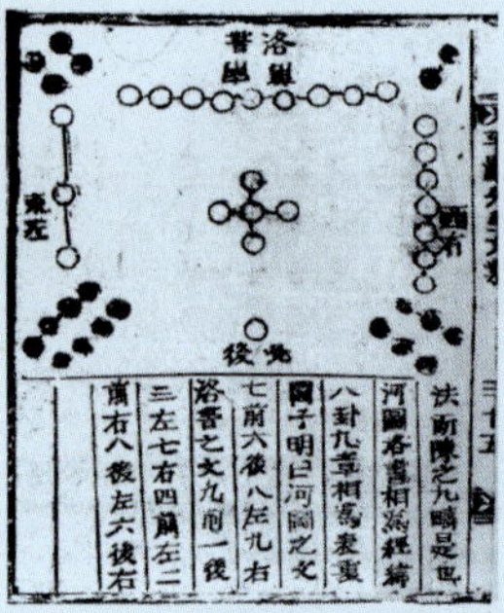

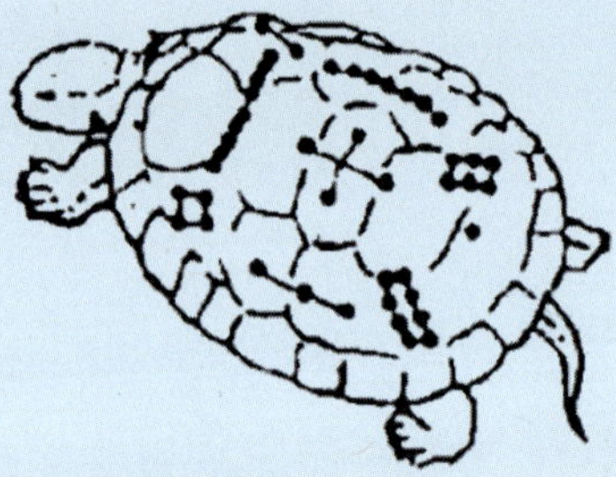

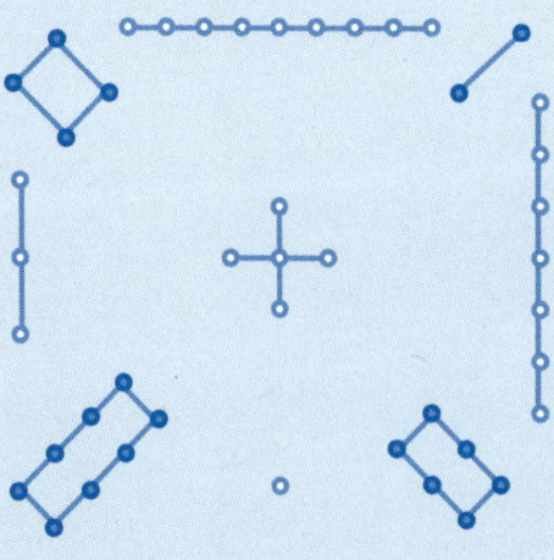

4	9	2
3	5	7
8	1	6

마방진의 뜻

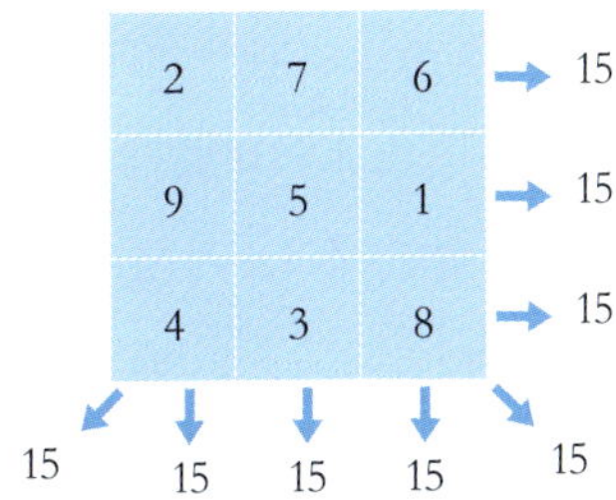

방형은 사각형 모양을 말하고, 방진은 사각형 모양으로 숫자를 배열한 것을 말한다. 마방진이란 상하좌우 대각선의 합이 모두 같은 '마술적인 성질을 가진 방진'을 말하는데, 영어로는 magic square이다. 1에서 n^2까지의 자연수를 n행(가로줄), n열(세로줄)의 정사각형 모양으로 중복 없이 배열하여 가로, 세로, 대각선 방향의 수의 합이 모두 같도록 만든 것을 n차 마방진이라 한다.

유럽의 마방진

마방진은 유럽의 건축물, 예술 작품 등에서 종종 발견된다. 스페인 바르셀로나에 있는 '성가족 성당'[1]에는 4차 마방진이 조각되어 있다. 아래 가운데 사진의 마방진은 아래 오른쪽과 같은 4차 마방진이다.

성가족 성당

성당 앞면

성당의 마방진

그런데 이 마방진은 보통의 마방진과 조금 다르다. 12와 16이 없다. 그렇지만 가로줄의 합, 세로줄의 합, 대각선의 합이 모두 같아서 마방진의 특징을 갖고 있다. 그런데 보통의 4차 마방진의 경우 한 줄의 숫자의 합이 34인데, 이

마방진의 한 줄의 합은 33이다. 숫자 33에 대한 해석으로는 예수가 십자가에 못 박혀 사망한 나이를 의미한다는 설이 유력하다.

아래 왼쪽 그림의 제목은 〈멜랑콜리아〉이고, 독일 화가 뒤러(Albrecht Dürer, 1471~1528)가 1514년에 제작한 동판화이다. 이 작품의 오른쪽 윗 부분을 보면 4차 마방진이 그려져 있다. 그 마방진을 확대하면 오른쪽 그림과 같다.

16	3	2	13
5	10	11	8
9	6	7	12
4	15	14	1

그런데 이 그림에 마방진이 있는 이유는 무엇일까? 그 이유는 당시에 유행했던 점성술과 사성론의 영향인 것으로 설명된다. 당시의 점성술에서는 마방진을 별과 연관된 것으로 보았다. 예를 들어, 3방진은 토성, 4방진은 목성, 5방진은 화성, 6방진은 태양, 7방진은 금성, 8방진은 수성, 9방진은 달을 상징했다. 그리고 당시에 대중들 사이에 널리 퍼졌던 사성론에 따르면 인간의 몸 안에는 네 종류의 액체가 있으며, 그 중에서 어느 것이 더 많은가에 따라 그 사람의 성격이 정해진다. 다혈질은 혈액이 많으며 활동가이고, 담즙질은 담즙이 많으며 변덕쟁이이고, 점액질은 점액이 많으며 끈질기고, 우울질은 흑담즙이 많고 내성적이다.

수학자와 같은 사람들은 우울질이며 토성의 지배를 받는다고 생각했다. 그리고 사색에 열중하여 우울질이 높아지면, 토성의 영향을 지우고 기분을 전환하기 위해서 목성의 보조가 필요하다고 생각했다. 따라서 생각에 열중하고 있는 그림 속 인물이 머리를 쉬게 하고 기분 전환을 위하여 목성을 나타내는 4방진을 그린 것으로 해석할 수 있다.

우리나라의 마방진: 지수귀문도

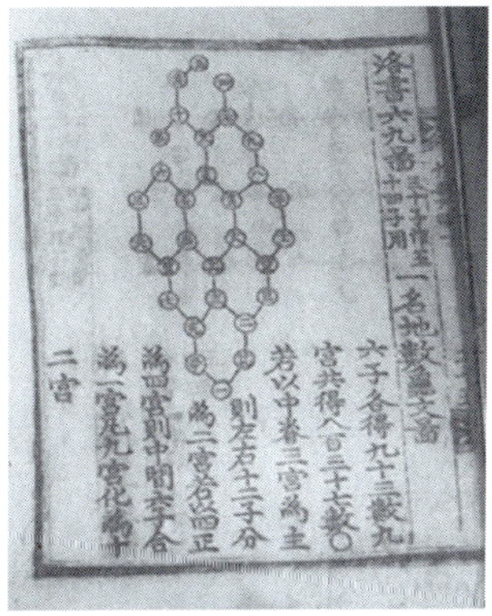

최석정(崔錫鼎, 1646~1715)은 우리나라 조선시대의 대표적인 수학자이자 천문학자이다. 그는 숙종시대의 인물로 30세에 진사 시험에 수석 합격하였으며, 부제학, 이조 참판, 대제학, 좌의정, 우의정, 영의정 등을 지냈다. 그가 쓴 수학책 《구수략(九數略)》에는 3차에서 10차까지의 마방진이 소개되었다.

특히 9차 마방진은 가로, 세로, 대각선의 합이 모두 369로 같음은 물론, 이를 이루는 9개의 숫자로 이루어진 작은 셀(cell) 9개가 다시 마방진을 이룬다. 또한 오른쪽 그림의 지수귀문도는 1에서 30까지의 수를 한 번씩만 사용하여 만든 마방진으로, 육각형 각각의 수의 합이 모두 93으로 같다.

최근 지수귀문도에 대한 연구가 많이 이루어지고 있으며, 지수귀문도의 해를 구하는 방법, 해의 개수 구하기, 그리고 지수귀문도의 일반화 등등에 대하여 연구되고 있다. 최석정이 제시한 지수귀문도는 육각형의 수의 합이 93이다. 그러나 그 합은 93만이 가능한 것이 아니고 77부터 109까지 가능함이 밝혀졌다.[2]

그리고 최석정이 9차마방진을 만들면서 제시한 라틴방진(Latin square)의 개념은 오일러(Euler)보다도 60년 이상 앞서는 탁월한 성과로 평가받고 있다.[3]

단원 김홍도(1745~1806?)의 〈단원풍속도첩〉 중 〈씨름〉에 숨겨진 마방진적인 성질.

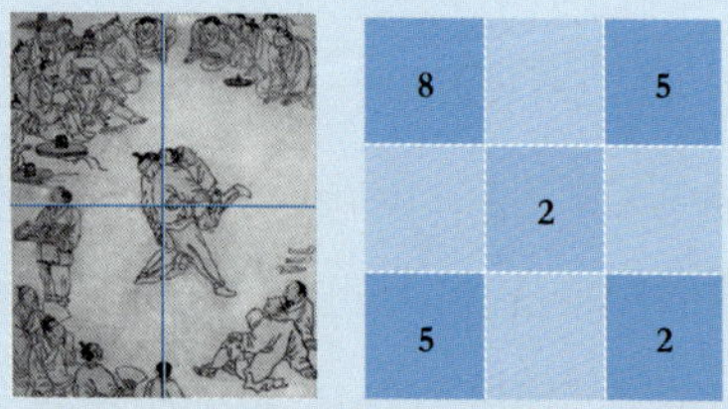

여러 가지 마방진: 마방진의 발전

마방진의 성질은 마방진의 칸의 개수만큼의 연속된 자연수를 한 번씩 정사각형 모양으로 배열하여, 가로, 세로, 대각선 방향의 숫자의 합이 모두 같다는 것이다. 그런데 이런 마방진의 성질을 변형하여 여러 가지 다양한 마방진이 만들어졌다. 그렇게 되면서 마방진은 확장되고 심화되었으며, 더욱 흥미 있는 주제로 발전하였다.

■ 여러 가지 형태의 마방진

마방진의 전형적인 형태인 정사각형 모양을 변화시켜 다양한 형태의 마방진을 만들 수 있다.

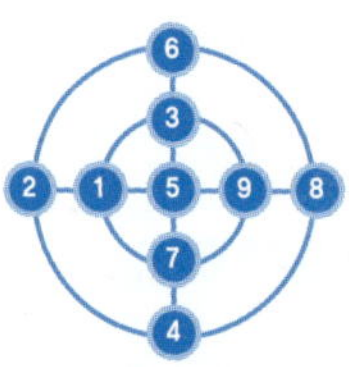

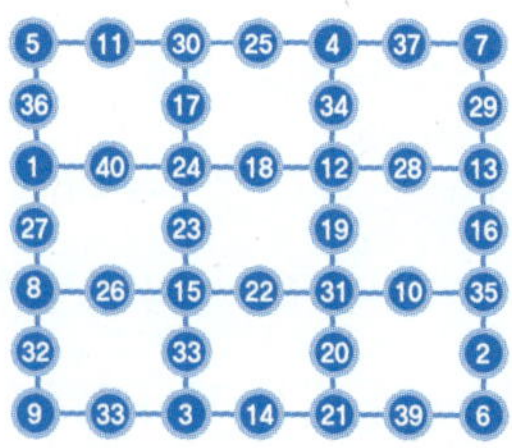

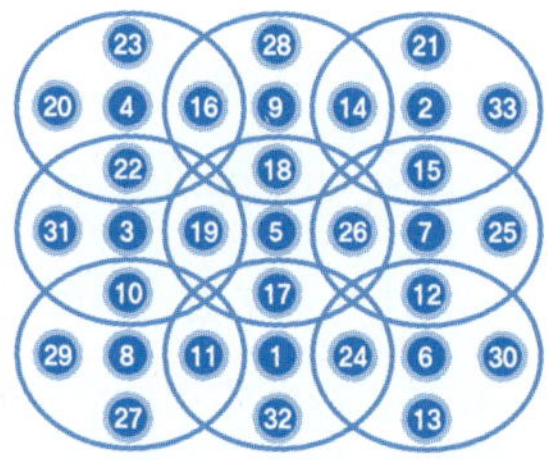

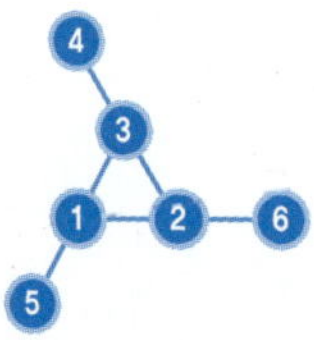

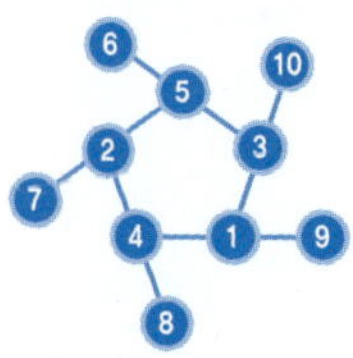

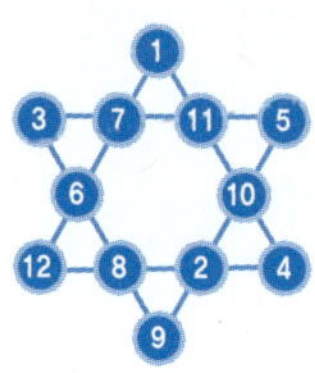

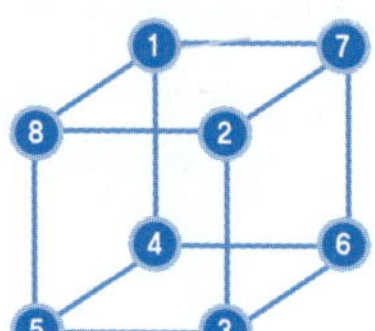

■ 규칙의 변화 1: 곱셈마방진

마방진은 가로, 세로, 대각선의 수를 더한 값이 같은 것이므로, '덧셈' 마방진이라고 할 수 있다. 이때, 각각의 수를 더하지 않고, 곱한 값이 같게 되는 마방진을 생각할 수 있는데, 이것을 '곱셈마방진'이라 부른다. 다음 마방진은 곱셈마방진이다.

128	1	32	→ 4096
4	16	64	→ 4096
8	256	2	→ 4096

↙ 4096 ↓ 4096 ↓ 4096 ↓ 4096 ↘ 4096

위의 곱셈마방진은 덧셈마방진으로부터 다음과 같은 방법으로 만들 수 있다.

8	1	6
3	5	7
4	9	2

▶

2^{8-1}	2^{1-1}	2^{6-1}
2^{3-1}	2^{5-1}	2^{7-1}
2^{4-1}	2^{9-1}	2^{2-1}

=

2^7	2^0	2^5
2^2	2^4	2^6
2^3	2^8	2^1

=

128	1	32
4	16	64
8	256	2

위와 같은 방법으로 하면 덧셈마방진으로부터 곱셈마방진을 간단하게 만들 수 있다. 그런데 다음 마방진은 덧셈마방진으로부터 만들어지지 않은 곱셈마방진이다. 이 마방진의 가로, 세로, 대각선의 곱은 모두 216으로 같음을 쉽게 확인할 수 있다.

18	1	12
4	6	9
3	36	2

다음 마방진은 덧셈과 곱셈을 동시에 만족하는 덧셈–곱셈마방진이다.[4]

46	81	117	102	15	76	200	203
19	60	232	175	54	69	153	78
216	161	17	52	171	90	58	75
135	114	50	87	184	189	13	68
150	261	45	38	91	136	92	27
119	104	108	23	174	225	57	30
116	25	133	120	51	26	162	207
39	34	138	243	100	29	105	152

이 마방진의 합은 840이고, 곱은 2058068231856000이다.

■ 규칙의 변화 2: 제곱마방진

18세기의 유명한 수학자 오일러는 여러 가지 특이한 형태의 마방진을 소개하였다. 그 중의 하나가 각 칸에 서로 다른 자연수의 제곱수들을 써넣어서 만든 덧셈마방진인데, 이것을 제곱마방진이라 부른다. 오일러는 1770년에 다음과 같 은 제곱마방진의 예를 제시하였다.[5]

68^2	29^2	41^2	37^2		4624	841	1681	1369
17^2	31^2	79^2	32^2		289	961	6241	1024
59^2	28^2	23^2	61^2	=	3481	784	529	3721
11^2	77^2	8^2	49^2		121	5929	64	2401

위 마방진의 한 줄의 합은 8515이다. 현재 4×4 제곱마방진이 여러 개 알려져 있으며, 5×5, 6×6, 7×7 제곱마방진도 알려져 있다. 그러나 3×3 제곱마방진은 아직 누구도 만들지 못했다. 1996년에 마틴 가드너(Martin Gardner)는 이 문제를 푸는 데에 100달러의 상금을 걸었다. 그러나 아직 해결되지 않았다.

마방진

둘!

마방진 만드는 방법

궁금해요!!

마방진은 어떻게 만드나요?

마방진을 만들 수 있는 방법을 알고 싶어요.

그런데 컴퓨터로 마방진을 모두 구할 수 있는 것 아닌가요?

마방진의 개수

회전하거나 대칭한 것을 같은 것으로 간주했을 때, 3차 마방진의 개수는 1개, 4차 마방진의 개수는 880개, 5차 마방진의 개수는 275,305,224개이다. 그러나 6차 이상의 마방진이 몇 개인지는 경우의 수가 너무 많아 컴퓨터를 이용하여 구하는 것조차 불가능하다. 6차 마방진은 $(1.7745 \pm 0.0016) \times 10^{19}$ 개일 것으로 추측하고 있다.* 7차 마방진은 약 3.79×10^{34} 개, 8차 마방진은 약 5.22×10^{54} 개, 9차 마방진은 약 7.84×10^{79} 개, 10차 마방진은 약 2.41×10^{110} 개 정도일 것으로 추측하고 있다.** 6차 이상의 마방진의 개수가 정확하게 몇 개인지 구하는 것은 아직 미해결 문제이다.[1, 2]

■ n 차 마방진의 한 줄에 있는 수의 합

n차 마방진에 있는 수는 1부터 n^2까지이고, 가로줄의 개수는 n개이다. 따라서 한 줄의 수의 합은 전체의 수 1, 2, …, n^2을 모두 더한 값을 줄의 개수 n으로 나눈 값이다. 계산하면 다음과 같다.

$$\frac{1+2+\cdots+n^2}{n} = \frac{\frac{1}{2}n^2(n^2+1)}{n} = \frac{1}{2}n(n^2+1)$$

n차 마방진의 한 줄에 있는 수의 합은 $\frac{1}{2}n(n^2+1)$이다. 3방진의 한 줄의 수의 합은 15이고, 4방진은 34이고, 5방진은 65이다.

* 6차 마방진의 개수는 17,745,000,000,000,000,000(개)이다. 이 수를 읽으면 '1774경 5천조'이다.

** 컴퓨터를 이용하면 간단하게 마방진을 모두 구할 수 있을 것이라 생각하기 쉬운데 절대로 그렇지 않다. 6차 마방진만 해도 경우의 수가 너무 많아서 컴퓨터로 계산해서 구하는 것은 불가능하다.

홀수차 마방진 만드는 방법

홀수차 마방진을 만드는 방법은 여러 가지가 있다. 그 중에서 가장 간단한 방법 중의 하나가 계단식 방법이라고도 불리는 바셰(Bachet)의 방법이다. 이 방법으로 5차 마방진 만드는 방법을 알아보자.

■ 5차 마방진 만드는 방법

홀수차 마방진을 만드는 방법은 3단계로 이루어져 있다. 1단계는 5차 마방진의 네 방향의 밖으로 아래 왼쪽의 그림과 같이 계단 모양으로 보조선을 긋는다. 2단계는 45도 기울어진 방향으로 왼쪽 아래에서 오른쪽 위로 1부터 25까지의 수를 적어 넣는다. 3단계는 마방진의 외부에 있는 수를 마방진의 내부로 넣는데, 왼쪽 또는 오른쪽 외부에 있는 수는 그 수가 있는 가로줄의 멀리 있는 빈칸으로 이동한다. 위 또는 아래쪽 외부에 있는 수는 그 수가 있는 세로줄의 멀리 있는 빈칸으로 이동하여 최종 결과를 얻는다.

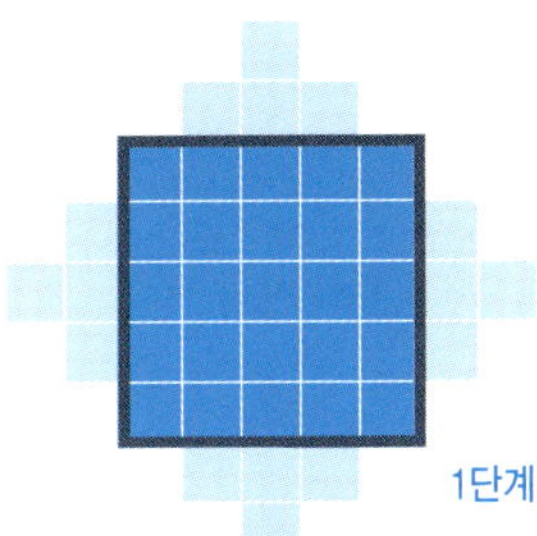

1단계

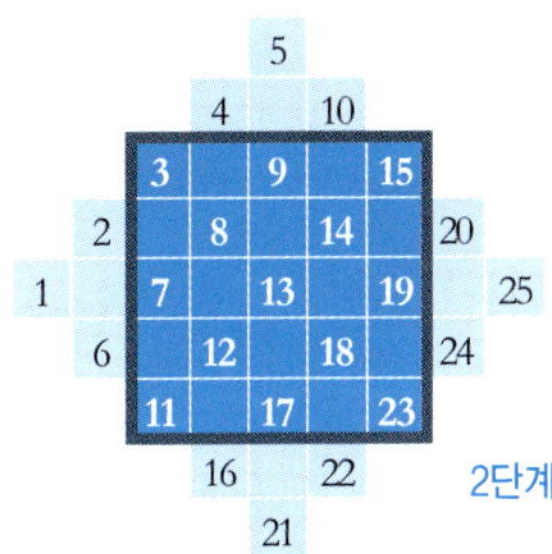

2단계

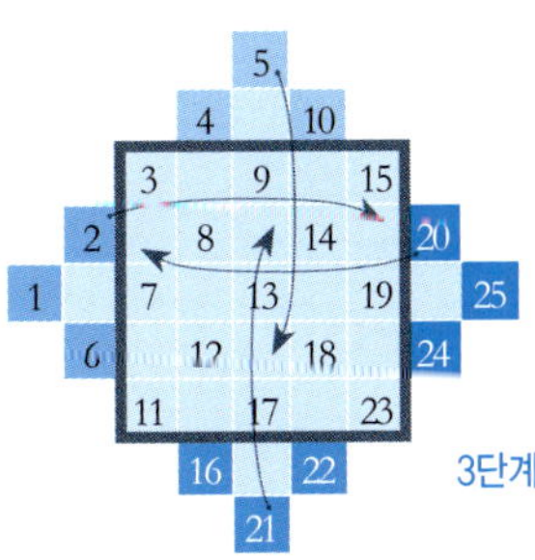

3단계

3	16	9	22	15
20	8	21	14	2
7	25	13	1	19
24	12	5	18	6
11	4	17	10	23

최종 결과

■ 3차 마방진 만드는 방법

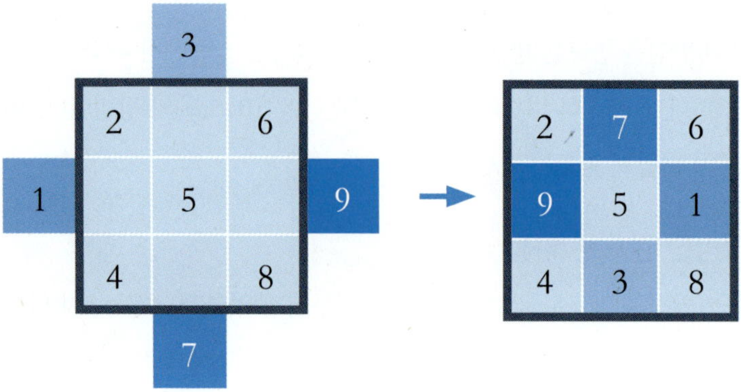

■ 7차 마방진 만드는 방법

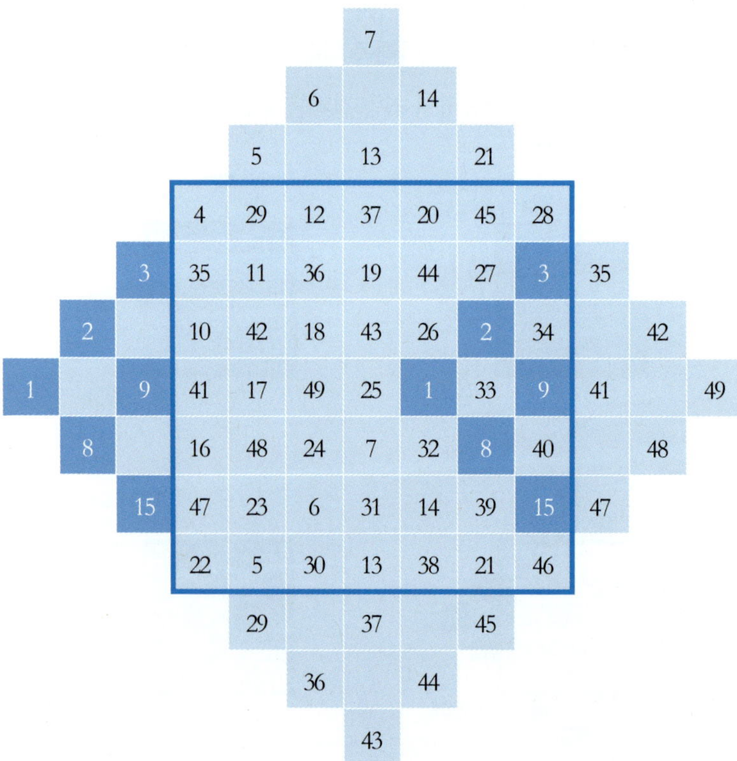

차수가 $4k$ 인 마방진 만드는 방법

짝수차 마방진을 만드는 방법은 마방진의 차수가 4의 배수, 즉 $4k$ 인 경우와 4의 배수가 아닌 경우, 즉 $4k+2$ 인 경우가 서로 다르다. 먼저 $4k$ 인 경우에 대하여 알아보자.

아래 왼쪽 그림처럼 영역을 9개의 구역으로 나눈다. 칸의 개수가 4의 배수(n=4, 8, 12, …)이면, 전체 칸은 1:2:1의 비율로 나눌 수 있다. 진한 색으로 표시된 A, C, E, G와 I 영역은 글을 쓰듯이 왼쪽 맨 위에서부터 시작해서 가로로 한 줄씩 왼쪽에서 오른쪽으로 숫자를 차례로 써넣는다. 이때, 연한 색으로 표시된 B, D, F, H 영역에는 숫자를 적지 않는다. 4차 마방진의 경우 그렇게 하면 아래 오른쪽 그림과 같이 된다.

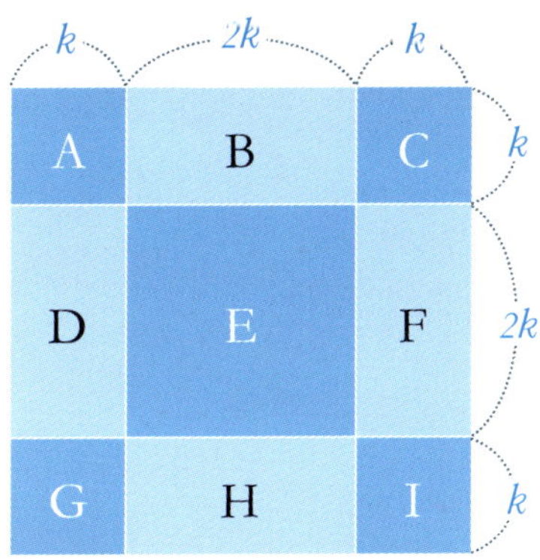

이번에는 거꾸로 오른쪽 아래에서부터 1, 2, 3, 4, … 숫자를 아래에서부터 한 줄씩 오른쪽에서 왼쪽으로 숫자를 차례로 써넣는다. 이때, 이미 숫자가 적혀 있는 칸에는 숫자를 적지 않는다. 그렇게 다 하면 다음 그림과 같은 4차 마방진이 완성된다.

1	15	14	4
12	6	7	9
8	10	11	5
13	3	2	16

같은 방법으로 8차 마방진을 만들면 다음과 같다.

1	2	62	61	60	59	7	8
9	10	54	53	52	51	15	16
48	47	19	20	21	22	42	41
40	39	27	28	29	30	34	33
32	31	35	36	37	38	26	25
24	23	43	44	45	46	18	17
49	50	14	13	12	11	55	56
57	58	6	5	4	3	63	64

차수가 $4k+2$인 마방진 만드는 방법

$4k+2$차 마방진을 만드는 방법은 지금까지의 형태보다 더 복잡하고 여러 단계로 이루어져 있다.

1단계. 우선 $4k+2$ 마방진을 가로와 세로로 각각 반씩 나누면 아래 왼쪽 그림과 같이 $2k+1$차 마방진 4개로 나뉘고, 각각을 A, B, C, D라 하자. A에 $2k+1$차 마방진을 적는다. B에는 마방진 A의 각각의 숫자에 $(2k+1)^2$을 더한 값들을 적어준다. C에는 B의 각각의 숫자에 $(2k+1)^2$을 더한 값들을 적어준다. 그리고 D에는 C의 각각의 숫자에 $(2k+1)^2$을 더한 값들을 적어준다.

2단계. 아래 그림에서 A 영역의 ■으로 된 부분과 D 영역의 ■으로 된 부분을 서로 바꿔준다.

3단계. 아래 그림에서 C 영역의 ■으로 된 부분과 B 영역의 ■으로 된 부분을 서로 바꿔주면 마방진이 완성된다. (단, 6차 마방진에는 3단계는 없다. 10차 이상에서 3단계가 필요하다.)

■ 6차 마방진

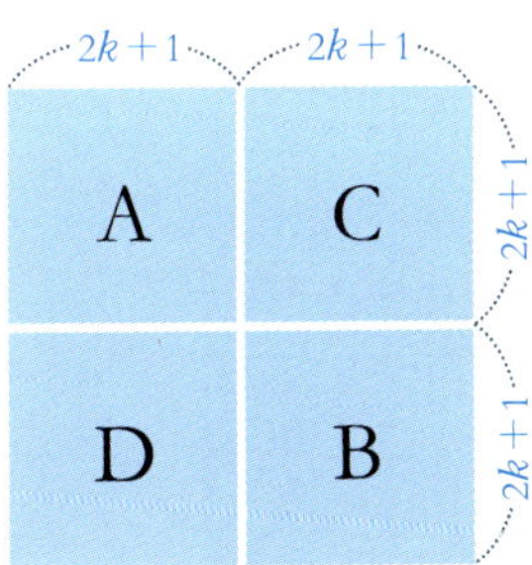

1단계

8	1	6	26	19	24
3	5	7	21	23	25
4	9	2	22	27	20
35	28	33	17	10	15
30	32	34	12	14	16
31	36	29	13	18	11

2단계

35	1	6	26	19	24
3	32	7	21	23	25
31	9	2	22	27	20
8	28	33	17	10	15
30	5	34	12	14	16
4	36	29	13	18	11

3단계

■ 10차 마방진

17	24	1	8	15	67	74	51	58	65
23	5	7	14	16	73	55	57	64	66
4	6	13	20	22	54	56	63	70	72
10	12	19	21	3	60	62	69	71	53
11	18	25	2	9	61	68	75	52	59
92	99	76	83	90	42	49	26	33	40
98	80	82	89	91	48	30	32	39	41
79	81	88	95	97	29	31	38	45	47
85	87	94	96	78	35	37	44	46	28
86	93	100	77	84	36	43	50	27	34

↓

92	99	1	8	15	67	74	51	58	40
98	80	7	14	16	73	55	57	64	41
4	81	88	20	22	54	56	63	70	47
85	87	19	21	3	60	62	69	71	28
86	93	25	2	9	61	68	75	52	34
17	24	76	83	90	42	49	26	33	65
23	5	82	89	91	48	30	32	39	66
79	6	13	95	97	29	31	38	45	72
10	12	94	96	78	35	37	44	46	53
11	18	100	77	84	36	43	50	27	59

■ 14차 마방진

30	39	48	1	10	19	28	128	137	146	99	108	117	126
38	47	7	9	18	27	29	136	145	105	107	116	125	127
46	6	8	17	26	35	37	144	104	106	115	124	133	135
5	14	16	25	34	36	45	103	112	114	123	132	134	143
13	15	24	33	42	44	4	111	113	122	131	140	142	102
21	23	32	41	43	3	12	119	121	130	139	141	101	110
22	31	40	49	2	11	20	120	129	138	147	100	109	118
177	186	195	148	157	166	175	79	88	97	50	59	68	77
185	194	154	156	185	174	176	87	96	56	58	67	76	78
193	153	155	164	173	182	184	95	55	57	66	75	84	86
152	161	163	172	181	183	192	54	63	65	74	83	85	94
160	162	171	180	189	191	151	62	64	73	82	91	93	53
168	170	179	188	190	150	159	70	72	81	90	92	52	61
169	178	187	196	149	18	167	71	80	89	98	51	60	69

↓

177	186	195	1	10	19	28	128	137	146	99	108	68	77
185	194	154	9	18	27	29	136	145	105	107	116	76	78
193	153	155	17	26	35	37	144	104	106	115	124	84	86
152	161	163	172	34	36	45	103	112	114	123	132	85	94
160	162	171	33	42	44	4	111	113	122	131	140	93	53
168	170	179	41	43	3	12	119	121	130	139	141	52	61
169	178	187	49	2	11	20	120	129	138	147	100	60	69
30	39	48	148	157	166	175	79	88	97	50	59	117	126
38	47	7	156	185	174	176	87	96	56	58	67	125	127
46	6	8	164	173	182	184	95	55	57	66	75	133	135
5	14	16	25	181	183	192	54	63	65	74	83	134	143
13	15	24	180	189	191	151	62	64	73	82	91	142	102
21	23	32	188	190	150	159	70	72	81	90	92	101	110
22	31	40	196	149	18	167	71	80	89	98	51	109	118

마방진

셋!

CT 사진의 원리

궁금해요!!

CT 촬영을 하면 몸 속 내부의 모양을 볼 수 있어요.

완전 신기해요.

어떤 원리로 그렇게 할 수 있는지 궁금해요.

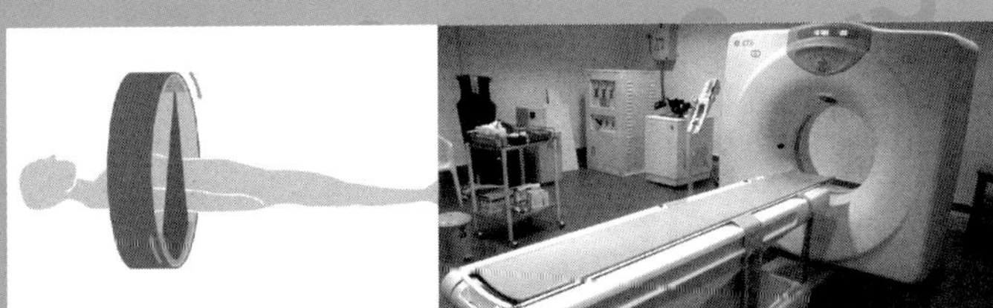

인체를 가로지르는 횡단면을 영상으로 보여준다.

마방진의 재해석

사실 마방진은 매우 신기한 것이다. 예를 들어, 다음과 같은 문제를 생각해보자.

오른쪽 모양과 같이 3×3모양의 9개의 빈칸이 있는데, 가로줄, 세로줄, 대각선줄의 세 수의 합이 모두 15가 된다. 이때 9개의 빈칸에 들어 있는 숫자를 구하여라.

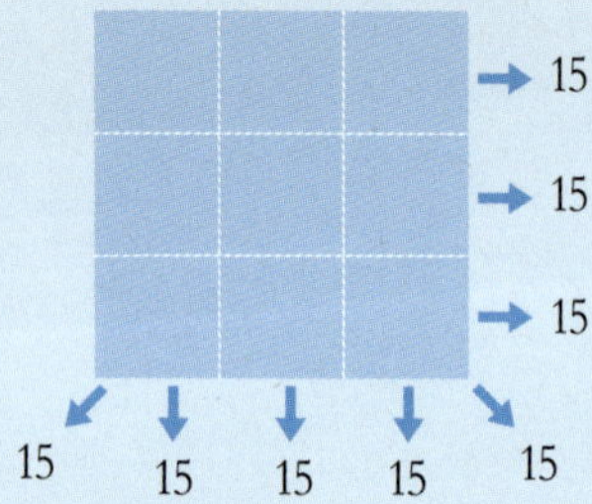

이때 각각의 빈칸에 들어가는 수는 모두 같은 수이어야만 될 것 같다. 그런데 각각의 빈칸의 숫자가 모두 다른 3차 마방진이 이런 성질을 만족한다. 5차 마방진의 경우에도 마찬가지로 모두 같은 수이어야만 될 것 같은데, 실제로는 5차 마방진들이 모두 그 성질을 만족하고 있으며, 5차 마방진의 개수는 앞에서 소개한 것과 같이 자그마치 275,305,224개이다. 어마어마하게 많다.

마방진의 경우에는 가로, 세로, 대각선 방향의 숫자의 합이 모두 같았는데, 이번에는 그 합이 다른 경우를 생각해보자.

오른쪽 그림의 조건을 만족하는 숫자 $a, b, c, \cdots, i$를 구하여라.

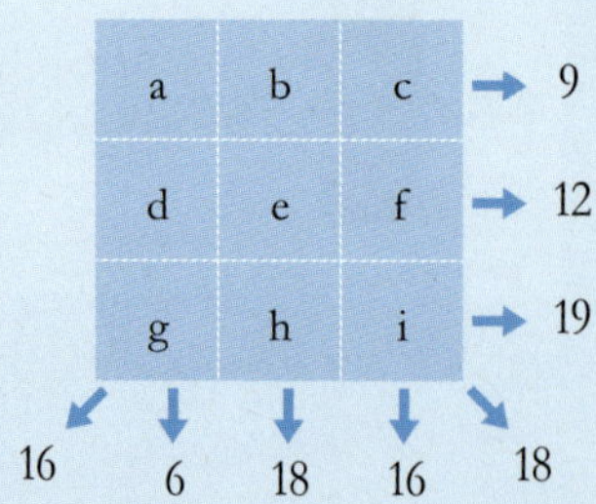

이 문제를 풀기 위해서는 다음과 같은 연립방정식을 풀어야 된다.

$$a+b+c=9,\ d+e+f=12,\ g+h+i=19,$$
$$c+f+i=16,\ b+e+h=18,\ a+d+g=6,$$
$$a+e+i=18,\ c+e+g=16$$

이 연립방정식의 해 중의 하나는 오른쪽과 같다.*

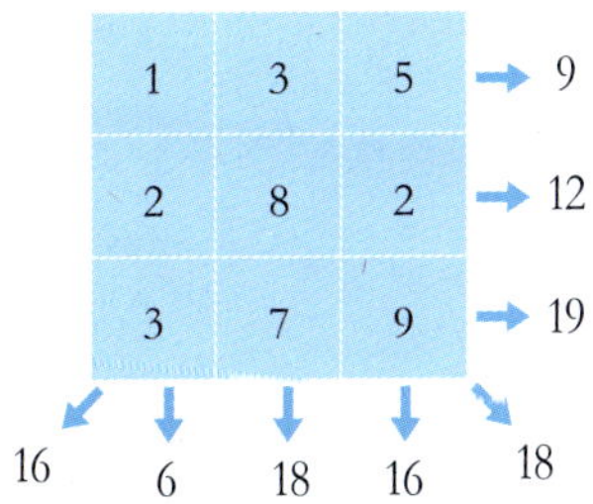

이와 같이 상자의 가로의 합, 세로의 합, 대각선의 합이 주어졌을 때, 상자 안에 있는 숫자들이 어떤 숫자들인지 알아내는 것은 위와 같이 연립방정식을 푸는 문제로 귀결된다. CT 촬영을 통해 몸속의 모양을 알아내는 원리가 이것과 같은 원리이다.

CT의 원리[1]

병원에서 흔히 CT라고 부르는 컴퓨터 단층 촬영(Computer Tomography, CT)은 매우 신기한 기술이다. CT촬영을 하게 되면 몸속이 어떤 모양인지 보여주기 때문이다. 어떤 원리로 그렇게 하는지 알아보자.

■ 원리

X선 컴퓨터 단층 촬영은 한 쌍을 이루는 X선 방출장치와 검출장치가 검사대상인 우리의 몸을 사이에 두고 마주보며 회전하면서 X선 촬영을 한다. X선 방출장치로부터 나온 X선은 일부는 우리의 몸에 흡수되고 나머지는

* 이 연립방정식의 일반해는 $a=10-i$, $b=10-h$, $c=11+h+i$, $d=-23+h+2i$, $e=8$, $f=27-h-2i$, $g=19-h-i$이다.

투과한다. 투과한 X선은 반대쪽에 있는 X선 검출장치에 기록된다. 이와 같은 방식으로 180도 회전하면서 각각의 방향마다 X선 촬영을 하고, 검출장치에 기록된 내용을 모두 모아 하나의 그래프로 보여준다. 이렇게 여러 각도로 X선 촬영한 사진을 모두 모아 그래프로 시각화한 것을 사이노그램(sinogram)이라 한다.

원 속에 미지의 물체 ← 방향 X선 조사 0°에서 180°까지 회전하면서 X선 조사

사이노그램의 세로축은 장치가 회전한 각도를 나타내며, 각을 0° 부터 180° 까지 표시한다. 그리고 매 각도마다 중심축을 기준으로 X선이 투과한 누적치에 해당하는 그래프의 높이를 명암으로 나타내어 시각화한 것이다.

아래 왼쪽 그림의 사이노그램의 정보로부터 오른쪽 그림과 같이 인체 내부의 모양을 알아내는데, 이때 활용되는 핵심 원리가 수학자 라돈이 개발한 역라돈변환이다.[2]

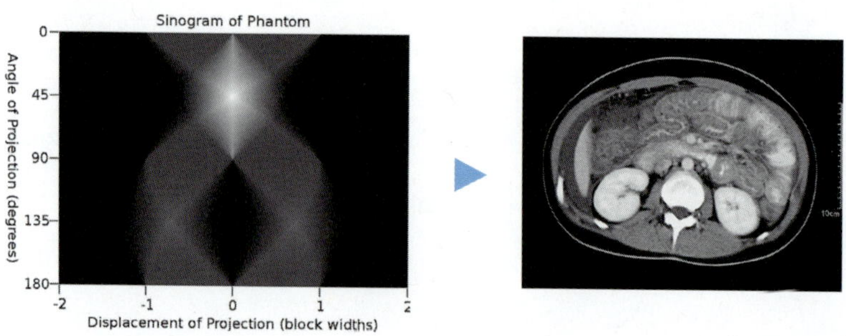

이 방법은 본질적으로는 앞의 예제에서 각 줄의 합이 주어졌을 때 안에 있는 칸에 어떤 수들이 있는지 알아내는 마방진의 원리와 같다고 할 수 있다. 즉, 각 줄의 합이 주어진 것은 인체를 0°에서 180°까지 각도를 달리하며 X선 사진을 찍는 것과 같고, 합으로부터 안에 있는 숫자들을 알아내는 것은 사이노그램으로부터 인체의 내부 모양을 알아내는 것과 같다고 할 수 있다. 단지, 마방진의 경우에는 연립방정식을 풀어서 해를 구하는 것이고, CT의 경우에는 X선 촬영을 하고(이 과정은 적분에 해당된다) 역라돈변환이라는 고등수학적 과정을 활용한다는 점이 다르다.

라돈변환과 역라돈변환은 CT뿐만 아니라, MRI, 레이더, 지질탐사와 같이 목표물에 어떤 선(X선, 전파, 음파, 레이저 등)을 방사하여 2차원 영상을 얻고자 하는 모든 분야에 매우 유용하게 사용되는 기술이다.

참고 자료

0과 1

하나. 바코드

1) 표준상품식별코드는 상품을 식별하기 위한 고유의 번호이다. 표준상품식별코드가 바코드와 함께 입력되면 GS1국제표준바코드가 완성된다.
2) 상품 및 거래처의 식별과 거래정보의 교환을 위한 국제표준 식별코드, 바코드, 전자문서의 개발, 보급, 관리를 전담하고 있는 표준기구
3) http://www.gs1kr.org
4) 국가코드가 반드시 해당 상품의 원산지를 표시하는 것은 아니다.
5) 판독 가능한 바코드 색상 조합
   http://www.gs1kr.org/Service/Member/appl/member11.asp
6) https://en.wikipedia.org/wiki/List_of_GS1_country_codes
7) 업체코드는 대한상공회의소 유통물류진흥원에서 업체에게 부여한다. 일반적으로 6자리 코드를 부여하지만 4자리 또는 5자리 코드가 부여되는 경우도 있다. 의류, 액세서리와 같은 다양한 종류의 품목을 생산하는 업체에는 업체 코드로 5자리(상품코드는 4자리)를 부여하고, 의약품을 제조하거나 판매하는 업체에는 의약품코드 4자리(상품코드는 5자리)를 부여한다.
8) 두 수의 차이가 5만큼 나는 경우는 (0, 5), (1, 6), (2, 7), (3, 8), (4, 9), (5, 0), (6, 1), (7, 2), (8, 3), (9, 4)로 10가지이다.

둘. 주민등록번호

1) 주민등록번호에 대한 좀더 자세한 자료
   https://ko.wikipedia.org/wiki/%EC%A3%BC%EB%AF%BC%EB%93%B1%EB%A1%9D%EB%B2%88%ED%98%B8

2) 아무리 인구가 많은 지역이라도 보통 1~2 안팎이며, 거의 대부분의 사람이 1이다. 3 이상은 드문 편이나 최대 기록은 6이다. 만일 10 이상이 되는 경우에는 열 번째 아이에게는 0을 주고 열한 번째 이후 출생부터는 주민센터 일련번호 네 자리를 다른 것으로 한다.
3) 관광비자 등으로 잠깐 왔다 갔다 하는 사람들 말고 취업, 결혼, 유학 등 장기비자로 외국인등록증을 발급받고 사는 외국인
4) https://namu.mirror.wiki/w/%EC%A3%BC%EB%AF%BC%EB%93%B1%EB%A1%9D%EB%B2%88%ED%98%B8
5) http://www.inews365.com/news/article.html?no=273899
6) http://news.joins.com/article/3185403
7) http://www.ohmynews.com/NWS_Web/view/at_pg.aspx?CNTN_CD=A0000194920

셋, 책과 신용카드

1) International ISBN Agency(2012), ISBN User's manual, isbn-international.org(Sixth International ed.).
https://en.wikipedia.org/wiki/International_Standard_Book_Number
2) http://news.chosun.com/site/data/html_dir/2009/12/07/2009120701462.html
3) 아메리칸 익스프레스카드는 15자리, 다이너스카드는 14자리이다.
4) GTIN-13의 경우 홀수 번째 자리 수에 3을 곱하고, 짝수 번째 자리 수는 그냥 더한 값이 10의 배수가 되도록 하여도 문제가 생기지 않는다. 그러나 그렇게 하면 체크디지트의 숫자를 구하는 식이, 예를 들어 3x+136과 같이 x의 계수가 3이 되어 이 값이 10의 배수가 되도록 하는 x를 구하는 계산이 불편해진다. 따라서 체크디지트에 3을 곱하지 않는 것으로 하는 것이 간편하다.

닮음

하나. A4, B5, … 복사용지의 비밀

1) 국제표준화기구(International Organization for Standardization)에서 제정한 ISO 216에 따른 규격이다. 이는 1922년 독일공업규격위원회(DIN: Deutsches Institut für Normung, German Institute for Standardization) 476 표준을 기반으로 한다.
2) DIN에 대한 자세한 설명 참조. http://en.wikipedia.org/wiki/Deutsches_Institut_f%C3%BCr_Normung
3) 멕시코, 코스타리카, 콜롬비아, 베네수엘라, 칠레, 필리핀에서는 ISO 규격을 표준으로 채택하고 있지만 미국 레터(US Letter) 규격을 주로 사용하고 있다.
4) 1/2, 3/4와 같이 분수꼴로 나타낼 수 있는 수를 유리수라 한다. 분수꼴로 나타낼 수 없는 수를 무리수라 한다. 무리수의 예로는 $\sqrt{2}$, π가 있다.
5) 이 크기는 일본공업규격(Japanese Industrial Standard; JIS)에 따른 크기이다. ISO 216의 B0 크기는 1000×1414mm이다.
6) http://en.wikipedia.org/wiki/ISO_216에 ISO 216에 대해 자세하게 설명되어 있다.
7) 전 세계 대부분의 나라에서 사용하고 있으며, 이 규격을 사용하지 않는 대표적인 나라로는 미국과 캐나다가 있다.
8) 기하평균(geometric mean)은 평균의 일종으로, 두 양수 a, b의 기하평균은 $\sqrt{ab}$이다. C4의 가로, 세로 길이는 각각 A4와 B4의 가로, 세로 길이의 기하평균이다.

둘. 최상의 피자주문

1) 《이미, 서로 알고 있었던 것처럼》, 윤희상 지음, 문학동네, 2014.
2) 지구는 반지름이 약 6400km인 구 모양이다. 그러나 지구의 자전 운동으로

인한 원심력 때문에 적도 쪽이 조금 더 부풀어 있는데, 지구 중심에서 적도 반지름은 6378km이며, 극반지름은 6357km로 약 21km의 차이를 보인다.

셋. **삼각측량**

1) 서울시립대학교 박물관 http://museum.uos.ac.kr/
2) 한반도 남북의 총 길이는 약 1,100km이므로, 1:10만의 축척으로 하면 남북 길이는 $\frac{1100(\mathrm{km})}{10\text{만}}=\frac{1100000(\mathrm{m})}{100000}=11(\mathrm{m})$이다.
3) 이기봉, 조선 최고의 지도 김정호 〈청구도〉, 오늘의 도서관, 2012년 7,8월, pp. 6-7.

게임이론

하나. **가위바위보**

1) 중국의 후한서에 채륜이 원흥원년(元興元年, 105년)에 후한의 황제에게 바쳤다는 내용이 종이 제작에 대한 가장 오래된 기록이다.
2) 일제강점기에 아동문학가 윤석중 선생이 일본어 '장켄봉(じゃんけんぽん)'을 순 우리말인 '가위바위보'로 바꾸었다. 북한에서는 '돌가위보'라고 부른다.
3) http://www.ilpn.kr/news/articleView.html?idxno=3465
4) http://worldrps.com/world-championships/
5) http://www.huffingtonpost.kr/2014/05/02/story_n_5251458.html

셋. **게임의 전략**

1) http://terms.naver.com/entry.nhn?docId=1059206&cid=40942&categoryId=31819

2) 《게임이론의 이해》, 박주현 지음, 해남, 2001.
3) http://www.geeksforgeeks.org/combinatorial-game-theory-set-2-game-nim/
4) https://plus.maths.org/content/play-win-nim
5) 31을 부르는 것이라서 일명 '배스킨라빈스' 게임이라고도 한다. https://librewiki.net/wiki/%ED%95%84%EC%8A%B9_%EC%A0%84%EB%9E%B5_%EA%B2%8C%EC%9E%84
6) https://en.wikipedia.org/wiki/Tic-tac-toe

대통령을 위한 수학

둘. 다수결의 대안

1) http://news.joins.com/article/20825755
2) 《수학나라에 바보는 없다》, 존 앨런 파울로스 지음, 박대식 옮김, 푸른산, 1994.

셋. 선거의 역설

1) Social Choice and Individual Values, Arrow, K.J., Yale University Press, 1963.
2) 《대통령을 위한 수학》, 조지 슈피로 지음, 차백안 옮김, 살림, 2012.
3) 《다수결을 의심한다》, 사카이 도요타카 지음, 한선 역, 사월의책, 2016.
4) Analyzing Politics: Rationality, Behavior and Institutions, 1st edition, Bonchek, M.S. and Shepsle, K.A., W. W. Norton & Company, 1996.
5) 《문명, 수학의 필하모니》, 김홍종 지음, 효형출판, 2009.
* https://en.wikipedia.org/wiki/Voting_system

딜레마

둘. 달러 경매 게임

1) Shubik, Martin. "The Dollar Auction Game: A Paradox in Noncoorperative Be havior and Escalation." In Journal of Conflict Reselution 15(1971): pp. 545-547.
2) 핵무기를 보유하지 않은 나라가 핵무기를 갖는 것과, 핵무기 보유국이 비보유국에 핵무기를 제공하는 것을 금지하는 조약이다.
3) http://terms.naver.com/entry.nhn?docId=3537390&cid=40942&categoryId=31810

* 《죄수의 딜레마》, 존 폰 노이만, 윌리엄 파운스톤 지음, 박우석 옮김, 양문, 2004.

셋. 죄수의 딜레마

1) https://egtheory.wordpress.com/2015/03/02/ipd/

사랑의 수학

하나. 데이트 주도권

1) 이와 같이 여러 개의 해(균형점) 중에서 하나를 선택해야 되는 경우 그 요인으로서 사회적 관습이나 문화 또는 그 집안의 특성에 의해 무엇인가 두 사람 간의 묵시적인 합의를 통해 이루어진다고 볼 수 있는데, 이것을 셸링(Schelling)은 '관심의 초점'으로 파악하였다. 관심의 초점이란 게임 당사자들이 다수의 해 중 하나를 선택하는 네 무인의 합의를 갖게 되는데, 이는 서로 관심이 한 곳으로 모이게 되기 때문이라는 이론이다. 왜, 어떤

경우에 이런 일치가 일어날 수 있는가 하는 문제는 완전히 설명하지 않으나, 문화적·정치적 또는 관습에 의해 일부 설명된다.(http://strategos.tistory.com/entry/경영전략-게임이론Game-Theory)

둘. 최고의 배우자 찾기

1) Gilbert, P. and Mosteller, F., Recognizing the Maximum of a Sequence, Journal of the American Statistical Association, vol. 61, no. 313, pp. 35-73, 1966.
2) Todd, P. M.(1997), Searching for the next best mate, in Simulating Social Phenomena (Conte, R., Hegselmann, R. and Terna, P., eds), Springer-Verlag pp. 419-436, 1997.

* 《우리가 사랑에 대해 착각하는 것들》, 헤나 프라이 지음, 구계원 옮김, 문학동네, 2016.

* Ferguson, T. S., Who Solved the Secretary Problem?, Statistical Science vol. 4, no. 3, pp. 282-296, 1989

* Miller, G. F. and Todd, P. M., Mate choice turns cognitive, Trends in Cognitive Sciences vol. 2, no. 5, PP. 190-198, 1998

셋. 안정적 커플 만들기

1) D. E. Knuth, Stable Marriage and Its Relation to other combinatorial problems, CRM vol. 10. AMS.
2) 재정포럼, 2012년 11월호, 제197호, 홍성훈, 2012 노벨 경제학상을 통해 본 시장 설계의 이론과 응용, 27−38.

복권과 기댓값

하나. 복권

1) http://www.bokgwon.go.kr/history/01.jsp
http://terms.naver.com/entry.nhn?docId=1846021&cid=711&categoryId=712
2) 당첨 상품을 돈으로 지급한 최초의 복권은 1530년 이탈리아의 '피렌체 로터리'이다.
3) 《상식의 반전 101》, 김규회 지음, 끌리는 책, 2012.

둘. 로또

1) 복권 및 복권기금법 제2조 1항
2) 임수열 · 백장선, 로또복권의 당첨번호에 대한 무작위성 검정, 한국 데이터정보과학회지, 20권 5호, 779-786, 2009.
3) http://middlec.tistory.com/370 미국 드라마 로스트(LOST)의 스토리 속에서 실제로 등장했었던 로또 번호는 '4, 8, 15, 16, 23, 42'이었다. 그런데 실제 691회 일본 로또 당첨번호는 '4, 7, 8, 15, 16, 42' + 보너스 번호 '23'이었다고 한다. 그래서 로또 2등에 당첨될 수 있었던 것이다. 그런데 이 번호를 선택한 사람들이 무척 많아서 2등 당첨자가 보통은 10명 내외 이었는데, 그 회차에서는 무려 3470명이나 되었으며, 3등은 702명이었다. 그래서 3등의 당첨금액이 2등 당첨금액의 6배 가까이 되는 기현상이 벌어졌다.
4) http://news.chosun.com/site/data/html_dir/2007/11/30/2007113001156.html
5) http://sbscnbc.sbs.co.kr/read.jsp?pmArticleId=10000629049

확률과 조건부 확률

하나. **확률**

1) https://en.wikipedia.org/wiki/Antoine_Gombaud
2) Summa de arithmetica, geometria, proportioni et proportionalita (Summary of arithmetic, geometry, proportions and proportionality)
3) ducat. 과거 유럽 여러 국가에서 사용된 금화이다.
4) 스페인의 옛 화폐단위이다. 프랑스 혁명 이전에 사용되던 화폐로서, 당시 무역 강국이던 스페인의 화폐인 피스톨은 프랑스를 비롯한 주변 국가에서 국제 화폐처럼 통용되던 금화이다. (http://www.louisien.com/321)
5) 이탈리아의 수학자, 공학자이고, 3차 방정식의 해법을 발견하였다. 타르탈리아는 카르다노에게 3차 방정식의 해법을 발표하지 않는 조건으로 알려주었다. 그러나 카르다노가 자신의 저서에 풀이법을 게재하여 그가 3차 방정식의 해법을 알아낸 것으로 알려졌고, 그래서 '3차방정식의 해법'은 '카르다노의 공식'으로 불렸다.

* Ore, Oystein. Pascal and the Invention of Probability Theory. The American Mathematical Monthly, Vol. 67, No. 5(1960). pp. 409-419

둘. **여러 가지 확률**

1) 좀더 자세한 정보는 기상청 홈페이지에서 http://www.kma.go.kr
2) 좀더 자세한 정보는 통계청 홈페이지에서 http://kostat.go.kr/portal/korea/index.action
3) http://www.insight.co.kr/newsRead.php?ArtNo=49864
4) 박진경·박홍선(1996), 윷의 추정에 대하여, 응용통계연구 9(2), 83-94.
5) 자신이 사용하는 윷의 평면이 나올 확률을 알기 위해서는 윷을 여러 번 던져서 통계적 확률을 구하면 된다. 예를 들어, 40번 던졌는데 평면이 23번 나왔다면 평면이 나올 확률 p는 $p=0.575$이다.

6) 가장 최근의 퍼펙트게임은 2012년 8월 15일 시애틀 매리너스 소속 펠릭스 에르난데스에 의해 달성

7) 2군에서는 롯데 자이언츠의 이용훈이 2011년 9월 17일 한화 이글스와의 경기에서 퍼펙트게임을 달성했다.

8) 출루율 또는 피출루율에는 안타, 볼넷, 사구만 포함되며 에러로 인한 출루는 포함되지 않는다. 따라서 타자가 1루로 출루할 확률은 (안타, 볼넷, 사구로 인한)출루율과 에러로 인한 출루 확률을 더해야 된다. 이때, 에러로 인한 출루 확률은 (출루를 하지 못할 확률)×(에러를 할 확률=수비를 하지 못할 확률)이다. 따라서 에러로 인한 출루확률은 (1−OOBP)×(1−FA) 이다. 그러므로 타자에게 1루 진출을 허용할 확률은 다음과 같다.

$$
\begin{aligned}
(\text{1루 진출을 허용할 확률}) &= \text{출루율} + \text{에러로 인한 출루확률} \\
&= OOBP + (1-OOBP)\times(1-FA)
\end{aligned}
$$

따라서 타자가 1루로 진출하지 못하게 할 확률은 다음과 같다.

$$
\begin{aligned}
(\text{1루로 나가지 못하게 할 확률}) &= 1 - (\text{1루 진출을 허용할 확률}) \\
&= 1 - \{OOBP + (1-OOBP)\times(1-FA)\} \\
&= FA\times(1-OOBP)
\end{aligned}
$$

암호

하나. **다양한 암호**

1) http://www.counton.org/explorer/codebreaking/pigpen-cipher.php

셋. **현대의 암호**

1) 2000년에 제작, 조나단 모스토우가 감독하였고, 매튜 맥커너히, 빌 팩스톤, 하비 키이텔, 존

본 조비 등이 주연하였다.

2) 2014년에 개봉되었으며, 모르텐 틸둠이 감독하였고, 베네딕트 컴버배치 주연의 영화이다.

3) https://ko.wikipedia.org/wiki/RSA_%EC%95%94%ED%98%B8

디지트 세상

하나. **지하철과 버스**

1) 이때에는 신설동에서 종합운동장까지의 구간만 개통되었다. 1984년 5월 22일에 서울대입구-을지로입구 19.8km 개통으로 을지로 순환선이 완성되었다. 서류상의 기준점은 시청역이나, 운영 및 열차 운행에 있어서는 성수역과 신도림역이 기준점이 된다. 내선 순환은 순환선을 시계 방향으로 도는 운행 계통이며, 외선 순환은 시계 반대 방향으로 돈다. 이전에는 노선의 별칭을 따라 이 운행 계통을 을지로 순환선으로 불렀으나 현재는 잘 쓰이지 않는다.

2) 지하철에 대한 자료를 좀더 보고싶다면 이곳으로 https://ko.wikipedia.org/wiki/%EC%84%9C%EC%9A%B8_%EC%A7%80%ED%95%98%EC%B2%A0

3) 도심: 핵 구역이라고도 한다. 대개는 시가지의 중심부에 형성되며, 관공서가 늘어선 관청가를 비롯하여 중심상점가 · 회사 · 은행가 · 도매상점가 등으로 이루어진다. 흔히 그 도시에서 땅값이 가장 비싸고 빌딩이 밀집되어 있으며, 주간인구와 야간인구의 차가 뚜렷하다. 서울의 경우는 명동이 대표적인 도심이라고 할 수 있다.

4) 부도심: 인구 100만을 넘는 대도시로 발전하면 시가지 주변에 도심의 기능을 대신할 수 있는 번화가가 형성된다. 이를 부도심이라고 부른다. 서울의 청량리, 신촌, 영등포 등은 부도심의 좋은 예다.

5) 부산 시내버스에 대한 좀더 자세한 자료 https://ko.wikipedia.org/wiki/%EB%B6%80%EC%82%B0%EA%B4%91%EC%97%AD%EC%8B%9C%EC%9D%98_%EC%8B%9C%EB%82%B4%EB%B2%84%EC%8A%A4#.EB.B2.88.ED.98.B8_.EC.B2.B4.EA.B3.84

6) http://m.yeongnam.com/jsp/view.jsp?nkey=20140227.010060717130001

둘. 자동차 번호판

1) http://skccblog.tistory.com/1411

2) http://news.chosun.com/site/data/html_dir/2015/01/23/2015012302492.html

3) http://www.jejusori.net/?mod=news&act=articleView&idxno=165906

셋. 도로번호

1) 한국도로공사 http://www.ex.co.kr

한붓그리기

* 이산수학 5판, 박종안 외 지음, 경문사, 2016.

둘. 한붓그리기

1) Grötschel, Martin; Yuan, Ya-xiang (2012), "Euler, Mei-Ko Kwan, Königsberg, and a Chinese postman", Optimization stories: 21st International Symposium on Mathematical Programming, Berlin, August 19-24, 2012, Documenta Mathematica, Extra: 43-50

2) 이창옥 · 한상근 · 엄상일 · 지음, 《세상 모든 비밀을 푸는 수학》, ㈜사이언스북스, 2016.

셋. 방문판매원 문제

1) https://en.wikipedia.org/wiki/Icosian_game

마방진

하나. 마법의 사각형

1) 20세기의 레오나르도 다빈치라 불리는 스페인 건축가 안토니오 가우디의 최고의 걸작으로 꼽힌다. 이 성당은 1882년 첫 공사를 시작한 후 지금까지 130여 년째 건설 중이다.
2) 권균옥·박상후·송윤민·최성웅·박부성, 합의 범위를 이용한 지수귀문도 해의 탐구, 대한수학사학회지 27(2), 2014, 1-15.
3) 김동진·오영환, 지수귀문도의 특성 및 해를 구하는 알고리즘, 한국정보과학회 봄 학술발표회 논문집 (1989), 405-408.3)
4) 이 마방진은 1955년에 아너(Honor)가 발견했다.
5) https://www.scientificamerican.com/article/can-you-solve-a-puzzle-unsolved-since-1996/?print=true

둘. 마방진 만드는 방법

1) Pinn, K.; Wieczerkowski, C. (1998). "Number of Magic Squares From Parallel Tempering Monte Carlo". Int. J. Mod. Phys. C. 9: 541. doi:10.1142/s0129183198000443.
2) http://www.trump.de/magic-squares/howmany.html

셋. CT 사진의 원리

1) 《한번 읽고 평생 써먹는 수학상식 이야기》, 정경훈 지음, 살림출판사, 2016.
2) http://kritisen.com/2013/05/02/thesis-flyer/